粗粒料与土石坝

程展林　潘家军　左永振　王艳丽　著

科学出版社

北京

内 容 简 介

本书围绕土石坝安全评价方法,介绍笔者及其科研团队有关粗粒料与土石坝的研究成果。本书共分9章。第1章对土石坝的研究难点进行归纳,介绍研究历程和工作感悟;第2章主要介绍粗粒料试验设备研发方面取得的成果;第3章介绍深厚覆盖层的试验新方法;第4章主要介绍基于当量密度法的粗粒料缩尺方法的论证成果;第5章主要介绍在粗粒料组构与本构方面所取得的成果;第6章和第7章分别介绍粗粒料蠕变特性和湿化特性;第8章和第9章结合监测成果,对土石坝中的混凝土面板堆石坝和混凝土心墙堆石坝的工程特性进行论述。

本书可供岩土力学与工程、水利工程领域的教学、科研人员及研究生参考阅读。

图书在版编目(CIP)数据

粗粒料与土石坝 / 程展林等著. —— 北京 : 科学出版社, 2024. 12.
ISBN 978-7-03-079729-2

I. TV641

中国国家版本馆 CIP 数据核字第 20244P9Y13 号

责任编辑:何 念 张 湾/责任校对:高 嵘
责任印制:彭 超/封面设计:无极书装

科学出版社 出版
北京东黄城根北街 16 号
邮政编码:100717
http://www.sciencep.com

武汉精一佳印刷有限公司 印刷
科学出版社发行 各地新华书店经销
*
开本:787×1092 1/16
2024 年 12 月第 一 版 印张:17 1/4
2024 年 12 月第一次印刷 字数:405 000
定价:228.00 元
(如有印装质量问题,我社负责调换)

序

　　程展林总工程师的力作《粗粒料与土石坝》一书付梓面世了,这是水利界和岩土工程界的一件幸事。市面上涉及土石坝的书籍已有很多,但该书与众不同,它不是一本综述性的教科书,更不是普及性的科普读物,而是程展林总工程师对其 36 年土石坝研究和实践经验的总结,是他长期与粗粒料相伴中亲身体会的结晶。书中谈及的每一点认识、每一条规律、每一个公式都是他在实际工程中遇到难题时,细心研究、亲手试验、认真分析,并在良好的理论功底基础上琢磨出来的。因此,本人在阅读该书时,有与读一般科技书不同的感觉,感到特别实在,又似曾相识,没有咬文嚼字的繁杂,但有对话聊天的轻松。的确,书中没有对土石坝知识的系统介绍,也没有常识性的长篇综述,而是介绍以往一般书中很少讨论的许多难题的解决,一些与现代科技相关联的新方法的工程应用经验,其中还包含一些笔者的研究体会。这些内容很少在已有的其他同类书中看到,所以值得推荐。

　　土石坝是一种很古老的坝型,在古代的《山海经》中就有"鲧窃帝之息壤以堙洪水"之说,息壤就是土壤。因不成,"帝乃命禹卒布土,以定九州",终于还是土工挡住了洪水。可见,我国以当地材料堆筑的挡水建筑物何止几千年的历史。近代修筑的大坝也以土石坝形式为最多,应当说土石坝技术已日趋成熟,经验丰富。因此,现在再来讨论土石坝和类似挡水建筑物(如堤防、围堰等)的技术问题似乎不大时髦,多此一举了。其实这是一种误解,与对当地材料(黏土、粗粒料、砂石料等)性质的复杂性不够了解有关,也与早年修建的土石坝都不高(十几米、几十米)、许多问题没有暴露有关。现在要修建 100 m,甚至 300 m 高的土石坝,事情就不一样了。本人记得,在大学读书时教"水工结构"课程的是名师张光斗教授,我们曾问他:"哪种坝型最难做?"他的回答出人意料:"土坝。"唔!怎么会是土坝?它不是最"土"、最简单的坝型吗?我们这些不懂事的学生有这些糊涂认识不足为奇,但社会上类似的看法恐还存在,这是由对土这种非线性材料的复杂性质缺乏了解和研究引起的。现在我们都已认识到张光斗教授的看法是正确的。因此,还需要在这方面继续努力,如对土石坝性状及土性材料特性的认知亟须再深入，弄清各种土在复杂应力和长时期的水压力作用下性质的演变及其影响仍十分迫切，而且任重道远。希望该书的出版会对这方面研究起到促进作用。

本人与程展林总工程师曾长期在同一研究单位共事，为庆贺该书的出版，写以上几点看法以为序。

包承纲

2023 年 10 月于武汉

前　言

　　土石坝作为一种典型的土体材料建筑物，其力学响应充分体现了土的力学特性，土石坝工程特性的复杂性不在于其结构的繁杂，而在于土体材料的散粒体特性。土石坝作为一种当地材料坝，坝址地形地貌和筑坝填料工程特性复杂多变，筑坝技术既存在共性，又存在个性。土石坝作为一种大型挡水建筑物，失事引起的灾害之重难以承受，客观要求其安全评价策无遗算。

　　1987年初，笔者进入水利行业科研单位长江科学院，恰逢三峡工程论证高峰，包承纲先生正带领团队进行三峡工程二期深水高土石围堰"七五"攻关，笔者自此走进土石坝研究行列。一晃36年，"未觉池塘春草梦，阶前梧叶已秋声"。结合工程实践，笔者对土石坝一些技术问题进行了持续探索，希望将已取得的成果成书，目的在于做阶段性归纳和总结。

　　本书是对笔者及其研究团队近40年来土石坝研究成果的总结和提炼。本书共分9章。第1章对土石坝的研究难点进行归纳，介绍研究历程和工作感悟。第2～4章主要针对土石坝填料和深厚覆盖层试验难题，介绍提出的新思路和取得的新成果。第2章主要介绍粗粒料试验设备研发方面取得的成果。为解决深厚覆盖层原位密度试验方法及粗粒料缩尺方法两大难题，研究旁压试验、动力触探试验等原位试验成孔对试验成果的影响，研发高压大旁胀量的旁压仪探头，试验结果表明动力触探试验杆长修正服从牛顿弹性碰撞理论而非弹性杆波动理论，从而确定动力触探杆长修正系数；改进常规三轴仪的缺陷，包括端部约束、黏性土试样饱和过慢问题，发明常规三轴仪分散式微摩擦荷载传力板，提出砂芯加速渗透技术；提出计算机断层扫描三轴试验技术，研发计算机断层扫描三轴仪，并介绍计算机断层扫描三轴试验应用情况；研发大型真三轴仪。第3章专门介绍深厚覆盖层的试验方法，针对深厚覆盖层无可靠方法取得原状样，无法确定其级配和密度现状，提出依据旁压模量相等原则，间接确定深厚覆盖层天然密度的旁压模量当量密度法。第4章主要介绍粗粒料缩尺方法的相关成果，开展"不同密度、级配组合的两种同源材料，旁压模量相同时，力学特性是否相同"的理论问题试验论证，基本解决粗粒料力学试验的缩尺难题。第5章主要介绍在粗粒料组构与本构方面所取得的成果，重要的成果包括两方面：组构研究认识到最小能比系数就是粗粒料最好的综合组构量，从而建立起粗粒料组构完整研究思路；基于真三轴试验得到粗粒料的变形模量与中主应力无关的结论，建立起粗粒料K-K-G本构模型。工程实践表明，K-K-G本构模型能够适应土石坝应力路径，能够反映粗粒料的主要特性，力学概念明确，参数物理意义明确，不同土体间参数具有可比性，极具推广价值。第 6 章和第 7 章分别介绍粗粒料蠕变特性和湿化特性，并提出粗粒料蠕变模型和湿化模型，其中，砾石土心墙料的湿化特性研究，以往由于无法试验，鲜见类似成果。第 8 章和第 9 章结合监测成果，对土石坝中的混凝土面板堆石坝和混凝土心墙堆石坝的工程特性进行论述。

虽然取得的成果平淡，但笔者仍有"千淘万漉虽辛苦，吹尽狂沙始到金"的感觉。本书在土石坝方面取得的认识是一众人长期努力的结果，有长江科学院土工专业老专家的指导，像包承纲先生、冯光愈先生等，他们既是土力学学科的开拓者，又是长江科学院土工团队的领路人，客观地讲，三峡工程土石围堰的许多重大技术问题，都是在包承纲先生带领下研究解决的；有一批土力学工作者，如刘思君、刘松涛、李玟、郭熙灵、李青云、饶锡保、林水生、谢学伦、胡先举、龚壁卫、邹荣华等为三峡工程土石围堰建设做出突出贡献，也为长江科学院土石坝研究奠定了基础。高土石坝研究应该是从水布垭面板坝论证开始的，左永振、丁红顺、卢一为、吴良平、姜景山、陈鸥、李翔、廖建辉、高盼、孔宪勇、石修松、王君雄、王路君、余盛关等在粗粒料试验与设备研发、粗粒料力学特性研究方面勤奋探索，徐晗、汪明元、陈云、陈智勇等在土石坝数值分析方面锐意进取，潘家军、王艳丽、周跃峰、林绍忠等在粗粒料组构和本构方面钩深索隐。本书为一群志同道合者的共同成就，由程展林、潘家军、左永振、王艳丽共同撰写。

本书以土石坝安全评价方法为目标，诠释旁压试验、动力触探试验的力学机理，研发高压大旁胀量的旁压仪探头，首次通过试验证明动力触探试验杆长修正服从牛顿弹性碰撞理论而非弹性杆波动理论，在此基础上结合室内模型旁压试验，提出旁压模量当量密度法，成功地解决深厚覆盖层原位密度试验方法和粗粒料缩尺方法难题；首次研发粗粒料计算机断层扫描三轴仪，结合不连续变形分析等数值分析方法，探讨粗粒料类颗粒聚合体组构问题，找到颗粒聚合体最好的综合组构量——最小能比系数，为粗粒料本构研究架起宏细观间的桥梁；为建立粗粒料复杂应力试验设备，攻克微摩擦加载技术，研发大型真三轴仪，揭示粗粒料复杂应力条件下的力学特性，提出粗粒料的 K-K-G 本构模型；针对混凝土面板堆石坝和混凝土心墙堆石坝两种典型土石坝，对其工程特性进行深入探讨，揭示不同因素作用下坝体变形的耦合规律，阐明"高坝变形算不大，矮坝变形算不小"的原因，首次提出水循环荷载而非坝体蠕变作用是引起堆石坝长期变形的重要因素，深入揭示混凝土防渗墙与周边土体的相互作用机理，提出混凝土防渗墙端部接触算法，论述两类土石坝应力变形数值分析的关键问题。

本书也存在遗憾，本打算对黏土心墙堆石坝的研究成果一并介绍，但由于该坝型的研究工作正在进行中，有些问题的论证暂不完整，相对而言，黏土心墙堆石坝的应力变形机理也最为复杂，所以本书未全面介绍黏土心墙堆石坝的相关内容。

本书包含大量试验和监测数值，其中水布垭面板坝的监测数据为笔者完成业主委托项目"水布垭堆石坝施工期及运行期监测资料整理与分析"时由业主提供，对业主为监测工作付出的辛勤劳动表示感谢！对于参与本书所介绍内容研究但未在书中提及的同事，笔者表示抱歉，同时表示衷心的感谢！

程展林

2023 年 5 月 25 日

目 录

Contents

第1章 绪 论

1.1　概　　述

近 30 年来，我国建成和在建一大批高土石坝。土石坝因其对坝基复杂地质条件的适应性而得到青睐，土石坝的高度由 100 m 级发展到 300 m 级（汪小刚，2018）。高土石坝的质量不仅关系着工程是否能够安全可靠运行，而且直接影响着工程周边及下游百姓的生命财产安全，一旦失事，影响之重难以承受，土石坝的安全性一直受到特别关注和重视（马洪琪和迟福东，2016）。土石坝研究成果的科学性和可靠性显得尤为重要。笔者及其研究团队有幸一直致力于土石坝研究，长期的思考和实践让笔者认识到了土石坝问题的复杂性，一些问题仍然是无法解决的难题。研究团队随着我国土石坝建设的发展而成长，对一些难题取得了新的认识。期望将取得的成果做阶段性归纳和总结，并著成本书。本书所介绍内容仅限于混凝土面板堆石坝、混凝土心墙堆石坝和黏土心墙堆石坝及坝基覆盖层的静力学问题。考虑到土石坝方面的研究成果数量十分浩大，为此，本书对相关成果也不做综述性介绍。期望本书对土力学工作者，尤其是从事土石坝建设的土力学工作者有所帮助。

1.2　土石坝研究难点

土石坝形式多样，本书限于碾压土石坝，坝型限于混凝土面板堆石坝、混凝土心墙堆石坝和黏土心墙堆石坝，这三种坝型应用最为普遍。为了叙述方便，对土石坝分区及材料的名称做简要定义。针对土石坝分区，土石坝或称大坝，可分为坝体和坝基覆盖层，坝体又分为防渗体和支撑体。防渗体是土石坝防渗的核心部分，其作用是控制渗流在安全范围内，针对上述三类土石坝分别指混凝土面板、垂直混凝土防渗墙和黏性土心墙；支撑体指除防渗体之外的坝体部分，维持防渗体应力变形安全。土石坝的主要材料为粗粒料，坝基覆盖层多为砂砾石料，支撑体一般为堆石料和砂砾石料，高黏土心墙堆石坝的心墙一般为砾石土。为了叙述方便，本书有时将支撑体称为散粒料坝体，将材料称为散粒料，不做特别强调时，心墙堆石坝特指黏土心墙堆石坝。

从力学机理来看，土石坝是最复杂的坝型，其复杂性不仅体现在材料力学特性方面，还体现在土石坝各分区在相互作用过程中呈现出的复杂应力和变形时空演化规律（程展林和潘家军，2021）。以黏土心墙堆石坝为例，坝体部分包括堆石料支撑体与黏性土防渗体（心墙），材料力学特性的差异性，导致了坝体两部分在时间和空间上变形及变形过程的差异性，这种差异性就决定了大坝的安全性。引起坝体变形的力学机制是十分复杂的，包括自重和水压力作用下的瞬时应变、固结应变和蠕变，水作用下的湿化变形。对于堆石料和心墙料，不仅各种应变的大小不同，而且其时间过程差异极大。对于非饱和心墙料，在应力作用下，将产生附加超孔隙水压力并形成固结过程，同时，库水将在心墙中形成非饱和渗流过程并产生湿化变形，这两种变形都是缓慢发展的。对于堆石料，因其渗透系数极大，不存在固结和渗流过程。关于蠕变，两种土料都存在，但大小和过程也差异极大。这种差异性决定了坝体两部分变形的不协调和应力场的重分布，可能形成安全隐患。要正确地评价心墙堆石坝的安全性，必须弄清堆石料与心墙料的力学特性，从而分析心墙堆石坝的力学响应。

准确地仿真土石坝的变形及变形过程是土石坝研究的核心课题。

在该核心课题中，难点之一是建立正确、合理的本构模型，其能反映材料在应力和水作用下的瞬时应变、固结应变、蠕变和湿化应变特性。但建立一个本构模型来全面表征材料的应力应变关系是不现实的，即使采用不同的表达式来分别反映各种应变也存在困难。就力学性质相对简单的堆石料而言，仅反映其应力应变（不包括蠕变和湿化应变）关系的本构模型也是十分复杂的。众多学者经过努力，提出了不计其数的模型，但至今坝工理论和分析方法仍然落后于工程实践的需求，出现这种情况也许主客观因素都存在（陈生水，2018）。从客观上讲，堆石料是一种典型的散粒体，目前一般是采用连续体力学理论建立其本构模型，这本身就存在先天的缺陷。其次是散粒体的力学特性比较复杂，真三轴试验成果表明，洛德（Lode）角的单独变化也引起应变。从主观上讲，对于一个十分复杂的问题，应抓住主要因素，忽略次要因素，切不可因某一方面不合理而否定全部。

该核心课题的难点之二在于大坝填料的试验，主要表现在试验设备缺乏并存在缺陷，以及粗粒料试验方法不够成熟，试验成果存在不确定性（程展林和丁红顺，2005）。

（1）设备缺乏。现实情况是，一些重要的力学性状参数无法测定，如砾石土心墙料的某些力学特性指标，因砾石土中存在大量粗颗粒，应进行大型三轴试验，然而，由于砾石土渗透系数小，大尺寸试样的饱和及试验过程中的排水十分困难，所以试验难以完成（李广信，1990；Nobari and Duncan，1972）；又如覆盖层中的砂砾石，因无法取得原状样品，无法测定其密度和级配，室内试验缺少制样条件，其力学指标也难以确定（程展林 等，2016）；再如堆石料因粒径过大，达到米级，缺乏完成原级配料试验的设备，考虑合理缩尺方法的研究也不完善，故其力学参数确定尚存在困难（卢一为 等，2020）。这是制约有关技术发展的重要因素。

（2）设备缺陷。现有设备的缺陷往往被忽视。常规三轴仪是使用最多的力学试验设备，它可用于工程参数的测定，但用于研究本构关系则存在缺陷。由于试样端部的环箍效应，测得的应力应变曲线可能出现偏差，如出现应变软化现象、出现固定剪切面等。当进行单元体试验时，保证单元体应力均匀是必要的条件，而由于环箍效应，常规三轴试验试样内各部位应力大小是不同的，变形后试样往往呈鼓状（王艳丽 等，2020）。

对于粗粒料的压缩试验，普遍认为只要满足试样直径与最大颗粒直径之比（径径比）大于 5 就能保证成果合理，其实不然，由于刚性环约束了试样的变形，得到的压缩模量不仅偏大，而且极不稳定，同一试验的各次测值偏差极大，可以认为刚性约束下的压缩试验是不适合粗粒料力学指标测试的。

现场旁压试验也存在缺陷，对于砂砾石坝基覆盖层，因难以取得原状样，往往希望通过现场旁压试验直接测定其力学指标，但测试结果往往偏离一般规律，如坝基覆盖层的旁压模量随深度增加增长幅度很小，有人认为这由坝基覆盖层材料沿深度变化所致，也有人认为旁压模量是水平向变形模量，其值随深度增加增长不大应是坝基覆盖层固有的规律。但经过室内模型的旁压试验才发现其另有原因，一个重要的因素是钻孔改变了测点处的应力，现场旁压试验测得的旁压模量并不是原有地层的旁压模量。这些问题不搞清楚，应力变形分析成果将出现偏差。

近几年出现的一个研究热点是数值试验，即采用离散元（王永明 等，2013；周伟 等，2012；刘海涛和程晓辉，2009；Sitharam and Nimbkar，2000）、不连续变形分析（discontinuous deformation analysis，DDA）（Lin and Xie，2015；邬爱清 等，2008；郭培玺和林绍忠，2008，2007；Shi，1988）等数值分析方法计算一个单元体在外力作用下的变形，从而确定土体的应力应变关系。这种方法的确省去了设备制造及繁重的物理试验过程，也能够实现物理试验无法完成的多种试验方式。甚至有学者提出，以大坝填料颗粒为分析对象，代替有限元法，直接分析大坝的应力和变形。笔者认为，数值试验是一种认识土性的重要手段，但不能替代物理试验。数值试验中的设定都是建立在对土性正确认识的基础上的，对土性正确认识只能依靠物理试验。同时，对于某些物理现象来说，数学仿真是十分困难的，就拿比较简单的粗粒料试验来说，由离散单元堆砌的试样与实际粗粒料试样，颗粒间的接触方式差别甚远。

（3）不确定性。粗粒料试验的不确定性是指在一定条件下试验成果的无规律性。这种成果的无规律性在粗粒料试验中是真实存在的。这种无规律现象可能有其内在规律，只是暂时还无法解释。例如，现场旁压试验旁压模量随深度增加增长幅度很小现象，与室内力学试验建立的变形模量与应力的关系相矛盾，当没有认识到是钻孔改变了测点处的应力时，现场旁压试验的成果可能导致对粗粒料变形模量与应力关系的错误认知。

又如，粗粒料常规三轴试验中，在相同应力水平下，应变控制式试验得到的竖向应变比应力控制式试验大，即使应力控制式试验每一荷载增量步的稳定时间足够长。另外，对于应力控制式试验，当应力增量较小时，不仅各级应力增量下的应变大小无规律，而且各级应力增量下的应变过程也无规律。

粗粒料压缩试验成果的无规律性更加突出，可以归因于设备的缺陷，也可以归因于试验的不确定性。试验得到的压缩模量与压力的关系存在无规律的波动，波动量可以达到压缩模量最大值的50%以上。这与粗粒料变形模量非线性特性的已有认知不符。

笔者曾试图开展粗粒料的组构研究，以对不确定性进行合理解释，但由于问题过于复杂，也未得到让人信服的成果。由此不难理解，期望用一个本构模型全面反映填料的力学特性是几乎不可能的。土的本构研究应该回归到重视试验研究。

该核心课题的难点之三是，土石坝分析软件要全面、合理地仿真大坝各种变形存在困难。大坝变形包括应力作用下的瞬时变形、应力作用下超孔压消散形成的固结变形、应力作用下的蠕变、伴随非饱和渗流过程产生的湿化变形。这些变形是否存在某种耦合关系尚不十分清楚，目前应该先完成各自的独立分析，然后进行变形的简单叠加。

另外，有限元法对有些问题的不适应也可能造成较大偏差，这一点往往被忽视。例如，大变形部位的小应变有限元法分析成果往往是失真的。最典型的例子是，土石坝中刚性防渗墙，墙上下两端与周边土体会产生较大的相对位移，而小应变有限元法不能反映这个客观事实，计算结果导致墙身的压应力远远大于实际应力，给出墙身强度不足的假象。

1.3　土石坝研究历程

笔者及其研究团队系统开展土石坝研究大致是从"七五"期间三峡工程二期深水高土石围堰（以下简称三峡二期围堰）研究开始的。之后开展了水布垭面板坝的深入研究。虽然也参与了双江口土石坝、两河口土石坝、长河坝土石坝等多项土石坝的研究，但未全过程主持或参与。因此，三峡二期围堰和水布垭面板坝的研究工作对研究团队的成长更为重要。

土力学是一门较为经典的学科，鉴于土木工程建设的需要，从事土力学研究的人员众多。自太沙基（Terzaghi）一个世纪前创建土力学以来，土力学逐渐发展成为一门半理论半经验学科，常常借用连续体力学的成果，其发展速度是缓慢的，相对而言，岩土工程技术的进步更加显著。

土力学理论的创新是困难的，土力学的创新更多的是一些点的创新，即使点的创新也并非易事。非饱和土理论的发展算是土力学的重大创新之一。如此多的研究者在相同问题上不能取得突破，表明该问题一定存在难点，只有对难点采用新的技术路线，才可能找到问题的解决之道。事实告诉我们，要解决难题，正确的思路是非常重要的。本书将特别注意对难题解决思路的介绍。笔者及其研究团队在土石坝研究历程中，形成了不少充满智慧的研究思路（点子），解决了不少土石坝专业的理论和技术难题。

1.3.1　试验设备研制

能用于粗粒料本构研究的比较成熟的力学试验设备只有常规三轴仪，但常规三轴试验存在 1.2 节提及的缺陷。要想依靠常用的设备得到新的规律可能性是不大的，必须研制新设备。

1. 真三轴仪研发

测试粗粒料在复杂应力下的应力应变关系是本构研究的基本要求，由于真三轴仪结构过于复杂，经反复论证选择，首先研发平面应变仪，1988 年在包承纲先生、李兴国先生等的努力下，大型平面应变仪加工完成，试样尺寸为 80 cm×80 cm×40 cm，小主应力采用液压加载，大、中主应力采用刚性加载。由于结构方面的缺陷，液压加载始终不成功，至 2006 年，笔者提出对平面应变仪进行改造，同丁红顺、左永振一道进行了平面应变仪的改造工作，首先实现了小主应力液压加载，从而可以完成平面应变试验。由于试验过程过于烦琐，决定重新研制平面应变试验压力室，至 2008 年底完成平面应变仪的改造工作。试验发现，由于刚性加载摩擦力过大，试验成果并不理想。2009 年，三向同时加载和消除土样与刚性加载板间摩擦力，似乎有了可行的方法和具体的方案，开始进行真三轴仪的设计工作。至 2011 年，完成了大型真三轴仪的制造工作，减摩方案采用滚轴条与可压缩条相间方式，试样尺寸为 30 cm×30 cm×60 cm，小主应力最大值为 2 MPa。之后进入设备调试和探索减摩方案阶段。2013 年，减摩方案采用单一的滚轴条。2014 年初，减摩方案最终采用分散式微摩擦荷载传力板，简称减摩板。

2. 常规三轴仪改造

针对常规三轴仪的缺陷，2008 年，研发完成三轴外体变高精度测量装置和砾石土心墙料试样成孔制样器，2014 年，研发完成常规三轴仪端部减摩板。

非饱和试样三轴试验和湿化试验都要求通过测量压力室进水量或排水量来确定试样的体积变形，即外体变测试。常用方法是在加压系统与压力室之间加一个气水转换室，通过气水转换室的水量变化测量压力室水量变化。因气水转换室有抗压和储水量要求，总重量达 30 kg 以上，重量测量精度要求小于 1.0 g。最终采用平衡器先平衡气水转换室重量，再采用电子秤测量其重量变化量，实现了三轴外体变高精度测量。

砾石土心墙料中含有大量粗颗粒，要求试样尺寸足够大，一般只能采用直径为 30 cm 的常规三轴仪，但其渗透系数较小，试验的饱和、固结、湿化过程难以实现。经反复论证，采用在试样中均匀设置若干轴向砂芯的方法成功地解决了这一难题。经论证，采用 13 根直径为 8 mm 的砂芯比较合理，这样既不改变试样的力学特性，又能加速试样的饱和及排水过程。要在砾石土试样中形成均匀分布的规整的直径为 8 mm 的砂芯也是个难题，为此，专门研发了试样成孔制样器。在试样横断面上，砂芯的面积仅占试样面积的 0.92%。

3. 计算机断层扫描三轴仪研发

研发计算机断层扫描（computed tomography，CT）三轴仪的初衷来源于研究粗粒料的组构。2002 年 9 月，在中国科学院寒区旱区环境与工程研究所进行了一组堆石料的 CT 三轴试验，颗粒轮廓是清楚的，但只能给出试样横断面图片。2005 年 6 月，结合医用 CT 机，设计出了可实现试样纵向扫描的 CT 三轴仪，2005 年底，在中国人民解放军第一六一医院结合医用 CT 机和磁共振仪进行了粗粒料的 CT 三轴试验。2006 年，以科学仪器设备改造升级技术开发项目向科技部申请 CT 机并研发 CT 三轴仪。2007 年笔者和长江科学院材料与结构研究所姜小兰合作，开展了二维模型试验，观察了不同大小、不同形状的平面岩块在外力作用下的变形过程。2008 年建立岩土试验 CT 工作站，该 CT 工作站采用德国西门子 Somatom Sensation 40 型 CT 机，该 CT 机的主要特点是具备比较高的空间和时间分辨率，以及高质量的多维重建图像，并开发研制了第二代 CT 三轴仪。

CT 三轴仪的作用远胜于常规三轴仪，因为不被人熟知，所以未得到充分应用。CT 三轴仪除可量测应力、应变外，其主要优势是可以观察试样的内部结构及应力作用下内部结构的变化，对于材料力学机理研究而言，是不可多得的设备。其可用于粗粒料的组构，土、岩石和混凝土开裂及裂缝的发展，加筋土的筋材与土的相互作用，非饱和土渗透过程及优先流问题等疑难课题的研究（胡波 等，2012；程展林 等，2011）。

在膨胀土边坡研究中，CT 三轴仪成功用于裂隙面强度试验。裂隙面强度试验一般采用直剪试验，其问题在于制备试样时很难保证裂隙面与仪器剪切面在同一平面，同时裂隙面是天然形成的，也很难保证它是一个平面，因此，试验结果往往很难客观真实。采用 CT 三轴试验，非常有效地克服了直剪试验的不足，只要裂隙面在试样中呈倾斜面，且倾角在 40°～60°，就可以保证试验结果的可靠性。具体倾角采用 CT 三轴仪测量，试验成果整理时，根据破坏时的大、小主应力计算剪切面上的正应力和剪应力就可以确定裂隙面强度。需要补充说明的是，裂隙面强度分析时不能采用莫尔（Mohr）圆公切线方法，因莫尔圆公切线方法是基于一点的应力分解理论，只适用于均匀单元体的三轴试验。

1.3.2　深厚砂砾石覆盖层力学参数测试方法

因砂砾石覆盖层为散粒体，无法通过勘探取得原状样，无法测定天然密度，室内力学试验缺乏制样控制标准，也就无法确定覆盖层力学参数。针对无法测定其密度的难点，很多学者不断地探索钻取原状样的方法，如钻头、取样器的改进，冻结法和胶结法的应用，也取得了一些改善，但始终不尽如人意。要想解决这些老问题，唯有开辟新的思路。在这一过程中，"思想试验"是非常重要的。

在技术路线上，直接方法不行，考虑采用间接方法确定覆盖层物理性质指标。对于某一特定覆盖层，其力学特性主要取决于其级配和密度，考虑到现代勘探技术取得覆盖层深部砂砾料的天然级配是基本可行的，因此，关键是想办法确定覆盖层深部砂砾料的密度。自 2007 年起笔者一直思考这个问题，逐渐形成了工作思路，提出了利用旁压试验或动力触探试验间接确定深厚覆盖层现场密度的试验方法。至 2013 年，结合双江口土石坝工程科研，开始了深厚覆盖层力学参数测试方法的研究。2012 年，针对杆长修正非常混乱的现状，首次通过试验证明了动力触探杆长修正遵循牛顿弹性碰撞理论而非弹性杆波动理论，提出了杆长修正公式；2013 年，针对深厚砂砾石覆盖层成孔不规整，普通旁压探头旁胀量不够的现状，研发了新型大旁胀量的旁压仪（国外最先进旁压仪的最大旁胀量只有 400 cc[①]，不能适应深厚覆盖层试验，研发的新的旁压仪的最大旁胀量可达 1 000 cc）。经比较，旁压试验更为合理。

具体试验方法如下：首先采用旁压试验测定深厚覆盖层某一深度的旁压模量；取深厚覆盖层同源砂砾料在实验室进行模型试验，依据勘探得到的级配及不同密度制备模型，对模型加载以模拟深厚覆盖层旁压试验测点的应力，依据现场旁压试验在室内进行模型旁压试验，测定不同密度模型的旁压模量，建立旁压模量与密度的关系；根据现场测定的旁压模量及室内试验得到的旁压模量与密度的关系确定当量密度。可以认为，当量密度就是深厚覆盖层测点处的现场密度。该方法称为旁压模量当量密度法。

---

① 1 cc＝1 cm³。

当深厚覆盖层深部密度测定方法建立之后，其力学参数测试问题也就得到了解决，从而解决了深厚覆盖层工程特性测试难题。旁压模量当量密度法在乌东德水电站深厚覆盖层中得到了最直接的验证，在可行性研究阶段，依据旁压模量当量密度法对深部砂砾石层的密度进行了测试，2017年，随着基坑开挖，对深厚覆盖层的密度进行了灌水法检测，比较两次成果发现，旁压模量当量密度法的测试成果与灌水法检测成果的平均值几乎一致。经双江口水电站、内蒙古东台子水库等多个工程的应用，证明本方法简单可靠。

1.3.3 粗粒料本构模型

计算机的出现及普及让岩土工程的计算分析成为可能，数值分析成果的合理性在很大程度上取决于物理方程的合理性。土的本构模型研究成为土力学研究的热点之一。建立在弹性理论、弹塑性理论等基础上的数学模型层出不穷。不可否认，剑桥（Cambridge）模型始终是土的本构模型研究的标志，其生命力来源于对正常固结黏土力学性质的深入研究，物理意义明确的模型参数及变形理论合理地表征出了正常固结黏土的应力应变规律。

土石坝应力变形计算中采用过的模型不计其数。"七五"期间，国内八家从事土石坝研究的单位同时分析了三峡二期围堰，并对计算条件做了必要的规定，但计算模型各家自选，结果的差异让人难以接受。由此可见，本构模型非常重要。

笔者及其研究团队最早采用的模型为非线性弹性邓肯（Duncan）模型和弹塑性南水模型，计算结果难以让人满意。从模型拟合试验结果的差别中不难判断出，模型存在缺陷。为此，建立一个"突出土的主要特性、力学概念简单、参数物理意义明确、不同土体间参数具有可比性"的模型成为追求的目标。

模型研究是从分析已有模型和力学试验出发的。在比较试验曲线与模型拟合曲线差异性的过程中，很多因素交织在一起，让人难以明辨是非，有的甚至是试验错误造成的。不是所有的试验结果都是合理的，这点需要特别强调。有人认为试验成果一定是土在试验条件下力学性质的体现；另有人认为试验是一种简单的体力劳动，只能模拟简单的应力状态和简单的应力过程，难以反映土的实际性质。这些看法都不是对待试验的正确态度。对待试验首先是要认真，重视每个细节，否则试验成果很难有可比性；其次，对试验结果要进行必要的分析，看其是否违背力学一般规律。下面具体介绍几个例子。

例如，1.3.2小节介绍的现场旁压试验，深厚覆盖层的旁压模量随深度增加的增长幅度往往远小于室内试验得到的变形模量与应力的增长幅度。出现两种试验成果间矛盾的原因是什么？旁压试验得到的旁压模量随深度增加增长的合理性如何评价？一般的做法是不加分析地认为旁压试验的测试结果就是测点处的地基水平向变形模量，所以其值较小。也有人认为这是由深厚覆盖层沿深度土性不一致引起的。实际上，经研究发现，现场旁压试验得到的旁压模量并不能直接反映测点处的变形特性，成孔应力释放是测试成果偏小的直接原因。该结论的试验验证将在第2章中介绍。

又如，现场十字板试验得到的土的强度随地基深度增加增长偏小。由此往往给出地基土欠固结的结论，这也是值得商榷的。实际原因与旁压试验类似。

常规三轴试验的成果用于工程力学参数的确定问题不大，但用于土的本构模型的研究则是存在问题的。常规三轴仪的缺陷在于两端试样帽的约束作用。作为单元体试验，最基本的要求是宏观上保证单元体应力和应变的均匀性，但试样帽的约束作用使试样两端存在明显的弹性核，极大地影响成果的可靠性。应变局部化、应变软化现象的出现大多与端部约束有关。另外，成果整理也经常出现不合理现象。最常见的问题是轴向应变零点的确定，竖向传力杆与上试样帽的接触情况不易控制，极易产生欠接触或过加载现象，导致以轴向应变为自变量的应力应变曲线往往出现交叉或零点分离现象。在邓肯模型参数整理中，邓肯建议只采用应力水平为 0.75 的试验点计算参数，大概正是基于如上原因。如果依据试验结果建立切线模量-应力水平关系曲线，这个问题将迎刃而解了。

试验是模型研究的基础，但出于多种原因，试验成果并不一定是土的力学特性的真实反映，另外，本构模型也不可能完全、准确地模拟各种加载方式下的应力应变关系（沈珠江，1996）。

认识已有模型的缺陷，在应用中加以避免是必要的。在粗粒料模型研究中，认真剖析若干模型，对土石坝数值分析成果的合理性理解是十分有益的。

弹塑性模型一度成为土的本构模型的主流，弹塑性模型在反映土的弹塑性特征方面有其优势，即在判定加卸荷应力过程时概念明确。但其对塑性势面的假定依据不足，很难根据试验确定塑性势面，塑性应变方向只与应力状态相关，而与应力增量方向无关的设定也与试验成果不完全相符。

邓肯模型有 E-μ 模型和 E-B 模型之分，在土石坝数值分析中使用普遍。有一个时期曾讨论过两模型孰优孰劣的问题。应该说，邓肯模型在确定粗粒料变形模量 E 方面还是合适的，但在确定粗粒料泊松比 μ 或体积模量 B 方面偏差太大。采用应变计算泊松比，常规三轴试验与平面应变试验差别较大；采用平面应变试验成果，分别由应变与应力计算的泊松比也差别较大；依据同一组试验成果，两个模型计算的泊松比差别更大（具体情况将在第 5 章介绍）。究其原因，粗粒料具有很强的剪胀性，建立在弹性理论基础上的模型无疑不能反映其体变特性。邓肯模型即使存在如此明显的缺陷，但在土石坝计算中仍然被广泛应用。其根本原因在于邓肯模型力学概念简单，参数物理意义明确，不同土体间与变形模量有关的参数具有可比性，便于使用者把控。正是由于这些特点，邓肯模型的土石坝计算结果往往比更复杂的模型的计算结果更为合理。能否开发出一个新模型，它既能保留邓肯模型的优点，又能克服邓肯模型不能表达粗粒料剪胀性的缺陷是笔者长期追求的目标。为此，笔者从开发新的试验设备入手，经过了长期的试验研究和理论探索，提出了适用于粗粒料的 K-K-G 本构模型。

经过对邓肯模型的分析笔者认识到，不是找到一个方程式更好地拟合常规三轴试验体变曲线就能克服邓肯模型的缺陷，而是应该正确描述体变的变形机制。对于粗粒料，体变不仅与平均应力 p 有关，而且与广义剪应力 q 有关。如何表达剪胀性成为本构模型研究的关键。笔者从 1988 年推导得到三参量物理方程刚度矩阵表达式开始，就一直思考如何建立剪胀性关系式，至 2008 年，在整理堆石料常规三轴试验成果时发现，其最小能比系数与应力无关，可以视为常量，由此似乎看到了希望。之后进行了散粒体材料（如堆石料、砂砾石料、玻璃球、矾石、三峡工程风化砂等八种散粒体材料）的 11 组常规三轴试验，验证了同一粗粒料不同应力状态下的最小能比系数 K_f 近似为一个常数，且不同材料 K_f 不同。在此基础上，基于广义胡克（Hooke）定律和能比方程，建立了体变模量 K_p、剪胀模量 K_q、剪切模量 G 三参量与应力状态的关系，建立了一种新的非线性剪胀模型 K-K-G 本构模型。

1.3.4 大坝填料的蠕变与湿化

堆石料的蠕变研究是从水布垭面板坝工程特殊科研开始的，2001 年完成申报，至 2004 年完成研究工作。当时，试验中最为困难的是长时间保持应力的稳定。在一系列应力控制的常规三轴试验中，有一些问题始终难以解决：①蠕变量似乎只与应力总量有关，而与应力增量无关，即应力水平从 0 增至 0.8 与从 0.6 增至 0.8，蠕变量与蠕变过程没有什么区别；②如 1.2 节所述，应力增量较小的应力控制式试验中，不仅各级应力增量下的应变大小无规律，而且各级应力增量下的应变过程也无规律；③在相同应力下，应力控制式试验得到的瞬时应变与蠕变之和往往小于应变控制式试验得到的瞬时应变。这些试验揭示的应力应变规律，使人难以理解粗粒料变形机理，也让人们对土石坝蠕变变形的认识产生了分歧。最终，笔者建议以应力控制式试验成果揭示堆石料的蠕变特性，每一次加荷的应力水平增量不宜小于 0.2，并定义每一荷载步 1 h 的变形为瞬时应变，之后的变形为蠕变，试验成果表明，蠕变与时间的关系非常符合幂函数关系。由此，提出了堆石料的蠕变模型。

堆石料的湿化研究是从 2008 年双江口土石坝工程科研开始的。湿化试验存在单线法和双线法两种方法。单线法要困难得多，但符合土石坝湿化过程，双线法是一种简化的方法。湿化研究前期，对双线法的可靠性进行了系统研究，即比较了单线法和双线法试验成果间的差异。试验结果表明，两种方法成果差异明显，明确了堆石料湿化特性试验只能采用单线法。单线法的难点在于，一组试验试样数量多，一般为 16 个试样，要想成果具有规律性，必须保证试样的一致性。经系统试验发现，堆石料的湿化变形明显，与应力状态存在相关关系，提出了堆石料湿化模型。

砾石土心墙料的蠕变与湿化要复杂得多。依据土石坝的应力变化过程，主要研究非饱和状态下砾石土心墙料的蠕变特性，以及从非饱和到饱和过程的湿化变形。砾石土的蠕变规律与堆石料的蠕变规律类似，只是大小不同，主要差别体现在模型参数，但湿化变形与堆石料差别极大。

砾石土心墙料的湿化试验前后历时 14 年，如 1.3.1 小节所述，由于砾石土心墙料包括大量粗颗粒，试验需要采用大型三轴仪，但又由于心墙料渗透性小，湿化过程几乎无法进行。笔者自 2008 年起开始研究心墙料力学试验方法问题，首先采用在试样中设置砂芯加速排水的解决方案。2008 年花大量精力采用钻孔灌砂的方法加速排水，试验证明，当砂芯设置合理时，其并不影响试样的力学特性。2009 年，针对钻孔灌砂难形成高质量砂芯的问题，着手开发了三轴试验砂芯加速排水试样成孔制样器。从此，解决了心墙料试验饱和、排水问题。但是，湿化试验遇到一个困惑大家很长时间的难题，同一组试验中，围压较小时湿化变形明显，但当围压稍大一点时，湿化变形很小。这种现象似乎并不正常，但直到 2019 年笔者才发现了问题的真正原因，这就是砾石土心墙料当受到较大的外部应力时将发生较大的体变，试样的饱和度增大，可能从非饱和状态转到接近饱和的状态，因此土体在外部水的作用下不再产生湿化变形。2020 年，针对两河口土石坝砾石土心墙料进行了初步试验，其间又发现在试样饱和度计算中大型三轴试验外体变测量存在问题。2021 年着力研究了外体变测量的修正方法，同时进行了系统的湿化试验，并建立了湿化模型。

1.3.5　土石坝数值分析

土石坝数值分析的目的在于对土石坝的应力变形进行合理计算，以评价土石坝工程的安全性。鉴于土石坝的应力变形的复杂性，包承纲先生提出的"准确的定性，粗略的定量"目标仍然是合适的。长江科学院土石坝研究团队进行数值分析的土石坝工程很多，最典型的是三峡二期围堰和水布垭面板坝。对土石坝数值分析的认识往往存在一定的误区，以为现有的有限元通用软件功能强大，各种材料的本构模型众多，可供选择，只要建好分析模型，边界条件和施工过程表达合理，就能得到合理的计算结果，因此数值分析成为一件简单工作，工作经费往往较低。实践告诉我们，这种思想对于土石坝建设来说是非常不利的。数值分析结果是否合理需要深入分析，并且有必要与其他研究方式如模型试验或工程监测等相互验证。

数值分析需要从业人员具有深厚的力学知识和工程经验。因为如果对计算对象工作机理的认识不到位，往往会得出错误的结论。土石坝的数值分析仍然比较复杂，这里举个例子予以说明。

1. 边坡的稳定性分析

边坡稳定性分析是经典土力学中内容最为完整的篇章，但在工程设计中，边坡稳定性分析往往也是出错最多的数值分析工作。最常见的错误是不问试验方法与边坡工况，直接选用地勘报告提供的强度参数用于边坡稳定性分析。而现有的不少地勘报告给出土的强度参数但并未说明其来源。另一种错误是将条分法用于所有土体边坡，其实有些边坡是不宜使用条分法的。最典型的是加筋边坡，筋材的加入改变了土体的应力状态，其应力分布与土条的应力假定相差甚远，因此条分法的分析成果难以反映实际边坡的稳定性。这不仅是一个强度问题，而且是一个变形控制问题，高陡加筋边坡工程出过不少问题，可能与分析方法不合理有关。可以想象，对于同一个边坡，选用两种筋材，两者强度一致，但一种刚度极大，另一种刚度极小，工程效果应该完全不同。条分法是不能区分这种差别的。因此，高陡加筋边坡稳定性分析只能采用有限元法，使筋材的选择和布设达到一种最佳状态，土的强度尽可能地发挥，并使边坡变形不超出允许变形，而边坡的安全性就用筋材强度的发挥余度进行衡量。

不适合用条分法计算稳定性的另一种边坡是膨胀土边坡。采用条分法计算安全系数远大于 1.0 的膨胀土边坡，往往也会失稳，即使膨胀土强度采用饱和残余强度。其实膨胀土边坡失稳不再是简单的重力作用下的剪切失稳，而是当土的含水率增加时，在强度降低的同时，土体要膨胀，在边坡内产生附加应力，其应力场不再是简单的重力场。简单地说，是重力和膨胀力共同作用引起了边坡失稳，条分法当然得不到正确的结果。笔者将膨胀土边坡的破坏分为两种，即膨胀作用下的边坡浅层破坏和裂隙强度控制下的边坡整体破坏。搞清楚了其破坏机理，膨胀土边坡的稳定性分析方法和处理方法也就迎刃而解了。

2. 土石坝的应力变形数值分析

土石坝数值分析结果出错的例子也很多。重要的是，不仅要知道结果是不正确的，而且要弄明白不正确的原因。切不可对有限元计算结果不加分析就盲目信任。

（1）混凝土面板堆石坝的混凝土面板应力。混凝土面板堆石坝的数值分析相对于心墙堆石坝简单，最为关键的是混凝土面板的应力和变形。一个突出的现象是混凝土面板应力的数值分析结果是大范围的拉应力，而监测结果却是压应力，且压应力很大，会压坏混凝土面板。这已经不是数值上如何准确的问题，而是受拉还是受压性质上的差错。对岩土工程数值分析结果的可靠性应该有一个合理的认定。这对岩土工程设计来说是非常有益的。如果混凝土面板应力的数值分析结果是大范围的拉应力，则混凝土面板上下应双层配筋，混凝土面板缝设计为硬拼缝；而如果确定混凝土面板受压，则混凝土面板缝应设计为可压缩缝。可见，数值分析结果对设计的影响有时是决定性的。

数值分析成果出现性质上的错误，原因是多方面的，有人强调过河谷形态对数值分析成果的影响。河谷形态对计算成果是有影响的，但不会是主要原因，因为河谷形态对大坝而言只是边界条件，而有限元法对边界条件的处理方式是合理的。

经研究发现，有限元法得到的混凝土面板应力不合理的原因在于土的本构模型。例如，邓肯模型，由于非线性弹性模型不能反映散粒体的剪胀性，坝体水平变形计算不合理，混凝土面板顺坡向弦长本应该是压缩，而数值分析结果是伸长，从而导致受压的混凝土面板计算结果为受拉。其他模型也有这样的情况。由于坝体水平变形计算不合理，混凝土面板应力结果也不合理。遗憾的是，土石坝的原位监测比较容易得到准确的沉降，而水平变形则难以监测，本构模型合理性评价缺乏可靠的直接监测资料，让问题变得更加复杂。本书第 5 章将提出非线性剪胀模型 K-K-G 本构模型，其能很好地解决这个问题。

（2）垂直混凝土防渗墙的应力。垂直混凝土防渗墙在土石坝中应用得比较普遍，尤其对于覆盖层上的土石坝，其结构形式也多种多样，有的覆盖层中设混凝土防渗墙上接黏土心墙，有的覆盖层中设混凝土防渗墙上接混凝土防渗墙或沥青混凝土防渗墙，有的覆盖层中设混凝土防渗墙上接防渗土工膜等。有限元数值分析结果有一个普遍的现象，就是混凝土防渗墙的压应力非常大，往往超出混凝土的抗压强度，但实际工程的监测成果表明，混凝土防渗墙的压应力要比计算值小得多。这给设计造成较大困惑：混凝土防渗墙的压应力到底如何？混凝土防渗墙的安全性如何评价？如果说数值分析结果不合理，其原因是什么？面对这种情况，有的人宁可相信数值分析，以确保混凝土防渗墙安全。在三峡二期围堰中深槽部位设置了两道混凝土防渗墙，而且墙体采用低弹高强的塑性混凝土，其模强比（压缩模量与强度之比）不大于 250，强度达到 5 MPa。为此专门研究了这种新材料。由于围堰运用期长达 5 年左右，考虑材料劣化，专门研究了强度的时间效应。从 1997 年底施工建设至 2002 年初拆除，经过 4 年多的运行，材料性能不仅没有劣化，还有较大的提高。由此可见，数值分析非常重要且其对设计方案具有决定作用。

经过模型试验，混凝土防渗墙应力计算值偏大的原因也逐渐清晰，问题是混凝土防渗墙端部及周边土体接触如何仿真模拟。当混凝土防渗墙端部应力达到一定值时，混凝土防渗墙必将刺入周边土体，也就是说，混凝土防渗墙端部及周边土体接触将产生刺入破坏，但小应变有限元法不能仿真这一过程，常规有限元法是不能模拟大变形的。可见，混凝土防渗墙应力计算值偏大是由有限元数值分析方法不适应这种工况造成的，是数值分析方法出现了问题。这种工况具有普遍性，如覆盖层中设混凝土防渗墙上接混凝土防渗墙或沥青混凝土防渗墙时，在结合处常常出现凸出构件，混凝土防渗墙应力计算值也往往失真。

如何改进混凝土防渗墙端部接触算法成为土石坝数值分析中的一个难题。在同类型的分析工作中，笔者很少见到有人关注这个问题。2017 年，同石根华先生讨论此问题时他认为"在连续体内是可以任意设置接触面的"，这给改进方法指明了方向。经反复探索发现，在土与结构物相互作用问题的数值分析中，在可能产生大的剪切变形的位置（土体中）设置接触面单元，接触面强度为土体强度，接触面刚度取一个大值（相当于采用理想弹塑性模型），就可以改善小应变有限元法的计算结果。至此，找到了混凝土防渗墙端部接触算法，混凝土防渗墙的应力大为降低，是数量级的变化。经对多个工程的分析认识到，混凝土防渗墙作为一个弯压构件，被压坏的可能性很小。

这个研究经历完全改变了笔者对有限元法的认识，也改变了笔者对有限元法中接触面单元作用的认识，从"跟着做"到"有目的地做"是一种认识上的飞跃。融会贯通大概就是如此。有智者常说"读书要读通"，也大概就是如此。值得强调的是，对数值分析结果的再分析是有限元分析中不可缺少的一个步骤，十分重要。

（3）水力劈裂。水力劈裂是高黏土心墙堆石坝长期被关注的问题，但很少有资料表明黏土心墙堆石坝是因为水力劈裂而破坏的。在土石坝混凝土防渗墙槽孔施工过程中，由于施工程序控制不当，偶尔有劈裂现象沿坝轴线发生。人们担心水库蓄水过程中水压力使黏土心墙产生横向贯穿性劈裂是正常的。采用有限元法计算黏土心墙正应力并与同深度水压力进行比较，往往很容易得到黏土心墙存在水力劈裂风险的结论。一旦这种结论占据主导地位，黏土心墙堆石坝的安全论证就难以通过，心墙料采用砾石土料也多是为了减小水力劈裂风险。在关注结论的同时，应该重视对分析方法合理性的研究，这种结论往往是在不考虑大坝变形时间过程的条件下得出的，既不考虑黏土心墙填筑产生的附加超孔隙水压力及其固结过程，也不考虑库水在黏土心墙中渗流伴生的湿化变形过程。计算结果一定是架越作用明显，黏土心墙的正应力小于自重应力。但实际情况是，散粒料坝壳支撑体变形快，而黏土心墙变形非常缓慢，故早期黏土心墙的沉降小于支撑体，黏土心墙的正应力将大于自重应力，也一定大于水库蓄水后的水压力；随时间延长，黏土心墙的沉降将逐渐增大，黏土心墙的正应力可能有所减小，库水压力也随渗流作用逐渐扩散，由面力演变为体力，劈裂作用逐渐减弱；黏土心墙的沉降稳定是一个比较漫长的过程，库水压力也将失去劈裂作用，逐渐演化为渗透稳定问题。

实际的水力劈裂机制可能更为复杂，笔者曾利用 CT 三轴仪开展模型试验，选择比较极端的工况模拟了劈裂过程，如在黏土心墙中设置人工缝。当水压力足够大时，人工缝有进一步扩展现象，同时其与水压力加荷速率也有关系。试验表明，黏土心墙中的接缝是否会产生水力劈裂，不仅与缝中水压力和周边土压力的相对大小有关，而且与水压力的水力梯度大小有关。

水力劈裂问题是一个值得深入研究的问题，尤其是对于没有合适砾石土的地区，人工掺配砾石土不仅耗时费力，而且掺配不均匀对黏土心墙的抗渗作用是有负面影响的。水力劈裂问题研究首先要弄清"劈"的作用机理，从而弄清形成劈裂的条件，再对实际大坝准确仿真，判断产生劈裂的可能性。过分简化的数值分析结果是不足以作为劈裂判据的。笔者始终认为黏土心墙堆石坝水力劈裂的可能性是非常小的，高黏土心墙堆石坝心墙料是否一定要采用砾石土料是值得商榷的。另外，岩体坝肩与黏土心墙接触面将产生较大剪切错动，其抗渗能力值得重视和研究。

1.4 对土石坝研究的寄语

土石坝是典型的土工建筑物，近 30 年是土石坝建设的黄金期，我们见证了土石坝建坝技术的发展，坝高从几十米发展到 300 m 级，每一次进步都是科研、设计、施工等各方科技工作者同心协力、认真求证的结果。长江科学院土石坝研究团队始终秉承科研为工程服务的理念，直面土石坝技术难题，采用全新的技术路线，持之以恒，取得了一个又一个新的认识。经认真反思总结，笔者认为所取得的成果固然重要，但更重要的是对土工科研内涵的理解。

（1）科研的进步是难点问题的突破。土石坝工程具有相同的难题，如大坝填料的本构模型及模型参数的确定方法，但不同的土石坝也存在各自的难题。土石坝建坝技术的进步就体现在这些关键难题的解决过程之中。在三峡二期围堰论证过程中，始终有一个问题束缚着围堰设计方案的成立，即 60 m 水深抛填的风化砂堰体的密度问题。为了确定水下抛填的风化砂堰体的密度，1960 年在石板溪修建的 6 m 深水库中进行了人工抛填试验，得到了风化砂水下抛填密度为 1.57 g/cm³。因该密度指标偏低，围堰混凝土防渗墙水平位移过大，混凝土防渗墙的应力难以满足强度要求，从而进行了一系列高低墙方案、单双墙方案、刚柔性墙方案的比较，从混凝土防渗墙材料、数值分析方法、堰体加密措施多方面开展研究，研究时间之长、内容之丰富、参与人员之广是一般土石坝少有的。但这都不能改变混凝土防渗墙的安全性状。研究中，虽然普遍认为该密度指标与实际情况存在偏差，但又找不到合适的方法提出合理的密度成果。在此困难之际，包承纲先生提出了采用离心模型试验确定水下抛填风化砂密度的方法，经试验，确定风化砂水下抛填密度为 1.75 g/cm^3。由此，确定了风化砂堰体的力学参数，数值分析得到的混凝土防渗墙水平位移最大值为 0.4～0.6 m，墙体应力满足安全要求。后期围堰实测成果表明，实际水平位移最大值为 0.56 m，围堰建设非常成功。确定 60 m 水深抛填的风化砂堰体的密度成为解开三峡工程深水围堰建设难题的钥匙。

（2）突破难点、科研创新的前提是思路创新。之所以有些问题长期得不到解决，是因为其难度非同一般，如果没有新的思路，想有所突破应该是一件很困难的事情。这种新思路的出现也许是触类旁通，也许是长期思考后的突发奇想。有了新思路，还需要有十年磨一剑的坚持，才有可能成功。

真三轴试验设备研究历程的艰辛让笔者难以忘怀。拥有一台结构合理、成果可靠的真三轴仪，实现复杂应力条件下的力学试验是土力学研究者的梦想。要实现对土体试样三个方向、六个面的独立加载是一件非常困难的事情。如果三个方向均采用柔性加载，因三个方向的荷载大小不同，不同方向间的相互干扰问题难以解决；如果采用刚性加载，刚性加载板与试样间的附加摩擦力将导致试验成果失真。真三轴试验合理的加载方式是一个方向柔性加载，其余两个方向刚性加载的综合加载方式，同时必须解决如何消除刚性加载板与试样间附加摩擦力的难题。长江科学院大型真三轴仪的研制前后历时 26 年，从试制大型平面应变仪、改进平面应变仪，到研制大型真三轴仪，在消除或降低摩擦力问题上反复试验，终于找到了"整体接触改为分散式接触，滑动摩擦改为滚动摩擦"的新思路，研制成功了大型真三轴仪。为此，也取得一系列粗粒料在复杂应力条件下的试验成果。长期的研究实践告诉我们，没有研究思路的创新，难题总是前进路上的拦路虎，没有试验设备的创新，也很难有土力学理论上的创新。

（3）复杂问题的研究重在规律性的探索。土的力学性质研究常常将土视为连续体，但土体是典型的散粒体材料，之所以土力学理论不能准确地表达土体的力学规律，大概是因为土的散粒体特性未能得到充分反映。为研究散粒体特性，土力学工作者开展了大量散粒体的组构研究工作，但始终未能提出可以反映散粒体力学特性的综合组构量。土的本构关系研究也只能在连续体力学理论（如弹性理论、弹塑性理论等）的基础上构建本构模型。基于土力学问题的复杂性，土的本构模型研究有必要处理好如下几个关系。

一是继承与发展的关系，土力学研究历经百年，反复经历工程实践的检验，对模型的提出应该保持应有的尊重，如果依据少量的试验就提出新的模型显得操之过急。

二是处理好繁与简的关系，复杂的模型直接用于工程要保持谨慎的态度，此时对结果的合理性更加难以判断。

三是厘清应力与应变的逻辑关系，也就是弄清工程应变响应与影响因素的因果关系。例如，按照弹性理论，只有球应力引起粗粒料的体积变形，由试验得到的泊松比将失去原有的力学意义，事实是剪应力也引起粗粒料的体积变形；又如，将堆石坝蓄水后的变形归结于堆石料的蠕变，无疑夸大了堆石料的蠕变特性，堆石坝后期变形不仅与后期降雨引起的湿化变形有关，而且与库水位周期性循环变化产生的水循环荷载引起的残余变形有关。

四是做好试验成果的归纳和总结。针对多种粗粒料，笔者进行过系统的常规三轴试验和真三轴试验，得到的有价值的且具有普适性的规律也许只有两点。其一，变形模量与中主应力无关，这算是真三轴试验对粗粒料力学特性的贡献，由此表明，可以将基于常规三轴试验得到的土的变形模量直接推广到复杂应力状态；其二，最小能比系数与应力无关，可以视为常量，该结论揭示了粗粒料作为散粒体的重要力学特性。另外，最小能比时的应力状态应该是一个方向对试样做功，其余两个方向同时对外做功，恰好是常规三轴试验时的应力状态，两条规律作为构造本构模型的基础时，在试验方式上得到了统一。

笔者在这两点规律的基础上，结合弹性理论，提出了 K-K-G 本构模型。该模型较好地反映了粗粒料的非线性、弹塑性、剪胀性，同时，该模型具有力学概念清晰、参数物理意义明确、不同土体间参数具有可比性的特点。

（4）土石坝研究任重道远。土石坝是目前最高的坝型，已建和在建的 300 m 级土石坝为数不少，已建的土石坝工程中出现的面板挤压破坏、坝体开裂、渗漏量偏大等问题也不少，可以说现有的坝工理论和分析方法仍然落后于工程实践的需求。坝工理论研究的目的在于土石坝安全论证的可靠性，土石坝研究除了在基础理论上亟待提高以外，土石坝结构设计、施工方法等方面仍需优化，设计理念方面也需创新。

对于混凝土面板堆石坝，极为重要的是保证混凝土面板安全。混凝土面板安全与堆石体的力学特性、变形大小、变形形态有关。当坝体材料要求、坝体分区、填筑顺序、碾压功能基本确定以后，混凝土面板堆石坝的安全来源于混凝土面板的变形控制和混凝土面板的结构优化。可能的方式是，在混凝土面板压应力较大的重点区域将混凝土面板缝设计成可压缩缝和一次性浇筑混凝土面板。目前，混凝土面板缝设计为硬拼缝，混凝土面板被压坏成为常态，如果混凝土面板缝可以少量压缩，混凝土面板应力将大为改善；采用分次浇筑混凝土面板的理由是混凝土溜槽不宜太长，否则混凝土可能产生分离现象，如果待坝体填筑完成后，在坝面上铺设临时轨道，采用斗车装运混凝土从坝顶送到指定位置浇筑施工，不仅解决了混凝土可能产生分离现象的问题，更为重要的是，混凝土面板晚施工，坝体工后变形小，混凝土面板的受力状态将有所改善。至于一次性浇筑面板对工期的影响、汛期挡水应该都不是问题。

混凝土心墙堆石坝可以说是被数值分析错误结果误导的一种坝型，小应变有限元法处理混凝土墙体与土体相互作用的方法不当，墙体应力偏大，引起了对该坝型安全性的担忧，导致该坝型应用受阻。其实，混凝土心墙堆石坝墙体温度应力小，特别适合温差大的地区。另外，在三峡二期围堰拆除时发现，成槽施工形成的防渗墙在槽孔之间，板与板为弧形相接，且板与板之间存有厚度约为 1 mm 的由泥浆固化形成的泥皮，在板的上下侧面存有完整的厚度为 2～3 cm 的由泥浆固化形成的泥皮。泥皮对防渗墙应力具有较大的改善作用。在覆盖层上建混凝土心墙堆石坝还有一个令人纠结的问题，即廊道设置，工程中常常将廊道置于混凝土防渗墙之中，将防渗结构复杂化，能否将廊道置于墙后，廊道相邻于墙并仅作为人工通道，当廊道不承担防渗功能之后，其结构分缝适应坝体变形将简单得多。

对于黏土心墙堆石坝，其变形机理最为复杂，会不会产生水力劈裂往往成为黏土心墙堆石坝是否安全的重要判据。基于防渗体与支撑体相互作用的复杂性，防渗体的应力状态也不是十分清楚。笔者曾对黏土心墙堆石坝进行过长期的研究，很多问题仍然没有明确的答案，如水力劈裂问题，真正意义上"劈"过程的产生条件有待进一步研究。目前，特高坝多选择黏土心墙堆石坝，弄清黏土心墙堆石坝变形的时间过程、防渗体与支撑体相互作用的时空演化、黏土心墙与坝肩接触部位的抗渗性能等尤为重要。黏土心墙堆石坝的安全性是一个值得深入研究的课题。

随着高坝越建越多，大家越来越觉得建一座 300 m 级土石坝稀松平常。实际上，由于粗粒料力学特性的复杂性、土力学理论的不足，以及引起土石坝不安全的因素非常复杂，对高土石坝安全性的认识还不全面。对高土石坝的安全性仍要存有"敬畏之心"，与土石坝相关的土力学理论研究仍任重而道远。

参 考 文 献

陈生水, 2018. 复杂条件下特高土石坝建设与长期安全保障关键技术研究进展[J]. 中国科学: 技术科学, 48(10): 1040-1048.

程展林, 丁红顺, 2005. 论堆石料力学试验中的不确定性[J]. 岩土工程学报, 27(10): 1222-1225.

程展林, 潘家军, 2021. 土石坝工程领域的若干创新与发展[J]. 长江科学院院报, 38(5): 1-10.

程展林, 左永振, 丁红顺, 2011. CT 技术在岩土试验中的应用研究[J]. 长江科学院院报, 28(3): 33-38.

程展林, 潘家军, 左永振, 等, 2016. 坝基覆盖层工程特性试验新方法研究与应用[J]. 岩土工程学报, 38(S2): 18-23.

郭培玺, 林绍忠, 2007. 粗粒料颗粒随机分布的数值模拟[J]. 长江科学院院报, 24(4): 50-53.

郭培玺, 林绍忠, 2008. 粗粒料力学特性的 DDA 数值模拟[J]. 长江科学院院报, 25(1): 58-60.

胡波, 龚壁卫, 程展林, 2012. 南阳膨胀土裂隙面强度试验研究[J]. 岩土力学, 33(10): 2942-2946.

李广信, 1990. 堆石料的湿化试验和数学模型[J]. 岩土工程学报, 12(5): 58-64.

刘海涛, 程晓辉, 2009. 粗粒土尺寸效应的离散元分析[J]. 岩土力学, 30(S1): 287-292.

卢一为, 程展林, 潘家军, 等, 2020. 筑坝堆石料力学特性试验等效密度确定方法研究[J]. 岩土工程学报, 42(S1): 75-79.

马洪琪, 迟福东, 2016. 高土石坝安全建设重大技术问题[J]. Engineering, 2(4): 498-509.

沈珠江, 1996. 土体结构性的数学模型: 21 世纪土力学的核心问题[J]. 岩土工程学报, 18(1): 95-97.

汪小刚, 2018. 高土石坝几个问题探讨[J]. 岩土工程学报, 40(2): 203-222.

王艳丽, 程展林, 潘家军, 等, 2020. 岩土工程三轴试验微摩擦荷载传力板的研制及初步应用[J]. 岩土工程学报, 42(12): 2316-2321.

王永明, 朱晟, 任金明, 等, 2013. 筑坝粗粒料力学特性的缩尺效应研究[J]. 岩土力学, 34(6): 1799-1806.

邬爱清, 丁秀丽, 卢波, 等, 2008. DDA 方法块体稳定性验证及其在岩质边坡稳定性分析中的应用[J]. 岩石力学与工程学报, 27(4): 664-672.

周伟, 李少林, 马刚, 2012. 基于大尺寸流变试验的高堆石坝长期变形预测[J]. 武汉大学学报(工学版), 45(4): 414-417.

LIN S Z, XIE Z Q, 2015. Performance of DDA time integration[J]. Science China, 58(9): 1558-1566.

NOBARI E S, DUNCAN J M, 1972. Effect of reservoir filling on stress and movement in earth and rockfill dam[R]. Berkeley: University of California.

SHI G H, 1988. Discontinuous deformation analysis: A new numerical model for the statics and dynamics of block system[D]. Berkeley: University of California.

SITHARAM T G, NIMBKAR M S, 2000. Micromechanical modelling of granular materials: Effect of particle size and gradation[J]. Geotechnical and geological engineering, 18(2): 91-117.

第 2 章 粗粒料试验设备

2.1 概　　述

土工试验是认识土的性质最基本的方式，用于粗粒料力学特性试验研究的主要设备是常规三轴仪，自 20 世纪 60 年代以来，随着土石坝工程建设的不断推进，墨西哥、美国、日本和中国等国家的学者应用常规三轴仪对粗粒料的力学特性进行了较大规模、较系统的试验研究，取得了较多研究成果。要想土力学理论有所创新，试验方法就要改进创新，重复已有的试验不可能有太多新的发现。同时，我们要认识到有时试验成果给出的表象未必是客观规律，由试验成果不合理导致的对粗粒料力学特性的认识出现偏差也是比较普遍的。

刚性容器中的粗粒料压缩试验因比较简单易行而被广泛采用，由此得到的压缩模量往往随上覆压力无规律地变化，同时，得到的压缩模量往往比监测反分析得到的压缩模量大。可能的原因是刚性容器及刚性加载板约束了颗粒间的错动，如果把压缩试验的结果作为粗粒料的宏观变形属性，也许是一种错误。

对于堆石料的三轴试验，试验规程中只给出了确定级配的建议，密度如何确定并没有任何规定。一般而言，相同压实度条件下，缩尺料的干密度小于原级配料的干密度，因此，用于试验的缩尺料的密度往往偏大，采用试验指标通过数值分析得到的大坝变形值往往偏小，由此在坝工界形成一个普遍被接受的概念——"高坝算不大"，并且有学者将"高坝算不大"的原因归结于堆石坝中堆石料的颗粒破碎。

对于预钻式旁压试验，由于成孔改变了地基测点的应力状态，把现场测得的旁压模量视为测点的水平向变形模量可能是没有意义的。

"工欲善其事，必先利其器"，近年来，土工试验设备取得了长足的进步，但仍然存在诸多问题有待改进。

常规三轴试验作为一个单元体试验，保证试样应力、应变均匀是必要的，但其端部环箍效应明显，如何改进是一个长期未能解决的难题；常规三轴试验中，很多情况下需要准确测定试样的外体变，常规方法是通过一个独立的气水转换室与三轴压力室相连，根据气水转换室水的体积变化，计算三轴试样的体积应变，内压达 3.0 MPa、体积足够的气水转换室水的体积变化的测量精度要达到 0.5 mL 是一个难题；对于砾石土心墙料，由于试样尺寸较大，水的渗透速度慢，试验中的饱和、固结、湿化几乎难以实现，仍然缺乏合适的改进方法。

复杂应力条件下的粗粒料力学特性试验是土的本构研究的基础，研发真三轴仪是土力学研究的客观要求，如何克服刚性加载板与试样间的摩擦力是研发真三轴仪必须解决的难题。

粗粒料的组构研究期望观测试样在外力作用下内部结构的变化，常规三轴试验与 CT 技术结合提供了可能的解决途径。但普通金属在 CT 测量时产生伪影，使 CT 三轴仪的研发倍加困难。

因深厚覆盖层天然形成，深厚覆盖层的物理状态缺乏勘察手段，其力学性状缺乏试验方法，不解决这个问题，深厚覆盖层上土石坝的安全性将无法评价，能否测定深厚覆盖层的物理力学指标也是坝工领域的重大难题。

针对土石坝填料，试验缩尺问题始终是土石坝研究领域的难题。目前，试验规程中只对级配给出了选用剔除法、等量替代法、相似级配法和混合级配法等处理方法，对密度并无任何建议。对于最大颗粒尺寸达米级的土石坝填料，如何控制试样的级配和密度，保证缩尺料能够反映原级配料的力学特性是土石坝研究的难题。

受条件限制，很多问题是很难直接得到解决的，需要建立一种新的方法，也可能是间接地解决问题。

本章主要介绍设备研发工作，关于深厚覆盖层试验方法和粗粒料缩尺方法将在第 3 章与第 4 章介绍。

2.2 旁 压 试 验

2.2.1 技术与原理

旁压试验是原位测试方法之一，具有原位、测试深度大等特点。它是将圆柱形旁压器放入土体中，向旁压器内充水或气并施加压力，利用旁压器的扩张，对周围土体施加均匀压力，测量压力与体积扩张（径向变形）的关系，可以得到土体在水平方向上的应力应变关系（何耀京 等，2019；李广信，1986）。图 2.2.1 为现场试验中常用的预钻式旁压试验仪，其主要由旁压器、高压气瓶及监测装置等组成。

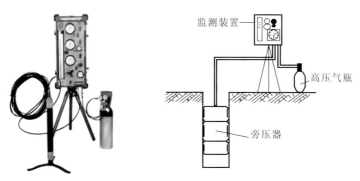

图 2.2.1 预钻式旁压试验仪

图 2.2.2 为旁压试验的力学状态示意图，可以看出，旁压试验可以理想化为圆柱孔扩张问题，属于轴对称问题（汪明元 等，2016）。图 2.2.3 为典型的旁压试验曲线，可分为三段：I 段（曲线 *AB*）为初始阶段，反映孔壁扰动土的压缩与恢复；II 段（直线 *BC*）为似弹性阶段，压力 *P* 与体积变化量 *V* 大致呈直线关系；III 段（曲线 *CD*）为塑性阶段，随着压力的增大，体积变化量逐渐增加，直到破坏（Obrzud et al.，2009；Rangeard et al.，2003）。

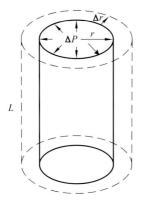

图 2.2.2　旁压试验的力学状态示意图

ΔP 为压力增量；Δr 为径向位移；

L 为测量腔长度；r 为测量腔半径

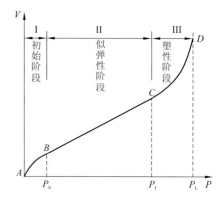

图 2.2.3　典型的旁压试验曲线

I 段和 II 段的界限压力相当于初始水平压力 P_0，II 段和 III 段的界限压力相当于临塑压力 P_f，III 段末尾渐近线的压力为极限压力 P_L。

由 Lame 提出的无限弹性介质中圆柱孔径向膨胀方程（孟高头，1997）可得旁压模量 E_m 和旁压剪切模量 G_m 的计算公式，具体如下：

$$E_\mathrm{m} = 2(1+\mu)\left(V_\mathrm{c} + \frac{V_0 + V_\mathrm{f}}{2}\right)\frac{\Delta P}{\Delta V} \qquad (2.2.1)$$

$$G_\mathrm{m} = \left(V_\mathrm{c} + \frac{V_0 + V_\mathrm{f}}{2}\right)\frac{\Delta P}{\Delta V} \qquad (2.2.2)$$

式中：μ 为土的泊松比；V_c 为旁压探头固有体积；V_0 和 V_f 分别为旁压试验曲线上与初始水平压力 P_0 和临塑压力 P_f 对应的体积；$\Delta P / \Delta V$ 为旁压试验曲线直线段的斜率。

2.2.2　旁压试验成果的再认识

对旁压试验成果的应用长期伴随着争论，主要集中在两个方面。其一，旁压试验是一种横向扩孔试验，得到的旁压模量与地基的竖向变形模量存在差异，采用旁压模量分析地基的变形存在偏差；其二，旁压试验有预钻式和自钻式两种方式（郝冬雪 等，2011），较为普遍的是预钻式，即先成孔再安装旁压探头进行试验，普遍认为成孔会造成地基应力释放，试验成果难以反映地基原有应力下的变形特性，为克服这一缺陷，发展了自钻式旁压试验。自钻式旁压试验对地基应力有无影响，其实也不得而知。为此，笔者系统地开展了室内模型旁压试验，揭示了预钻式旁压试验对成果的影响。

试验采用两河口土石坝堆石料，试样的两种级配如图 2.2.4 所示，干密度为 2.15 g/cm³，上覆压力为 1.0 MPa。针对如下两个问题进行了比较性试验。

其一，模型制样应力的影响。在约 1.0 m×1.0 m×1.0 m 模型箱中，通过击实法形成干密度为 2.15 g/cm³ 的堆石料模型，制模过程中，模型可能产生一定的附加应力，为此，进行消除和不消除制样应力两种工况的试验比较。

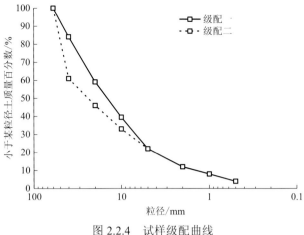

图 2.2.4　试样级配曲线

其二，成孔应力释放的影响，即预钻式和自钻式成果的比较。预钻式的模拟是在施加上覆压力的模型上先成孔，再放开缝管进行旁压试验，自钻式的模拟是在模型中先埋入开缝管，再施加上覆压力进行旁压试验。

四种试验条件下的试验成果如图 2.2.5 所示。试验成果直观地揭示了模型制样应力和成孔应力释放对成果的影响。

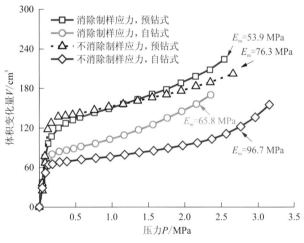

图 2.2.5　不同试验条件下的旁压试验曲线

同是预钻式，当不消除制样应力时，旁压模量为 76.3 MPa，当消除制样应力时，旁压模量为 53.9 MPa。

对于自钻式，消除制样应力，旁压模量从 96.7 MPa 降至 65.8 MPa。

由此可见，"击实成模"在模型中形成的附加应力将使试验成果出现较大偏差，表明在刚性模型中通过击实法制作模型，再施加上覆荷载，与实际地基无侧向变形条件下的应力状态差别较大，这在其他模型试验中也是值得重视的问题。

在消除制样应力的条件下，自钻式旁压试验得到的旁压模量为 65.8 MPa，预钻式旁压试验得到的旁压模量为 53.9 MPa，表明预钻式旁压试验造成旁压模量偏低是客观事实，其原因在于成孔引起地基应力释放。

地基勘测中往往忽视成孔应力释放对现场原位试验成果的影响，甚至会造成不必要的概念混淆。现场旁压试验测得的旁压模量随深度增加的增长规律，与室内试验得到的变形模量和应力的关系不一致，以及现场十字板试验得到的强度和地基深度的关系与土的强度理论不一致，应该都与成孔应力释放有关。

如何认识和应用原位试验成果是值得深入探讨的。现场预钻式旁压试验得到的旁压模量并不是试验点处应力对应的真实的横向变形模量的结论是肯定的。同样，将软土地基十字板试验得到的强度随地基深度增加增长不明显视为地基"欠固结"，其合理性也是值得商榷的。

依此观点，原位试验成果的应用将受到限制。但笔者提出的"当量"概念给原位试验找到了应用之地，旁压试验被用于深厚覆盖层密度测试（第 3 章）和粗粒料缩尺（第 4 章），通过室内模型旁压试验与原位旁压试验的旁压模量相等（作为当量），间接确定深厚覆盖层原位密度及粗粒料室内力学试验缩尺料的控制密度，解决了土力学中两大试验难题，足以表明原位试验方法广阔的应用前景（程展林 等，2016）。

2.2.3　设备改进

旁压仪应用于粗粒土，如砂砾石覆盖层或堆石体时，普遍存在以下问题。

（1）粗粒土中成孔形态难以规整，孔径往往偏大，导致旁压仪探头旁胀量（一般为 400 mL）不足，无法测得完整的旁压试验曲线。

（2）粗粒土成孔孔壁凹凸不平，旁压探头上的橡胶膜极易破损，导致试验成功率很低。

针对上述问题，开发了"一种端部滑移式高压大旁胀量的旁压仪新型探头"（专利号为 CN103821127A）（程展林 等，2014a），如图 2.2.6 所示。新型探头结构与传统旁压仪探头基本一致，不同之处在于内、外膜套在胀缩过程中，其端部可以在中心轴上自由滑移，并保证高压作用下的密封性，同时，外膜套上均匀排列弹性保护钢片，保护膜套不被刺破。

图 2.2.6　一种端部滑移式高压大旁胀量的旁压仪新型探头

实践表明，当膜套充分膨胀时，膜套端部只要发生少许滑移，膜套自身应力将大为改善，旁胀量也大为增加，新型探头的旁胀量可达 1 500 mL，很好地解决了粗粒土中旁压试验旁胀量不足的问题。

2.3　动力触探试验

2.3.1　动力触探试验的困惑

　　动力触探试验是一种应用非常广泛的经典原位试验方法，一般根据动力触探试验指标和地区经验，可以进行地基力学分层，评定土的均匀性、物理性质（状态、密实度）、强度、变形参数和地基承载力，查明土洞、滑动面、软硬土层界面，检测地基处理效果等。本节并不会重点介绍动力触探试验的操作方法和应用，而专门介绍动力触探试验的杆长修正问题，期望为开展动力触探试验的技术人员解除不同规程、规范及研究成果在杆长修正方面的混乱引起的困惑。

　　杆的长度不同，锤击的效果不同，因此，必须进行锤击数的杆长修正。动力触探试验和标准贯入试验具有同样的问题，相对而言，关于动力触探试验的杆长修正，国内外的研究较少，对标准贯入试验的杆长修正研究较多。重型动力触探试验和标准贯入试验的落锤质量、落距、探杆直径等均相同，差别在于底部探头不同，动力触探试验使用的是实心探头，而标准贯入试验使用的是贯入器，因此两者具有一定的相似性。

　　不同规程、规范及研究成果的杆长修正系数建议值如图2.3.1所示，杆长修正系数之所以如此复杂，只因无法直接测定，而是基于牛顿弹性碰撞理论或弹性杆波动理论并结合经验提出的。客观地讲，杆长修正系数建议值不是简单地存在差别，而是相差极大。

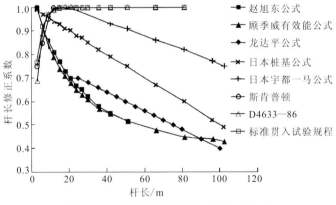

图 2.3.1　现有部分杆长修正系数建议值

　　基于弹性杆波动理论的有第一届贯入试验国际会议推荐的标准贯入试验规程、美国材料与试验协会《动力触探试验应力波能量量测的标准试验方法》（Standard Test Method for Stress Wave Energy Measurement for Dynamic Penetrometer Testing Systems）（D4633—86）和斯肯普顿（Skempton）1986年给出的杆长修正系数，其建议值均随杆长增大而增大，杆长超过 15 m 时杆长修正系数趋于定值。另外，基于弹性杆波动理论的具有代表性的成果为日本宇都一马公式和日本《桥梁下部构造设计施工基准》中桩基设计篇给出的杆长修正系数表达式，简称"日本桩基公式"。其中，日本宇都一马公式是依据水平悬空放置的弹性棒撞击能传递衰减试验确定的。

以牛顿弹性碰撞理论为基础的有《工业与民用建筑地基基础设计规范》（TJ 7—74）（现已作废）和《建筑地基基础设计规范》（GBJ 7—89）（中华人民共和国建设部，1989）（现已作废），杆长修正系数是在锤重为 60 kg，贯入器重为 30+4.5(L−3) kg，落距为 80 cm 的情况下计算得到的，杆长 L 仅修正到 21 m。赵旭东提出的杆长修正系数，是在《工业与民用建筑地基基础设计规范》（TJ 7—74）的基础上，把杆长与杆长修正系数关系曲线延长，杆长修正系数扩展到杆长 51 m。顾季威提出的有效能公式，不考虑杆长的弹性变形、挠曲带来的能量损耗，修正杆长达 102 m。

龙达平公式是在分析以往修正公式之后，建议在杆长 21 m 内杆长修正系数按《工业与民用建筑地基基础设计规范》（TJ 7—74）取值，当杆长大于 21 m 时，按日本桩基公式进行取值，算是一种经验表达式（龙达平和姚永华，1990）。

以上杆长修正系数只与杆长有关，而在《岩土工程勘察规范》（GB 50021—2001）（中华人民共和国建设部和中华人民共和国国家质量监督检验检疫总局，2002）和《建筑地基基础设计规范》（GB 50007—2011）（中华人民共和国住房和城乡建设部和中华人民共和国国家质量监督检验检疫总局，2011）中，给出了 20 m 杆长范围内的动力触探锤击数修正系数表，如表 2.3.1 所示。该修正系数不仅与杆长有关，还与地基土的特性（锤击数）有关。

表 2.3.1 动力触探锤击数修正系数表

L/m	重型动力触探锤击数 $N_{63.5}$								
	5	10	15	20	25	30	35	40	≥50
2	1.00	1.00	1.00	1.00	1.00	1.00	1.00	1.00	—
4	0.96	0.95	0.93	0.92	0.90	0.89	0.87	0.86	0.84
6	0.93	0.90	0.88	0.85	0.83	0.81	0.79	0.78	0.75
8	0.90	0.86	0.83	0.80	0.77	0.75	0.73	0.71	0.67
10	0.88	0.83	0.79	0.75	0.72	0.69	0.67	0.64	0.61
12	0.85	0.79	0.75	0.70	0.67	0.64	0.61	0.59	0.55
14	0.82	0.76	0.71	0.66	0.62	0.58	0.56	0.53	0.50
16	0.79	0.73	0.67	0.62	0.57	0.54	0.51	0.48	0.45
18	0.77	0.70	0.63	0.57	0.53	0.49	0.46	0.43	0.40
20	0.75	0.67	0.59	0.53	0.48	0.44	0.41	0.39	0.36

有的规范对于杆长修正系数只做一般性的推荐，在附录中列出以往的研究成果，典型规范如《公路工程地质勘察规范》（JTJ 064—98）（中华人民共和国交通部，1999）（现已作废），给出了《工业与民用建筑地基基础设计规范》（TJ 7—74）、赵旭东公式、顾季威有效能公式、日本宇都一马公式和日本桩基公式，供使用者参考。

还有不少学者根据自己的认识提出了关于杆长修正系数的建议，在此不再赘述。

同一个问题存在不同的答案，足以表明问题的复杂性，其原因在于找不到合适的试验方法直接确定杆长修正系数。岩土工程中类似的问题不少，如土的本构模型，由于其复杂性，出现了众多本构模型，但绝大多数本构模型是建立在"唯象"基础上的，与土的实际应力应变关系存在差异。这种现象极大地干扰了岩土工程从业者对土力学核心要义的深刻理解。

笔者之所以深入研究动力触探杆长修正系数问题，是期望通过动力触探试验间接确定深厚覆盖层天然密度，即进行深厚覆盖层天然密度当量密度法的研究。深厚覆盖层的深度往往近百米，如果想将重型动力触探锤击数作为当量指标，必须给出合理的杆长修正系数。

为此，从 2013 年开始，笔者设计了一个特殊试验，在长江科学院新建的科创大厦楼梯间完成了动力触探杆长修正试验工作，成果规律性较好。

2.3.2　试验方法

之所以找不到合适的试验方法确定动力触探杆长修正系数，是因为杆长在百米范围内变化时，找不到物理力学性质相同的地基，也就无法确定杆长对动力触探试验锤击数的影响。依据弹性杆波动理论和牛顿弹性碰撞理论确定杆长修正系数的结果相差甚远，表明动力触探试验过程并不服从或不完全服从弹性杆波动理论或牛顿弹性碰撞理论。虽然日本的宇都一马也是通过试验确定杆长修正系数，但其测量的是水平放置的动力触探杆的能量衰减程度，地基土的动力触探试验锤击数是否仅取决于撞击能，能量传递衰减程度与锤击数增加量是否一致犹未可知。

虽然动力触探试验操作上是简单的，成果也很明确，但动力触探的力学机制仍然是复杂的，有学者期望通过数值仿真来模拟动力触探的力学过程，并通过简单假定给出杆长的影响看来是不合适的。

当研究思路遇到瓶颈时，换个思考角度可能问题就迎刃而解了。笔者提出在地面以上的模型地基中进行动力触探试验，在保证模型地基一致性的条件下，开展不同杆长的平行试验，测定杆长的影响。动力触探试验布置方案如图 2.3.2 所示，依托 24 层楼房的楼梯间进行动力触探试验，模型地基安置在楼梯间的一楼地面，在不同楼层开展不同杆长的动力触探试验。楼房的总高度为 89 m，试验杆长最大达到 83 m。为便于介绍，称本次试验为"模型地基动力触探试验"。

制备模型地基的模型箱尺寸（长×宽×高）为 0.84 m×0.86 m×1.20 m，顶部为 4 个千斤顶，可以对试样加压以模拟地基上覆压力。依据黄熙龄（1964）对旁压试验边壁效应的研究成果，当试验孔与模型壁的距离为 4 倍试验孔径时，边壁效应可以忽略不计。本次模型地基动力触探试验的试验孔位于模型箱的正中部，试验孔与最小边壁的距离约为孔径（60 mm）的 7 倍，因此可以认为该模型尺寸满足试验要求。

模型箱由厚度为 5 cm 的钢板焊接形成，如图 2.3.3 所示，其自重达到 1.8 t，填装的试验料重量在 1.0～1.5 t。因此，在动力触探试验的锤击过程中，锤击的冲击能引起的模型箱振动对试验成果的影响可以忽略。

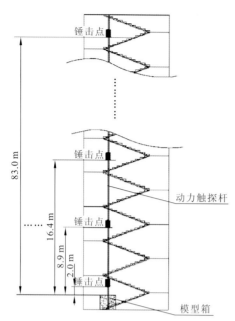

图 2.3.2　动力触探试验布置方案　　　　图 2.3.3　室内动力触探试验模型箱

落锤提升装置采用快速卷扬机，提升速率为 35 m/min，试验中锤击速率约为 16 击/min，满足规范中"锤击贯入应连续进行，锤击速率每分钟宜为 15～30 击"的要求。

模型地基的材料分别为中粗砂和砂砾石，以比较不同材质地基对杆长修正系数的影响。中粗砂的粒径为 0.5～2 mm，干密度为 1.45 g/cm³，相对密度为 0.50；砂砾石的最大粒径为 60 mm，级配良好，干密度为 2.12 g/cm³，压实度为 92%。模型地基的含水率均为地基土的最优含水率。共完成 3 组试验，每一组试验地基土的材质、级配、密度、含水率、上覆压力、固结时间等均相同。3 组试验包括中粗砂地基 1 组，上覆压力为 240 kPa，砂砾石地基 2 组，上覆压力分别为 240 kPa 和 640 kPa，以比较地基应力对杆长修正系数的影响。

动力触探试验选择重型标准，将贯入深度为 100 mm 时的锤击数作为动力触探指标。模型地基动力触探试验的杆长分别为 2.0 m、8.9 m、16.4 m、23.4 m、30.0 m、36.0 m、62.0 m、83.0 m，为保证成果的准确性，每个杆长均进行了平行试验，每组试验均进行了 16 个以上的模型试验，其工程量是巨大的（左永振和赵娜，2016；左永振 等，2014）。

2.3.3　动力触探杆长修正系数

重型动力触探试验以杆长 2.0 m 对应的锤击数为动力触探指标标准值，标准值与不同杆长时的锤击数之比为相应杆长的杆长修正系数。中粗砂和砂砾石的杆长修正系数试验成果如图 2.3.4 所示。

随着杆长的增加，动力触探锤击数明显增加，如上覆压力为 240 kPa 的砂砾石地基，杆长 2.0 m 时的锤击数是 15.0 击，杆长增加到 83.0 m 时，锤击数平均值是 34.9 击，相应的杆长修正系数为 0.43，表明动力触探杆长对锤击数的影响是十分显著的。

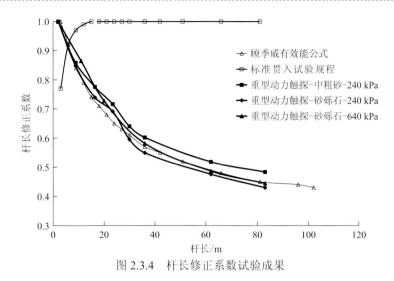

图 2.3.4　杆长修正系数试验成果

3 组模型地基动力触探试验，虽然地基材料或上覆压力不同，但杆长修正系数与杆长的规律相同，成果间的差异属于试验误差，因为平行试验间的差异性也较大，这是由动力触探本身的属性决定的。由此表明，动力触探杆长修正系数与地基的物理力学性质无关，只与杆长有关。

3 组模型地基动力触探试验，动力触探指标标准值分别为 12.1 击、15.0 击、16.0 击，表明动力触探试验从整体上反映了地基的差异性，但其又是一个多解问题。如何依据单一的锤击数直接给出地基土的物理力学性质是一个复杂的问题，往往经过反复类比试验建立的经验起到了决定性作用。

模型地基动力触探试验再现了现场原位动力触探试验的过程，唯一不同的是模型地基的物理力学状态是已知的，保证了同一组试验地基的一致性，得到的杆长修正系数是可信的。

图 2.3.4 表明，顾季威依据牛顿弹性碰撞理论提出的随杆长增加有效能逐渐衰减（修正系数）是基本合理的，也证明了动力触探试验服从牛顿弹性碰撞理论。由此，推荐的重型动力触探杆长修正系数如表 2.3.2 所示，该修正系数应该也适用于标准贯入试验。

表 2.3.2　推荐的重型动力触探杆长修正系数

杆长/m	修正系数	杆长/m	修正系数	杆长/m	修正系数
3	1.00	24	0.65	55	0.51
6	0.92	27	0.63	60	0.49
9	0.84	30	0.61	65	0.48
12	0.79	35	0.58	70	0.47
15	0.74	40	0.56	80	0.45
18	0.71	45	0.54	90	0.44
21	0.68	50	0.52	100	0.43

2.4 常规三轴试验

2.4.1 常规三轴仪的缺陷

常规三轴试验是一种应用最为普遍的土工试验方法，也是最为成熟的土工力学特性试验方法，为进行土的各种力学特性的研究，常规三轴仪形式多样，有普通三轴仪、非饱和三轴仪、动三轴仪等（Wei and Chau，2009）。本节不想综述常规三轴仪的发展历程、功能和操作方法，仅介绍笔者在粗粒料力学特性研究中对常规三轴仪一些缺陷的改进方法。

常规三轴仪的缺陷包括如下三个方面。

（1）端部约束。常规三轴试验的试样为圆柱体，围压为水压力，为柔性加载，而上下端通过试样帽进行刚性加载。在试样变形过程中，刚性加载板与试样间将产生附加摩擦力，从而形成端部约束作用（Duncan and Dunlop，1968）。

常规三轴试验作为单元体试验，期望试样内部应力均匀，但端部附加摩擦力会影响试样中的应力分布，从而改变试样的破坏模式，还会对试样的应变、剪切带分布、侧向变形特性等造成影响。这些影响在 20 世纪初已有人注意到，并在 20 世纪 60 年代受到广泛关注，一批学者开展了各种土体的端部约束效应的研究工作。为消除端部附加摩擦力，采用了多种方法，最典型的是采用润滑剂以减少摩擦力。最重要的结论是，当试样高径比等于或者大于 2 时，端部约束对强度的影响就可以忽略不计。也许是人们更多地关注土的强度问题，其他影响因素的作用逐渐被忽略，常规三轴试验也逐渐定型。即使采用常规三轴试验不仅仅是测定土的强度，更多的是研究土的本构关系，人们也较少关心端部约束作用。

土的本构关系研究需要一台无端部约束的三轴仪，否则试验成果是不准确的，由于端部约束，不仅试样的轴向应变存在差异，径向应变也存在差异且该差异更加明显，试验成果整理时将应变平均值作为实测应变必然会产生较大误差；同时，端部约束将导致许多假象，如应变软化、应变局部化等。但消除刚性加载板与土体间的摩擦力非常困难，采用润滑剂也只能降低摩擦力，其操作过程也非常麻烦。能否制造一台无端部约束的三轴仪，使常规三轴试验成为真正意义上的单元体力学试验？笔者经过多年的努力，提出了刚性加载板减摩新方法，从根本上解决了长期制约常规三轴试验成果合理性的难题。

（2）砾石土试验。高土石坝心墙料多采用砾石土，期望其力学性能好，且渗透性低，在没有砾石土的地区，往往通过人工掺配的方法制备砾石土心墙料。宽级配砾石土心墙料中包含有粗颗粒，最大粒径可达 150 mm，大于 5 mm 粒径的颗粒一般占 30%～50%，宜采用试样直径为 300 mm 的大型三轴仪进行力学特性试验；砾石土心墙料中又含有较大比例的黏性土，其渗透系数一般在 10^{-6}～10^{-5} cm/s，渗透系数低导致大直径试样的饱和、固结、湿化等过程非常困难，使得砾石土心墙料常规三轴试验的周期长、效率低，同时难以保证试样饱和、固结、湿化过程达到试验要求（程展林和潘家军，2021）。

砾石土心墙料的特殊性给常规三轴试验提出了新要求，如果找不到合理的方法，砾石土心墙料的力学指标无法测定，为此，笔者提出了采用砂芯加速饱和、固结、湿化过程的方法，成功突破了砾石土心墙料大型三轴试验的技术瓶颈。

（3）外体变测量技术。对于饱和土三轴试验，试样的体积变化均采用试样内排水量进行计量，对于非饱和土三轴试验，只能通过测定压力室进出水量间接测定试样的体积变化，俗称外体变法。

压力室进出水量的大小只能通过一个与压力室相通的独立的气水转换室的水量变化进行测量，水量变化一般通过测量气水转换室的重量变化间接得到。在大型高压三轴试验中，围压最大值要求在 3.0 MPa 以上，满足大型高压三轴试验要求的气水转换室重量达 30 kg 以上，依据外体变的测量要求，气水转换室重量测量精度应达 0.5 g。目前，还没有在量程和精度上同时满足要求的荷重传感器，亟须新的方法实现大型高压三轴试验的外体变测量。为此，笔者研发了外体变测量设备，使大型非饱和土三轴试验成为可能。

2.4.2　减摩技术

1. 减摩装置

在试样与试样帽之间添加一种专用部件——减摩板。其结构示意图及实物照片如图 2.4.1 所示。减摩板由承载板、滑条和滑块组成，承载板上均布 24 根滑条，126 个滑块在滑条上做径向滑动，滑块与滑条之间布置有两排滚珠，保证滑块在滑动过程中不发生相互干扰。

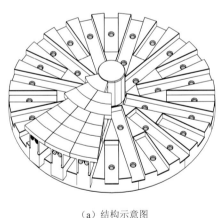
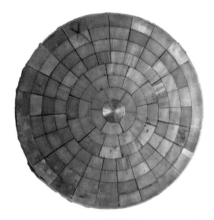

（a）结构示意图　　　　　　　　　　　　　　　　（b）实物照片

图 2.4.1　减摩板结构示意图及实物照片

2. 板土间摩擦系数测试方法

为了测定刚性加载板与粗粒土试样间的附加摩擦力大小，专门设计了一种试验，试验设备结构如图 2.4.2 所示。试样容器为内径约为 330 mm 的铁质圆形桶状容器，在试样容器中部按一定的密度要求制备试样，必要时在试样容器内侧与试样间进行减摩措施处

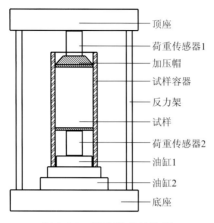

图 2.4.2　试验设备结构图

理。在试样上、下端安置加压帽，在上加压帽与反力架间安置荷重传感器 1，以测定试样上部所受荷载；在下加压帽以下安置荷重传感器 2，以测定试样下部所受荷载；在荷重传感器 2 下安置油缸 1，以控制试样下端变位；在试样容器下面安置油缸 2，以控制试样上端荷载（程展林 等，2009）。

试验过程如下：首先关油缸 1，使试样下端不发生位移；对油缸 2 进行加压，即试样上端加载（荷载大小由荷重传感器 1 测定），直至某一约定应力，并保持荷载大小不变；开油缸 1，使试样整体相对于试样容器向下缓慢匀速移动；由荷重传感器 2 测定试样下端荷载稳定值。重复上述过程，测定不同上端荷载 P_1 下的试样下端荷载 P_2。

试样的受力状态如图 2.4.3 所示。荷重传感器 1 和荷重传感器 2 测得的试样上、下端荷载分别为 P_1、P_2，高度 y 处荷载为 P，高度 $y+\Delta y$ 处荷载为 $P+\Delta P$。试样截面积 $A=\pi\cdot R^2$，其中 R 为试样半径。试样侧面积 $S=2\pi\cdot R\cdot H$，其中 H 为试样高度。土体静止侧压力系数 $K_0=1-\sin\phi$，其中 ϕ 为试样的内摩擦角，则土体对试样容器内侧的平均正应力 $\sigma=\dfrac{P_1+P_2}{2\cdot A}\cdot K_0$。若试样与试样容器间相对变形充分且界面摩擦系数为 K_f，则试样所受摩擦力总和 $F=\sigma\cdot K_f\cdot S$。根据力的平衡，有

$$P_1-P_2-F=0$$

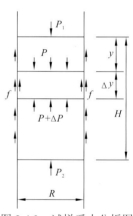

图 2.4.3　试样受力分析图

f 为摩擦力

由此可得试样与试样容器间界面摩擦系数的表达式：

$$K_f=\frac{2\cdot(P_1-P_2)\cdot A}{(P_1+P_2)\cdot S\cdot K_0}\tag{2.4.1}$$

因此，只要测得荷载 P_1 作用下的试样下端荷载 P_2，就可以根据式（2.4.1）求得界面摩擦系数 K_f。

3. 界面摩擦系数

试验材料选取双江口土石坝主堆石料，试样圆度较差，存在明显的棱角，其试样级配曲线如图 2.4.4 所示。试样最大干密度为 2.137 g/cm³。对此粗粒料进行了系统的界面摩擦系数试验，并探讨了试样密度、试样高度、试样下端是否移动、不同减摩措施等因素的影响。

试验成果如图 2.4.5 所示，成果表明界面摩擦系数与正应力大小无关，即粗粒料与钢结构间的摩擦力与正应力成正比。

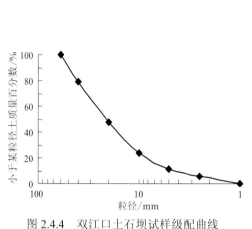

图 2.4.4　双江口土石坝试样级配曲线

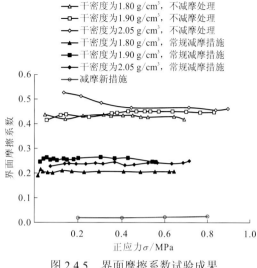

图 2.4.5　界面摩擦系数试验成果

采用式（2.4.1）计算界面摩擦系数时隐含了一个假定，即界面上正应力在高度方向为线性分布。因此，在进行界面摩擦系数试验时，控制试样的高径比是非常有必要的。试验也表明，当试样高径比小于 1 时，得到的界面摩擦系数的差别较小。

若只在试样上部加载，试样下部油缸 1 不发生收缩变位，试样与试样容器间的相对变形仅来源于试样的压缩变形，界面摩擦力沿高度可能是上部为 $\sigma \cdot K_f$、下部为 0 的曲线分布，因此，采用式（2.4.1）计算得到的界面摩擦系数将偏小。界面摩擦系数试验保证试样下表面发生充分变位是必要的。

试样干密度为 1.80 g/cm³、1.90 g/cm³、2.05 g/cm³ 时的界面摩擦系数如图 2.4.5 所示，成果表明，界面摩擦系数与试样密度有关，但关系不大，界面摩擦系数在 0.45 左右。常规减摩措施是在试样和试样容器间加两层内涂润滑油的薄膜，可以看出，采取减摩措施后界面摩擦系数降低到 0.20 左右，界面摩擦系数有较大程度的降低，但仍然不小。要在更大程度上消除摩擦力，只能采用新的减摩措施。因此，对于刚性加载板的土工试验，如常规三轴试验、物理模型试验等，界面摩擦力对试验成果的影响是不可忽视的。

4. 减摩板的减摩效果

图 2.4.1 减摩板的减摩效果很难通过试验测定，为了阅读的连续性，将 2.6 节用于真三轴试验的双向微摩擦荷载传力板的试验成果在这里做简要介绍。试验在直剪仪上进行，试验方法类似于测定粗粒料与刚性加载板界面摩擦系数的试验方法。经试验发现，双向微摩擦荷载传力板的界面摩擦系数为 0.023，试验成果如图 2.4.5 所示，与常规减摩措施的界面摩擦系数相差一个数量级。这是一个了不起的进步，不仅双向微摩擦荷载传力板的界面摩擦系数极小，而且其可以作为真三轴仪的一个机械部件，使用非常方便。

5. 减摩板的工作原理

用一句话概括，减摩板的工作原理是"变整体接触为分散式接触，变滑动摩擦为滚动摩擦"。当刚性加载板与土体接触，土体发生相对变形时，必然在土体与刚性加载板之间产生摩擦力。一般来讲，当刚性加载板整体无约束时，土体与刚性加载板之间的摩擦力是自平衡的。刚性加载板的尺寸越大，摩擦力约束变形的作用越大。当刚性加载板细分为多个滑块与土体接触时，摩擦力的作用仅限于局部，其原理如图 2.4.6 所示。为保证滑块同时对土体施加法向荷载，滑块之上需再安置整体加载板，从而使土体与刚性加载板之间的摩擦力问题转化为滑块与刚性加载板之间的摩擦力问题。滑块与刚性加载板之间采用滚动连接，摩擦力将大为降低，从而达到减摩的目的，这为土力学试验的减摩技术开辟了新的思路，对于常规三轴试验，其最大限度地减小了端部约束作用。笔者就"岩土工程三轴压缩试验微摩擦荷载传力板"申请了发明专利，专利号为 CN104089813A（程展林 等，2014b）。

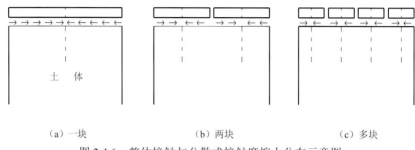

（a）一块　　　　　　　　（b）两块　　　　　　　　（c）多块

图 2.4.6　整体接触与分散式接触摩擦力分布示意图

6. 减摩板的减摩作用试验比较

选取中砂、堆石料和掺砾心墙料三种材料进行端部约束效应比较试验。中砂为 0.25～0.5 mm 粒组的砂样，试样干密度为 1.56 g/cm³，相对密度为 0.8；堆石料为两河口土石坝主堆石料经缩尺后最大粒径为 60 mm 的试样，试样干密度为 2.11 g/cm³；掺砾心墙料为两河口土石坝心墙防渗土料，是最大粒径为 10 mm 的黏土掺砾料，试样干密度为 2.00 g/cm³。

针对三种材料分别进行了两组试验，其中一组为常规三轴试验，另外一组进行减摩处理。围压 σ_3 取 0.2 MPa、0.4 MPa、0.6 MPa、0.8 MPa 四级。为节约篇幅，只列出围压为 0.4 MPa 的试验成果，如图 2.4.7 所示。由图 2.4.7 可以看出以下规律（王艳丽 等，2020）。

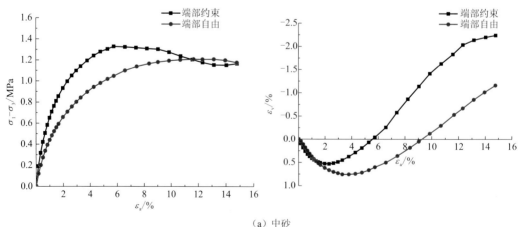

（a）中砂

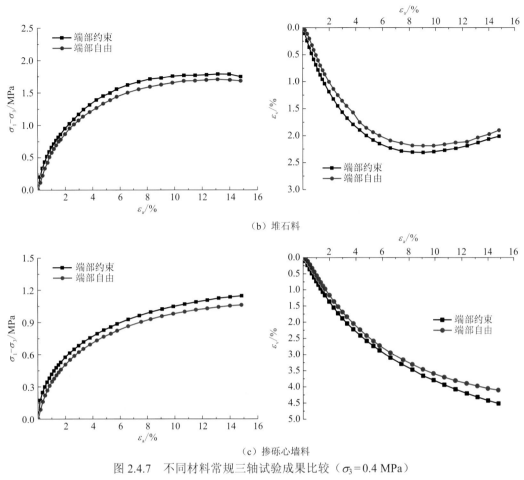

（b）堆石料

（c）掺砾心墙料

图 2.4.7 不同材料常规三轴试验成果比较（$\sigma_3 = 0.4$ MPa）

$\sigma_1 - \sigma_3$ 为偏应力；ε_a 为轴向应变；ε_v 为体变

（1）端部约束对常规三轴试验成果有较大影响，总体上将导致峰值强度偏高，切线模量增大，对体变约束作用明显。端部约束对不同材料的影响也有所不同，尤其是密实的中砂试样，当其具有较强的剪胀性时，这种影响将更加明显。消除端部约束后，原来表现出的应力软化现象将消失。消除端部约束后，试样变形后的形态也差异明显，如图 2.4.8 所示。

（2）是否可以将应力软化现象归因于端部约束作用？由于试验样本不足，难下结论。不过这是一个值得深入研究的问题，如果该结论成立，将大大简化土的本构模型，也有助于对土的力学特性的深入理解。另外，这对常规三轴试验应变局部化问题的理解也可能有帮助，对于单元体，是否存在应变局部化，或者说，在均匀应力作用下，应变局部化是否是土体的固有特性本身就是一个问题。常规三轴试验端部约束作用首先导致单元体内应力的不均匀，从而使得试验出现一些错误，如应变局部化现象（图 2.4.9），这会误导人们对土的力学特性的理解，这也许比了解端部约束对应力应变关系的影响更有意义。

端部约束　　　　　　　　　　　端部自由

（a）中砂

端部约束　　　　　　　　　　　端部自由

（b）堆石料

端部约束　　　　　　　　　　　端部自由

（c）掺砾心墙料

图 2.4.8　不同材料试样变形照片比较（$\varepsilon_a = 16\%$，$\sigma_3 = 0.4$ MPa）

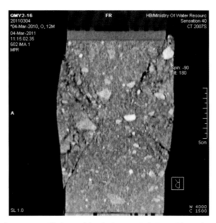

图 2.4.9　常规三轴试验 CT 图片（剪切带）

（3）端部约束对不同土体的影响程度不同，影响程度主要取决于试验过程中试样径向变形的方向和大小，径向变形的大小不同，刚性加载板与土体间的附加摩擦力不同。对于具有较强剪胀性的密实中砂，端站约束对应力应变关系的影响非常明显，切线变形模量的大小可能相差一倍，且曲线形态也完全不同，如图 2.4.7（a）所示，将存在端部约束的试验成果作为本构关系研究的依据，显然是不合适的。科学研究中，关注基础问题、关注细节是最平常的事，一个关键点的突破可能引起一个系统的改变。笔者在土石坝研究过程中，正是突破了减摩技术，才有了建造大型真三轴仪的可能，才能得到土的变形模量与中主应力无关、颗粒聚合体最小能比原理等力学规律，才能建立起能突出土的主要特性、力学概念清晰、参数物理意义明确、不同土体间参数具有可比性的合理、简约、实用的本构模型，才能正确地评价土石坝的安全性。又如，正是旁压模量当量密度法的提出，才有了解决粗粒料缩尺难题的可能，才能合理确定粗粒料的力学参数，土石坝的应力变形才能算得准。

（4）常规三轴试验试样变形后的形态是一个有意思的现象，大多呈鼓状，可能是因为土性、应力不同，试样中部鼓出的程度不同，甚至形成了如图 2.4.9 所示的剪切带，试验成果整理时仍然采用试样总体变形计算试样的应变，显然是不合理的。有人注意到了这个问题，希望通过照相法由试样中段的变形确定试样的应变，但实质上这也不能从根本上解决问题，由于摩擦力的存在，无法准确确定试样应力。经减摩处理后，试样始终保持圆柱体形态，宏观上应力、应变均匀分布，试验得到的应力应变关系将是可靠的。由此也可以判定，当不存在端部约束时，常规三轴试验产生应变局部化、形成明显剪切带的可能性是不大的。

2.4.3　砂芯加速渗透技术

1. 加速渗透过程的由来

土石坝的黏土心墙，伴随应力作用，将产生附加超孔隙水压力并形成固结变形过程，库水将在心墙中形成非饱和渗流过程（饱和过程）并产生湿化变形，这两种变形均是一种缓慢的复杂的过程。笔者认为黏土心墙堆石坝的变形机理人们还不十分清楚。要探讨其变形机理，必须对黏土填料进行系统试验研究。实践告诉我们，进行高黏土心墙堆石坝的宽级配黏土料的常规三轴试验是非常困难的，宽级配黏土料属砾石土，因含有大量粗颗粒，试样尺寸不宜太小，又因渗透性小，试样要完成饱和、固结、湿化过程是十分困难的。为了叙述方便，将饱和、固结、湿化过程统称为渗透过程，有时简称为渗透。

砾石土试样的渗透过程是漫长的，加速砾石土试样的渗透过程是有必要的。笔者首先提出了在圆柱体试样内设置纵向导水孔以减少试样渗径的方法。该方法成立需满足两个条件：其一，试样内设置纵向导水孔应尽量小地改变试样的力学特性；其二，有在含有碎石的试样中生成形态规则、空间位置准确、上下连通的导水孔的可靠方法。为此，开展了系统的研究工作，形成了砂芯加速渗透技术，即在制样过程中，试样成模筒中预置导杆，分层装填土样，分层击实土样形成带孔的试样，之后孔中灌砂形成砂芯，砂芯便是试样中水的通道，为了成孔制样标准化，专门发明了砂芯试样成孔制样器。

2. 砂芯试样成孔制样器

配合常规三轴试验，研制砂芯试样成孔制样器，其结构如图 2.4.10 所示，并取得了发明专利"砾石土大型三轴试验砂芯加速排水方法及试样成孔制样器"（专利号为CN101655424A）（程展林 等，2010）。实施方案是：三个导向盘（2、9、10）和制样底盘 4 及压力顶升装置 11 共同确定导杆 8 在试样成模筒 1 中的空间位置。在未安装活动导向盘 2 时填入松散的砾石土，安装活动导向盘 2，振动压实土体，压实过程中导杆 8 随土体压实而下移，保证导杆 8 上端与活动导向盘 2 上表面平齐，压实至要求的密度后取出活动导向盘 2，用压力顶升装置 11 将导杆 8 顶到要求的位置，填入下一层砾石土，重复上述步骤，直至试样分层装土压实完成。然后将导杆 8 从试样中拔出，在形成的孔洞中填筑标准细砂，并压密形成砂芯，试样制作完成。

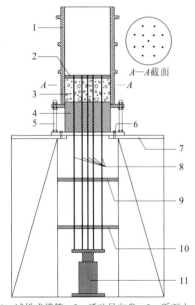

1—试样成模筒；2—活动导向盘；3—砾石土；
4—制样底盘；5—螺杆；6—螺杆；
7—制样平台；8—导杆；9—固定导向盘；
10—固定导向盘；11—压力顶升装置
图 2.4.10 砂芯试样成孔制样器

砂芯的数量、尺寸和截面布置基于以下原则：尽量缩短渗水距离，减少对试样力学特性的影响，不影响试样中大颗粒料的随机分布。经比选，在直径为30 cm 的圆柱体标准试样中设置 13 个直径为 6 mm 的轴向通孔，孔的面积或体积约占标准试样面积或体积的 0.52%，其分布方式见图 2.4.10 *A*—*A* 截面。

3. 加速渗透效果试验

为了比较砂芯加速渗透的效果和砂芯对试样力学特性的影响，采用巴东黄土坡的土样进行两组三轴饱和固结排水剪切试验，其中一组是无砂芯样，另一组是砂芯样。由于无砂芯样试验过于困难，为了达到比较的目的，尽量选择渗透性稍大的土样。压剪试验每组只进行了一个试样的试验，固结试验每组进行了三个试样的平行试验。试样尺寸均为 $\phi300$ mm×600 mm，饱和方式为真空饱和，围压均为 500 kPa。试验成果如图 2.4.11 所示。

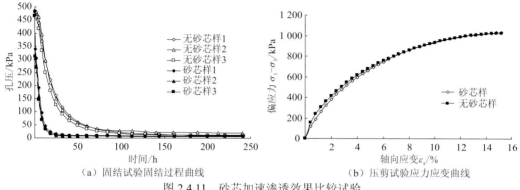

（a）固结试验固结过程曲线　　　　（b）压剪试验应力应变曲线

图 2.4.11　砂芯加速渗透效果比较试验

固结试验表明，砂芯加速渗透的效果明显。这种加速效果由固结理论也不难理解，固结速率与排水距离的平方成反比。三个试样的平行试验也表明，砂芯的作用是稳定的（徐晗 等，2009）。

两种试样压剪试验的应力应变曲线非常一致，表明在试样中设置砂芯对其力学特性的改变很小，可以忽略。由此可见，砂芯加速渗透技术是可行的，这使得砾石土的大型三轴试验成为可能。

砂芯加速渗透技术是常规三轴试验的一项辅助技术，要求设置砂芯尽可能小地改变试样的力学特性，尽可能大地加速渗透过程。经反复试验发现，在直径为 30 cm 的圆柱体标准试样中设置 13 个直径为 6 mm 的轴向砂芯最佳。该技术解决了高土石坝心墙料力学特性试验难题。

客观地讲，砂芯加速渗透技术算是对常规三轴试验的改良方法，是无法完成砾石土的大型三轴试验不得已提出的改进措施。其可贵之处在于使砾石土大型三轴试验变不可能为可能。科学研究一定是大处着眼、小处着手，只有圆满地完成砾石土力学特性试验，才能研究砾石土的力学特性。

2.5　CT 三轴试验

2.5.1　CT 工作站

岩土试验是认识岩土材料特性和揭示岩土工程问题的重要手段，传统的岩土试验主要进行宏观应力和应变的测试。长期以来，在岩土试验中，期望具有观测岩土材料内部结构变化的试验方法。CT 技术能较好地满足这一需求。只要建造出与 CT 机配套的岩土试验设备，就可以无损、动态、定量和实时地量测岩土材料在受力过程中内部结构的变化过程。

1972 年英国 EMI 公司首先制成由工程师 G.N.Hounsfield 设计的第一台 CT 机（Hounsfield，1973）。我国最早建立岩土试验 CT 工作站的是中国科学院寒区旱区环境与工程研究所，其于 1990 年购买美国 GE8800 型 CT 机，1998 年又购买德国西门子 Somatom Plus 型 CT 机，1999 年开发出岩土试验 CT 专用加载设备。2004 年，科学出版社出版的葛修润等撰写的《岩土损伤力学宏细观试验研究》介绍了围绕该 CT 工作站的早期研究成果，是一本很好的岩土试验 CT 技术教科书（葛修润 等，2004）。陈正汉教授为研究特殊土于 2001 年开发了与 CT 机配套的非饱和土三轴仪，结合陕西南郑人民医院引进的 GE 公司的 ProSpeed AI 型 CT 机，取得了一系列研究成果（陈正汉 等，2001）。但由于所用 CT 机档次较低，CT 图像清晰度偏低，也不能进行图像的三维重建，限制了岩土试验中 CT 技术的应用。

笔者于 2008 年建立了长江科学院岩土试验 CT 工作站，该 CT 工作站采用德国西门子 Somatom Sensation 40 型 CT 机，该 CT 机的主要特点是具备比较高的空间和时间分辨率，以及高质量的多维重建图像，可以用三维的图像来观察三维的试件。笔者还开发了一系列与之配套的试验设备，如 CT 三轴仪、渗透仪、荷载试验仪等，并开展了多种岩土试验工作。

CT 技术是利用 X 射线穿透物体断面进行旋转扫描，收集 X 射线经此断面不同物质衰减后的信息，进行放大和模数转换后，依据各个方向射线的发射点和探测点的空间关系，由计算机对 X 射线经过的空间各点的吸收系数 μ 进行空间解算，并得出与各点 X 射线吸收系数 μ 关联的 CT 数，从而形成一幅物体断面的 μ 数字图像。物质的密度越大，CT 数越大。

$$某物质的CT数 = 1000 \times \frac{\mu_{该物质} - \mu_{水}}{\mu_{水}} \tag{2.5.1}$$

式中：$\mu_{该物质}$ 为某物质的 X 射线吸收系数；$\mu_{水}$ 为水的 X 射线吸收系数。

图 2.5.1 为长江科学院岩土试验 CT 工作站。该 CT 工作站由德国西门子 Somatom Sensation 40 型 CT 机及与之配套的试验设备组成。配套的试验设备可以根据研究问题的需要进行研制，但需遵循以下原则。

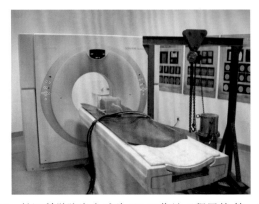

图 2.5.1　长江科学院岩土试验 CT 工作站（程展林 等，2011）

（1）试验设备宜采用分离结构，置于 CT 机检查床上的试验装置应尽可能简单，试验设备的加载系统和测试系统尽可能置于 CT 机外。

（2）试验装置的尺寸和形状要与 CT 机相配，置于 CT 机检查床上的试验装置可在扫描架孔径内自由移动。

（3）被测物体（试样）置于可扫描范围，避免高密度金属产生伪影。

（4）因 X 射线穿透能力较差，试验中 X 射线将要穿透的被测物体周围的物质应量小且密度低。

2.5.2　CT 三轴仪

基于以上原则，长江科学院于 2006 年研制了第一代立式 CT 三轴仪，如图 2.5.2 所示。该 CT 三轴仪的工作原理同常规三轴仪，轴向应力由液压千斤顶提供，加载系统和测试系统置于 CT 机外。控制液压千斤顶进油速率一定，既可进行应变控制式试验，又可进行应力控制式试验，即分级进行加载，每级加载控制液压千斤顶油压一定，直至试样变形稳定。试样尺寸为 $\phi100\ \text{mm} \times 200\ \text{mm}$，压力室拉杆为特种铝合金材质，液压千斤顶和压力室均为非金属材料，可直接进行试样的轴向或横向扫描，最大小主应力为 1.0 MPa。第一代立式 CT 三轴仪获得了实用新型专利"全方位扫描岩土 CT 三轴仪"（专利号为 CN2924518Y）。

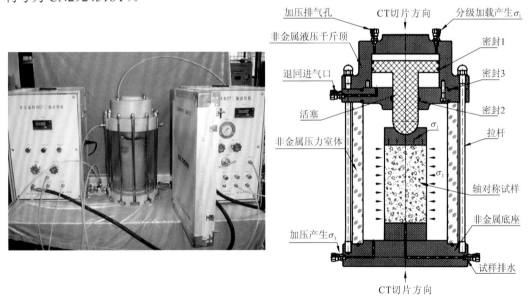

图 2.5.2　第一代立式 CT 三轴仪及控制系统

σ_1 为大主应力；σ_3 为小主应力

第一代立式 CT 三轴仪是为了同某医院 CT 机适配设计的，因该 CT 机不能进行 CT 图像三维重构，强调 CT 机沿试样轴向扫描，客观上造成了如下问题：一是液压千斤顶采用非金属塑料材料，热胀冷缩现象比较明显，受温度影响较大，当温度较高时，活塞伸出缩进时的摩擦力较大；二是试样的荷载需要通过油压换算，准确性较差，围压较小，最大围压为 1.0 MPa。

2009 年，配合长江科学院岩土试验 CT 工作站，研制了第二代卧式 CT 三轴仪，压力室如图 2.5.3 所示。因德国西门子 Somatom Sensation 40 型 CT 机具有 CT 图像三维重构功能，不要求进行试样轴向扫描，CT 三轴仪的设计更加灵活。该 CT 三轴仪的液压千斤顶为金属构件，压力室拉杆为特种铝合金材质，可有效消除伪影。在液压千斤顶与压力室之间增加了荷重传感器和位移传感器，可准确测量大主应力和竖向应变，小主应力最大值提高到 2.0 MPa。在使用过程中发现第二代卧式 CT 三轴仪仍然存在一些问题，如推力油源加载为手动控制，无法实现伺服控制，加载精确度和稳压较差，以及荷重传感器和位移传感器精度不够。

图 2.5.3　第二代卧式 CT 三轴仪压力室

2016 年，在第二代卧式 CT 三轴仪的基础上，又研制了第三代 CT 三轴仪，如图 2.5.4 所示，实现了 CT 三轴试验的全过程伺服控制与精确测量。

图 2.5.4　第三代 CT 三轴仪及控制系统

长江科学院研制的 CT 三轴仪的最大特点是其压力室结构。因 CT 测量对绝大多数金属材料均产生伪影，一般来讲，CT 三轴仪压力室只能由非金属材料制造，又因非金属材料强度低，压力室往往很厚重，厚重的压力室将消耗能量，影响试样 CT 图像的质量。笔者在实践中发现，不同的合金材料引起的伪影程度不同，由此相信，一定存在不产生伪影的合金材料。经反复选择并试验，终于找到了不产生伪影的合金材料，由该种合金材料结合有机玻璃筒构造压力室，压力室强度高，消耗能量少，同时，试样在压力室中的状态透明可视，便于试验操作。

2.5.3　CT 技术在岩土试验中的应用

1. 粗粒土组构研究

国内外在描述土的微观结构变化与宏观应力应变关系方面仍然是比较粗糙的，并没有深入探究微观结构的具体变化过程。其根本的原因在于，试验过程中对土的微观结构变化难以动态定量观测。

笔者经过一段时间的探索认为，土体微观结构力学研究可以从粗粒土入手，因为粗粒土的颗粒尺度较大，结构特征相对简单，主要体现在颗粒及颗粒间几何排列方面，即粗粒土的组构。可以利用 CT 技术观测粗粒土在受力变形过程中内部结构的动态变化。只有建立了高效、便捷、精确的组构测试方法，获得了粗粒土的组构信息及其变化，其他工作如力学效应分析和组构力学模型建立才存在可能（左永振 等，2010；程展林 等，2007）。

为此，系统地进行了粗粒土 CT 三轴试验，图 2.5.5 为典型粗粒土 CT 三轴试验的图像。可以看出，粗粒土的图像非常清晰可靠，可以根据不同应力状态下的图像分析粗粒土的组构信息及其变化。

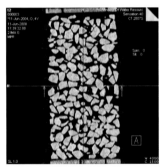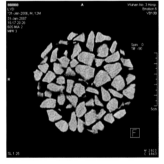

图 2.5.5　典型粗粒土 CT 三轴试验的图像（程展林 等，2011）

图 2.5.6（a）为粗粒土 CT 三轴试验（$\sigma_3 = 0.2$ MPa）轴向应变 ε_a 从 0 增至 14.4%时某一剖面上颗粒的位移矢量，图 2.5.6（b）为不同应力和应变条件下不同位置上颗粒的转角变化。

通过试验可以得出以下结论：粗粒土试样的变形源于颗粒的位置调整（相邻颗粒的位置变化），颗粒自身的形变很小；这种位置调整自试样开始变形时就会产生；在某一宏观应变下，试样中颗粒的平动和转动有很强的规律性，试样中各部位颗粒的位置调整的幅度差异较大；相邻颗粒间的错动明显，并伴有一定的转动；颗粒的转动方向与颗粒长轴的随机分布有关，转动量与相邻颗粒的错动大小有关。

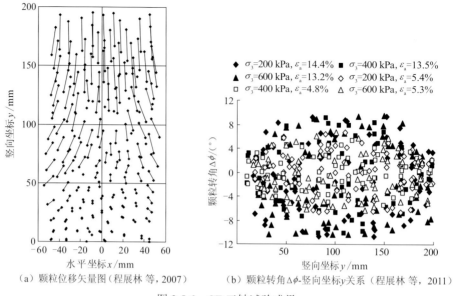

（a）颗粒位移矢量图（程展林 等，2007）　　　（b）颗粒转角 $\Delta\phi$-竖向坐标 y 关系（程展林 等，2011）

图 2.5.6　CT 三轴试验成果

笔者研究认为，最小能比系数可以作为粗粒土的综合组构量。

2. 砾石土浸润试验

为了研究心墙堆石坝蓄水后心墙浸润峰的发展过程，反演非饱和心墙料导水系数与含水率间的关系，开展了砾石土浸润试验（程展林 等，2011；左永振 等，2011）。

试验仪器采用水平渗透仪。浸润试验时从侧部加水，并保持常水头，采用 CT 技术观测土体的浸润过程。试样尺寸为 150 mm×150 mm×150 mm。

图 2.5.7 是利用 CT 技术得到的浸润试验不同时刻的 CT 图像，左、右两幅图像为同一扫描成果的两种显示方式，图像展示了水从试样某一纵断面的左侧向右侧的浸润过程。图 2.5.7（a）是浸润开始后 70 min 时的浸润峰位置，图 2.5.7（b）是浸润开始后 423 min 时的浸润峰位置。

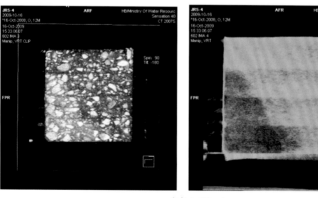

（a）t=70 min

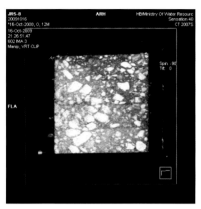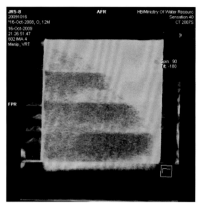

（b）t=423 min

图 2.5.7　浸润试验 CT 图像（程展林 等，2011）

通过试验可以看出以下规律：利用 CT 技术监测非饱和心墙料浸润峰的发展过程是行之有效的方法；浸润试验形成的饱和部分与非饱和部分之间的界面非常明显，不存在渐变过渡带；分层击实形成的试样具有明显的成层性，可以推断由碾压形成的心墙存在渗透的不均匀性。

可以通过系统的浸润试验，研究心墙料导水系数与水压、不同土料、不同密度、不同初始含水率等因素间的关系。

3. 裂隙面强度

裂隙面强度是指非大气影响区中的原生裂隙的强度。对于裂隙性黏土，在测试其强度时，往往采用室内常规直剪试验和现场大型直剪试验。采用直剪试验测试裂隙面强度的最大问题是难以保证剪切面与试样的裂隙面重合，尤其是现场大型直剪试验。为此，笔者提出了采用 CT 三轴试验测试裂隙面强度的新方法（胡波 等，2012）。

图 2.5.8 为典型裂隙面强度三轴试验前后的试样形态。试验表明，由于裂隙面强度远低于土块强度，试验中只要试样的裂隙面倾角 α 在 $45°+\varphi/2\pm10°$（φ 为内摩擦角）范围内，就能保证剪切面与试样的裂隙面一致。

（a）试验前　　　　　　　　（b）试验后

图 2.5.8　典型裂隙面强度三轴试验前后的试样形态

根据试样破坏时的应力 σ_{1f}、σ_{3f}，以及静力平衡条件，由式（2.5.2）和式（2.5.3）可以计算出试样破坏时裂隙面上的正应力 σ_n 和剪应力 τ。根据莫尔-库仑（Mohr-Coulomb）强度准则及正应力 σ_n 和剪应力 τ 的关系曲线即可得到裂隙面的抗剪强度参数（黏聚力 c 和内摩擦角 φ）。

$$\sigma_n = \frac{\sigma_{1f} + \sigma_{3f}}{2} + \frac{\sigma_{1f} - \sigma_{3f}}{2}\cos(2\alpha) \tag{2.5.2}$$

$$\tau = \frac{\sigma_{1f} - \sigma_{3f}}{2}\sin(2\alpha) \tag{2.5.3}$$

式中：σ_n 为剪切破坏面上的正应力；τ 为剪切破坏面上的剪应力；σ_{1f} 为破坏时的大主应力；σ_{3f} 为破坏时的小主应力；α 为裂隙面倾角。

裂隙面倾角 α 的测定可采用 CT 技术，将试样进行 CT 测量，由三维图像建立试样的正三视图片，从而测定裂隙面倾角 α，如图 2.5.9 所示。

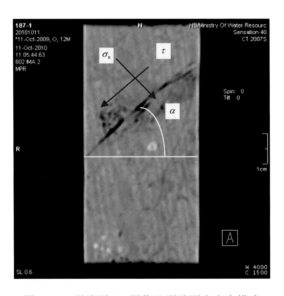

图 2.5.9　裂隙面 CT 图像及裂隙面上应力模式

4. 水力劈裂试验研究

在黏土心墙堆石坝设计中，心墙水力劈裂问题是被普遍关注又亟待解决的关键问题之一，国内外学者做了大量的研究工作，但对心墙水力劈裂问题的认识仍然存在差异。随着心墙土石坝高度的增大，该问题愈加突出。笔者首次采用 CT 技术开展了心墙水力劈裂试验，试验在 CT 三轴仪上进行，概化模型如图 2.5.10 所示。在试样周边和顶部施加压力，模拟心墙土的应力状态，在试样底部开水平缝，在缝中施加水压力以模拟劈裂水压，试样底部外侧与 CT 三轴仪底座胶结构成止水。试验中逐渐增大劈裂水压并进行 CT 测量，观察裂隙开展情况。发现有贯穿性裂缝即认为试验完成（孔宪勇，2009；孔宪勇 等，2008）。

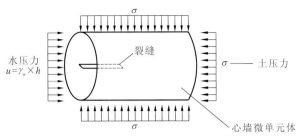

图 2.5.10　水力劈裂试验概化模型（程展林 等，2011）

γ_w 为水的容重；h 为水的压差

图 2.5.11 给出了典型的水力劈裂试验 CT 图像，可以看出，劈裂缝从预开缝（可视为心墙中存在的缺陷）的端部向外扩展直至贯穿，劈裂现象明显。图 2.5.12 给出了一组水力劈裂试验的成果。试验成果表明，劈裂水压力 u_f 与小主应力 σ_3 的大小呈线性关系，可以采用式（2.5.4）表达：

$$u_f = m\sigma_3 + s \tag{2.5.4}$$

其中，常数项 s 与土体的抗拉强度有关，比例系数 m 与缝的大小、水压加荷速率等因素有关。

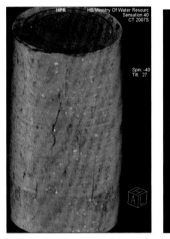

（a）劈裂缝纵向图像（三维）

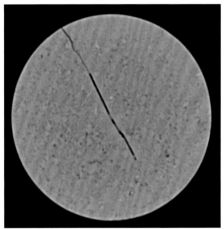

（b）劈裂缝横向图像（二维）

图 2.5.11　典型的水力劈裂试验 CT 图像（程展林 等，2011）

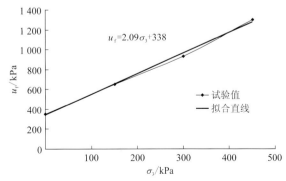

图 2.5.12　水力劈裂试验成果（程展林 等，2011）

5. 加筋土的试验研究

在土中铺设土工合成材料形成加筋土，其力学特性十分复杂，设计需求不同，试验方式也不同。本节并不介绍加筋土的性质，只说明 CT 技术可以用于加筋土的试验研究。

图 2.5.13 为典型加筋土试验完成时的 CT 图像。试验在 CT 三轴仪上进行，在常规三轴试验的试样中铺设若干层土工合成材料，施加围压固结、剪切。图 2.5.14 为围压为 200 kPa 时不同加筋土的应力应变曲线。

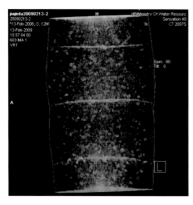 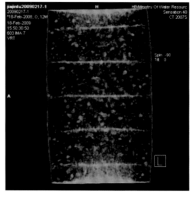

（a）3 层加筋试验完成时　　　　　　（b）5 层加筋试验完成时

图 2.5.13　典型加筋土试验完成时的 CT 图像（程展林 等，2011）

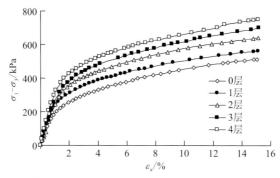

图 2.5.14　不同加筋土的应力应变曲线（围压为 200 kPa）（程展林 等，2011）

$\sigma_1 - \sigma_3$ 为偏应力

从图 2.5.13 可以看出，因筋材的密度与土体存在差异，CT 图像可以清楚地显示出土中筋材的形态。水平布置的筋材对土体起到了一定的约束作用，当筋材间距较大时，在筋材断面处出现了明显的缩颈现象[图 2.5.13（a）]，当筋材间距足够小时，试样的水平变形将更加均匀一致[图 2.5.13（b）]。从图 2.5.14 可以看出，当其他试验条件一致时，随筋材层数增加，加筋土的强度逐渐增大，这从侧面反映出了筋材对土体的约束作用。

图 2.5.15 是典型的加筋土载荷模型试验的 CT 图像。地基表面下铺设一层土工织物，试验中在地基表面施加了一定的正压力，以便土工织物与土体间产生摩擦力。载荷板承受一定荷载后，随着载荷板的下沉，土工织物逐渐弯曲，最终呈锅底状，土工织物将承受一定的张力。地基承载力因土工织物的存在而大为增加。

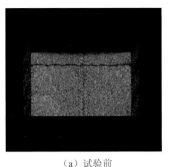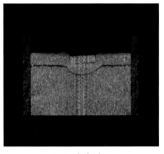

（a）试验前 　　　　　　　　（b）试验后

图 2.5.15　典型的加筋土载荷模型试验的 CT 图像（程展林 等，2011）

2.6　真三轴试验

2.6.1　真三轴仪的工作原理

真三轴仪是指用于研究土体在三维应力作用下变形和强度特性的特种试验设备。土工建筑物中任何一点的应力状态都可以表示三个主应力面的主应力，三个主应力面相互垂直，三个主应力分别称为大主应力 σ_1、中主应力 σ_2 和小主应力 σ_3，其大小为 $\sigma_1 > \sigma_2 > \sigma_3$，主应力面上只有法向应力，无剪应力，如图 2.6.1 所示。真三轴仪可以对试样独立地施加三个主应力以模拟土体任意状态的应力作用，并测定三个方向的变形和体积变化，揭示土体应力、应变和强度变化规律，是土力学研究中的关键科学仪器。

因真三轴仪结构非常复杂，研制困难，人们将土体的三向应力状态简化为轴对称应力状态（$\sigma_2 = \sigma_3$），并研制了可以模拟轴对称应力状态的常规三轴仪，如图 2.6.2 所示。常规三轴仪结构相对简单，使用方便，被广泛应用，但因其不能模拟复杂应力状态，不能揭示复杂应力下土体的力学规律，在土的本构研究中存在不足。

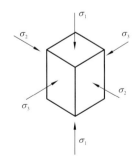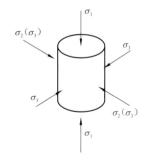

图 2.6.1　真三轴试验原理图　　　　　　　图 2.6.2　常规三轴试验原理图

2.6.2　大型真三轴仪的研制

笔者研发大型真三轴仪的过程是漫长的，"七五"期间，长江科学院包承纲研究团队着手研发大型平面应变仪，由于设备结构设计的合理性及刚性加载板的摩擦力等原因，其难以完成平面应变试验工作。之后研究团队不断修正改进、分析思考，期望破解消除刚性加载板摩擦力的难题，为此，尝试过多种方案，在不断的否定中探索。在有信心消除摩擦力之时，着手研发大型真三轴仪，实际上，消除摩擦力是在大型真三轴仪研发成功之后才解决的。

在减摩技术的研究中，笔者感受之深。在反复的试制、反复的失败中灵光乍现，发明了用于大型真三轴仪的双向微摩擦荷载传力板，之后依据相同的原理研制了用于常规三轴仪的减摩板，并通过试验证明了减摩板结构的合理性及有效性（见 2.4 节）。

在大变形条件下，三维无干扰的独立加载技术是大型真三轴仪研制的另一个难题，不过其研究历程简单得多，保证试样变形过程中试样形心空间位置不变是其技术要点之一。与加载技术、量测技术、控制技术有关的问题交给机电工程师。自主研制的大型真三轴仪如图 2.6.3 所示。

 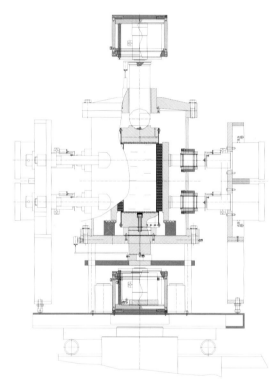

（a）实物照片　　　　　　　　　　　　（b）结构原理简图

图 2.6.3　大型真三轴仪

国外在 20 世纪 30 年代开始研制真三轴仪，改革开放初期我国五所高校一次性从日本进口了五台小型真三轴仪，之后国内不少单位进行了真三轴仪制造。这也说明了真三轴仪对土力学研究的重要性。客观地讲，绝大部分的真三轴仪存在缺陷。其一，全部或部分采用刚性加载方式，刚性加载板与试样接触面存在较大的附加摩擦力，附加摩擦力对应力、应变试验成果会产生较大影响，试验成果的合理性大打折扣；其二，采用三向柔性加载方式，难以解决三个方向六个面交接处应力不平衡的难题。

减摩技术是保证真三轴仪进行有效试验的核心技术，笔者破解了减摩技术，意味着真三轴仪的研制取得成功，这也成为试验成果合理、可靠的保障。客观地讲，图 2.6.3 的大型真三轴仪是国内外首台大尺寸、微摩擦、高压力、高精度、大变形、全自动真三轴仪，取得了发明专利"土工真三轴试验双向微摩擦荷载传力板"（专利号为 CN105021461A）和"粗粒土真三轴试验机"（专利号为 CN104020050B），为研究高土石坝筑坝粗粒土复杂应力条件下的力学强度与变形特性提供了先进的技术手段（潘家军 等，2019），其主要技术指标如下。

（1）试样尺寸：300 mm（长）×300 mm（宽）×600 mm（高）。

（2）加载能力和精度：小主应力大于 3 MPa，中主应力大于 10 MPa，大主应力大于 15 MPa，加载误差小于 0.1%。

（3）微摩擦加载：刚性加载板与试样接触面的界面摩擦系数为 0.023。

（4）试样中心点位置控制：试样中心点偏移控制在 ±0.1 mm 范围内。

（5）伺服控制：可任意设定加载过程，根据应力或应变控制方式进行三向独立加载，实现复杂应力状态的模拟。

（6）试样允许变形量：试样允许变形量可达到试样初始长度的 15%，竖向允许变形量为 90 mm，其他方向允许变形量为 45 mm；三向加载互不干扰。

（7）量测：可实现变形、孔隙水压力和体积变化的自动量测；单向变形分度值为 0.001 mm，量测精度为 0.1%；孔隙水压力分度值为 1 kPa，量测精度为 0.1%；体积变化分度值为 0.1 mL，量测精度为 0.1%。

（8）数据实时显示和处理：可实现试验数据的实时采集和显示，并可进行试验结果的自动化处理和输出。

（9）单次连续无故障可靠运行 3 个月，整机可靠运行 10 年以上。

2.6.3　大型真三轴仪结构

1. 伺服控制系统

大型真三轴仪伺服控制系统采用分布式控制结构，由操作层、运动控制层、驱动层、执行层、传感器系统组成，伺服控制系统结构如图 2.6.4 所示，伺服控制系统原理如图 2.6.5 所示。

操作层面向用户，用于系统的人机对话，供操作人员操作和实时监测设备运行状态。运动控制层是系统的核心部分，汇集操作层和驱动层的指令、状态信息，统筹全系统的运行。驱动层是运动控制层和执行层的衔接部分，负责让执行层准确执行运动控制层的指令，收集执行层运动状态并反馈至运动控制层。执行层由 7 台伺服电机组成，分别驱动推力油源运动，达到驱动整个系统的目的。传感器系统由 6 个荷载传感器、6 个激光

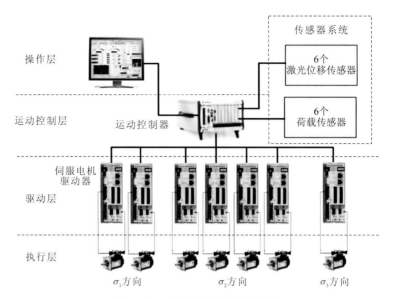

图 2.6.4　伺服控制系统结构图

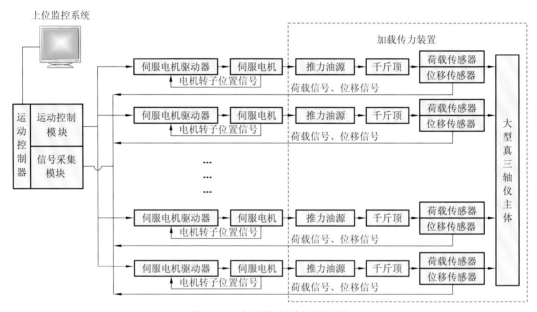

图 2.6.5　伺服控制系统原理图

位移传感器、1 个围压传感器、1 个内体变传感器、1 台电子天平、2 个孔压传感器、7个过压保护传感器、14 个限位传感器组成，与运动控制层一起构建荷载闭环、位移闭环的多种控制模式，并实现了安全保护效果。

根据伺服控制系统的原理，大型真三轴仪包括如下硬件。

一，加载传力装置及荷载系统。其由竖向反力框架、真三轴压力室、可压缩微摩擦荷载传力板、加载板、平衡盘、平衡油缸、水平向反力框架等组成。竖向反力框架由横梁和立柱构成，刚度足够大，试样上下分别设置液压千斤顶、轴向活塞、加载板；水平向反力框架由拉杆和横梁构成，试样左右分别设置液压千斤顶、传力柱、轴向活塞、加载板和可压缩传力板。

二，伺服控制系统电机伺服系统。电机伺服系统由伺服电机、驱动器、荷载传感器、位移传感器、传动箱及滚轴丝杆等组成。

三，数据采集系统。其包括采集器、信号放大器和计算机等。

四，量测系统。其包括荷载传感器、激光位移传感器、压差液位传感器、高精度孔压力传感器、高精度外体变测量装置，以及配套数据采集器等。

五，配套产品。其包括真空泵、真空罐、空压机、成膜筒、乳胶膜等。

2. 系统控制软件

为实现大型真三轴仪的伺服控制，软件操作流程如图2.6.6所示：开始运行，首先进行设备自检；通过自检后，进入试样固结阶段，记录固结过程参数，为下一阶段试验做好准备；试样完成固结后进入正式试验阶段，试验人员可以根据需要选择试验类型，根据所选择的试验类型设置相应的试验参数并开始试验，设备进入自动运行阶段并实时记录试验数据，当设备接收到结束指令或满足试验自动结束条件时终止试验；试验结束后，设备自动进行数据处理，并将处理后的试验数据保存为 Excel 文件，完成整个试验。

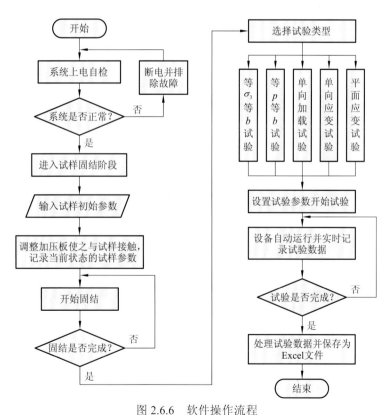

图 2.6.6　软件操作流程

b 为中主应力系数；p 为平均主应力

根据系统功能将软件分为上位监控软件和下位实时控制软件两部分，两部分软件通过以太网实时进行信息交换。上位监控软件主要用于人机对话，控制真三轴试验系统运行，实时将真三轴试验系统的运行状态及试样的试验数据反馈给试验人员；下位实时控制软件负责接收上位监控软件的指令，根据指令信号和传感器信号实时控制系统运行，并将采集到的系统状态和试样的试验数据实时传输给上位监控软件。软件结构如图 2.6.7 所示。

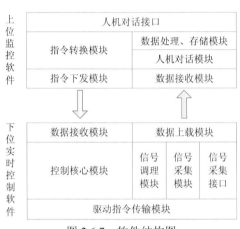

图 2.6.7　软件结构图

大型真三轴仪控制软件，由四层界面组成，分别为程序启动界面、参数设定界面、试验准备界面、试验控制界面。

2.6.4　关键技术

1. 双向微摩擦荷载传力板

双向微摩擦荷载传力板置于试样与加载板之间以减小附加摩擦。其工作原理与 2.4 节介绍的减摩板一致，"变整体接触为分散式接触，变滑动摩擦为滚动摩擦"。其结构如图 2.6.8 所示。双向微摩擦荷载传力板由承载板、滚轴排、反 T 形滑条和 Π 形滑块组成。双向微摩擦荷载传力板长 600 mm，宽 350 mm，承载板上布置 60 根滚轴排，滚轴排上布置 60 根反 T 形滑条，每根滑条上安置 30 个滑块，在滑块与滑条之间设置滚珠，使滑块在承载板平面上做双向滚动摩擦运动（王艳丽 等，2022）。为验证大型真三轴仪双向微摩擦荷载传力板的实际摩擦力，采用大型叠环式剪切仪对双向微摩擦荷载传力板进行了 4 个上覆压力的摩擦试验，得到的界面摩擦系数平均值为 0.023，有效地消除了附加摩擦力对试验成果的影响。

2. 三向独立加载技术

大型真三轴仪采用刚柔复合加载方式，大主应力和中主应力采用刚性加载方式，小主应力采用柔性加载方式。根据真三轴试验要求，大、中主应变应达到 15%，在如此大的变形条件下，刚性加载板的相互干扰问题是真三轴仪的关键技术难点。

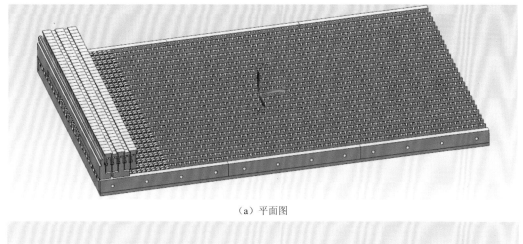

（a）平面图

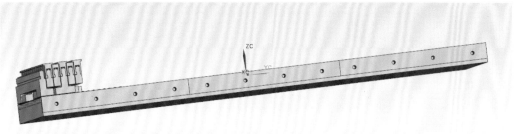

（b）立面图

图 2.6.8 双向微摩擦荷载传力板的结构示意图

纵向可压缩的双向微摩擦荷载传力板很好地解决了刚性加载板的相互干扰问题，如图 2.6.9 所示，双向微摩擦荷载传力板置于试样与 σ_2 加载板（加压帽）之间，双向微摩擦荷载传力板高度的 1/3 与 σ_1 加载板（加压帽）搭接，预留双向微摩擦荷载传力板 2/3 高度满足水平方向试样变形的要求，而在竖向上利用双向微摩擦荷载传力板的可压缩性与试样同步变形，实现了大变形（竖向最大变形量为 90 mm，应变达 15%）条件下真三轴试验的三向独立加载。

3. 量测技术

大型真三轴仪可以进行非饱和土试验、湿化试验等，在此条件下，只能采用外体变法测量试样的体积变形，因此外体变测量是大型真三轴仪的一个重要功能。大型真三轴仪的外体变测量只能利用与真三轴压力室相连的气水转换室进行，通过观测气水转换室中水的体积变化或重量变化达到测量试样体积变化的目的。与大型真三轴仪适配的气水转换室的总重量近 50 kg，外体变测量精度要达到 0.5 mL 实非易事。为此，基于平衡原理，采用重物平衡一部分气水转换室的重量，剩余部分采用电子天平精确测量，并研制了"自平衡零点平移外体变测量仪"（图 2.6.10），其精度达到 0.1 mL，实现了真三轴试样外体变的精确测量。该技术已列入水利部"水利先进实用技术重点推广指导目录"，并取得了实用新型专利"岩土三轴试验外体变高精度测量装置"（专利号为 CN201429442Y）。

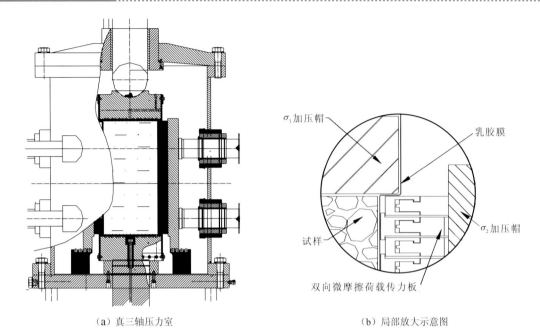

（a）真三轴压力室　　　　　　（b）局部放大示意图

图 2.6.9　刚柔复合加载方式示意图

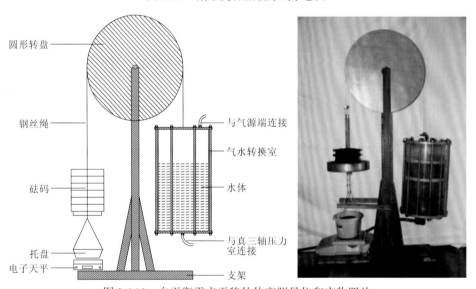

图 2.6.10　自平衡零点平移外体变测量仪和实物照片

4. 控制技术

真三轴试验中需要控制大主应力和中主应力按照设定的任意加载过程施加荷载，且要使试验过程中试样形心的空间位置不变。由于滚轴丝杆或液压缸存在加工误差，如果单独控制，很难完全保证试验过程中试样在三个方向同时做等应变移动。

大型真三轴仪采用如图 2.6.11 所示的伺服控制系统实现同步加载。通过提高液压缸的加工工艺，减小液压缸特性的不一致性，并从控制系统方面采用运动插值细分及提高刷新频率的技术途径，通过全数字式硬件开发平台，实现单个荷载系统的速度闭环控制和同一方向荷载系统的同步控制。经试验成果分析发现，试验过程中试样中心点偏移控制在了 ±0.1 mm 范围内，达到了预期的研究目标。

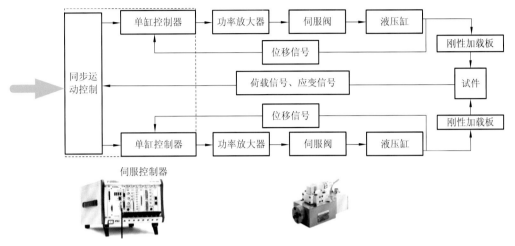

图 2.6.11　伺服控制系统

5. 设备特色

（1）提出了将土工试验中试样与加载板之间的整体接触变为分散式接触、将滑动摩擦变为滚动摩擦的减摩新方法，使试样与加载板之间的界面摩擦系数由大于 0.2 降低至 0.023。发明了真三轴试验双向微摩擦荷载传力板，有效地解决了加载板与试样接触面摩擦力过大的关键技术难题。

（2）针对刚柔复合型真三轴仪，在大变形条件下三向加载相互干扰的问题，提出了大变形条件下三向独立加载新技术，实现了大变形条件下真三轴试验的三向独立加载。

（3）提出了真三轴试验高精度外体变测量技术，提出了试验过程中试样形心空间位置精准控制的新方法。

（4）自主研制了国内外首台大尺寸（试样尺寸为 300 mm×300 mm×600 mm）、微摩擦（界面摩擦系数为 0.023）、高压力（最小主应力达 3 MPa）、高精度（外体变测量精度达 0.1 mL）、大变形（竖向最大变形达 90 mm）、全自动（可按设定的任意加载过程，根据应力或应变控制方式进行三向独立加载）的大型真三轴仪，补充了国内外在真三轴试验技术领域的研究内容，为研究高土石坝筑坝粗粒土复杂应力条件下的强度与变形特性提供了先进的技术手段。

参 考 文 献

陈正汉, 卢再华, 蒲毅彬, 2001. 非饱和土三轴仪的 CT 机配套及其应用[J]. 岩土工程学报, 23(4): 387-392.

程展林, 潘家军, 2021. 土石坝工程领域的若干创新与发展[J]. 长江科学院院报, 38(5): 1-10.

程展林, 吴良平, 丁红顺, 2007. 粗粒土组构之颗粒运动研究[J]. 岩土力学, 28(S1): 29-33.

程展林, 左永振, 姜景山, 等, 2009. 粗粒料试验中界面摩阻力的试验研究[J]. 岩土工程学报, 31(3): 331-334.

程展林, 丁红顺, 左永振, 等, 2010. 砾石土大型三轴试验砂芯加速排水方法及试样成孔制样器: CN101655424A[P]. 2010-02-24.

程展林, 左永振, 丁红顺, 2011. CT 技术在岩土试验中的应用研究[J]. 长江科学院院报, 28(3): 33-38.

程展林, 程永辉, 胡胜刚, 等, 2014a. 一种端部滑移式高压大旁胀量的旁压仪新型探头: CN103821127A[P]. 2014-05-28.

程展林, 王艳丽, 潘家军, 等, 2014b. 岩土工程三轴压缩试验微摩擦荷载传力板: CN104089813A[P]. 2014-10-08.

程展林, 潘家军, 左永振, 等, 2016. 覆盖层坝基力学特性试验新方法研究与应用[J]. 岩土工程学报, 38(S2): 18-23.

葛修润, 任建喜, 蒲毅彬, 等, 2004. 岩土损伤力学宏细观试验研究[M]. 北京: 科学出版社.

郝冬雪, 陈榕, 栾茂田, 等, 2011. 自钻式旁压试验推求土性参数的研究进展[J]. 计算力学学报, 28(3): 452-459.

何耀京, 付德俊, 汤昌旺, 等, 2019. 旁压试验在广州某地铁勘察中的应用[J]. 工程地球物理学报, 16(3): 415-421.

胡波, 龚壁卫, 程展林, 2012. 南阳膨胀土裂隙面强度试验研究[J]. 岩土力学, 33(10): 2942-2946.

黄熙龄, 1964. 旁压试验及粘性土形变模量的测定[C]//第一届土力学及基础工程学术会议论文选集. 北京: 中国工业出版社: 4-6.

孔宪勇, 2009. 土石坝心墙料水力劈裂特性试验研究[D]. 武汉: 长江水利委员会长江科学院.

孔宪勇, 左永振, 姜景山, 2008. 土石坝心墙水力劈裂的研究进展[J]. 岩土力学, 29(S1): 215-217.

李广信, 1986. 用旁压试验求 Duncan 双曲线模型的参数[J]. 勘测科学技术(5): 25-29.

龙达平, 姚永华, 1990. 深层标贯杆长修正问题的探讨[J]. 工程勘察(3): 20-23.

孟高头, 1997. 土体原位测试机理、方法及其工程应用[M]. 北京: 地质出版社.

潘家军, 程展林, 江泊洧, 等, 2019. 大型微摩阻土工真三轴试验系统及其应用[J]. 岩土工程学报, 41(7): 1367-1373.

徐晗, 黄斌, 饶锡保, 等, 2009. 三轴试样钻孔灌砂固结排水效果试验研究[J]. 岩土力学, 30(11): 3242-3248.

汪明元, 单治钢, 王汉武, 等, 2016. 一种基于旁压试验确定海洋地层力学参数的方法[J]. 岩石力学与工程学报, 35(S2): 4302-4309.

王艳丽, 程展林, 潘家军, 等, 2020. 岩土工程三轴试验微摩擦荷载传力板的研制及初步应用[J]. 岩土工程学报, 42(12): 2316-2321.

王艳丽, 程展林, 潘家军, 等, 2022. 土工真三轴试验双向微摩擦荷载传力板的研制与验证[J]. 工程科学与技术, 54(5): 29-35.

中华人民共和国建设部, 1989. 建筑地基基础设计规范: GBJ 7—89[S]. 北京: 中国建筑工业出版社.

中华人民共和国交通部, 1999. 公路工程地质勘察规范: JTJ 064—98[S]. 北京: 人民交通出版社.

中华人民共和国建设部, 中华人民共和国国家质量监督检验检疫总局, 2002. 岩土工程勘察规范: GB 50021—2001[S]. 北京: 中国建筑工业出版社.

中华人民共和国住房和城乡建设部, 中华人民共和国国家质量监督检验检疫总局, 2011. 建筑地基基础设计规范: GB 50007—2011[S]. 北京: 中国建筑工业出版社.

左永振, 赵娜, 2016. 基于模型试验的重型动力触探杆长修正系数研究[J]. 岩土工程学报, 38(S2): 178-183.

左永振, 程展林, 丁红顺, 2010. CT 技术在粗粒土组构研究中的应用[J]. 人民黄河, 32(7): 109-111.

左永振, 程展林, 丁红顺, 2011. 基于 CT 技术的砾石土浸润试验研究[J]. 长江科学院院报, 28(2): 28-31.

左永振, 程展林, 丁红顺, 等, 2014. 动力触探杆长修正系数试验研究[J]. 岩土力学, 35(5): 1284-1288.

DUNCAN J M, DUNLOP P, 1968. The significance of cap and base restraint[J]. Journal of the soil mechanics and foundations division, 94(1): 271-290.

HOUNSFIELD G N, 1973. Computerized transverse axial scanning (tomography): Part I. Description of system[J]. British journal of radiology, 46: 1016-1022.

OBRZUD R F, VULLIET L, TRUTY A, 2009. A combined neural network/gradient-based approach for the identification of constitutive model parameters using self-boring pressuremeter tests[J]. International journal for numerical and analytical methods in geomechanics, 33(6): 817-849.

RANGEARD D, HICHER P Y, ZENTAR R, 2003. Determining soil permeability from pressuremeter tests[J]. International journal for numerical and analytical methods in geomechanics, 27(1): 1-24.

WEI X X, CHAU K T, 2009. Finite and transversely isotropic elastic cylinders under compression with end constraint induced by friction[J]. International journal of solids and structures, 46(9): 1953-1965.

第 3 章　深厚覆盖层试验方法

3.1 概　　述

近年来，我国在各主要河流上修建土石坝工程，普遍存在深厚覆盖层问题。就西南地区河流覆盖层而言，因深厚覆盖层的地质成因复杂多样，深厚覆盖层分布厚度变化大，结构差异显著，组成成分复杂，堆积序列异常（许强 等，2008）。要想将其基本特征归纳清楚是非常困难的，土石坝工程建设更关心具体坝址区深厚覆盖层的地质特征。从已有的勘察资料来看，大部分深厚覆盖层的分层是清楚的，代表性地层的物理性质是稳定的，松散结构的漂卵砾石类一般占较大比重。

确定深厚覆盖层的空间分布及各分层的力学特性是论证深厚覆盖层上土石坝安全性的必要条件，为了完成深厚覆盖层的勘察任务，各种手段得到应用，并取得发展。常规钻探法在护壁、固壁、特殊钻头研发方面取得了重大进步；为取得原状样，对胶结法、冻结法都进行了尝试（孙涛 等，2004；吴隆杰和杨凤霞，1992）；钻孔彩电成像、声波、电磁波跨孔 CT 在地质分层方面取得可喜成果（李会中 等，2014；Fargier et al.，2014；Park，2013；Paasche et al.，2013；黎华清 等，2010；Osazuwa and Chinedu，2008；Palmer et al.，2005）；动力触探技术、旁压试验技术成为地质勘探不可或缺的手段（饶锡保 等，2011；程展林 等，2010）。但是，仍然不能有效地确定深厚覆盖层的力学参数。作为坝基，其变形分析及土石坝安全评价仍缺乏必要的依据。主要问题在于，地质勘探不能准确地确定深厚覆盖层的级配和密度，室内力学试验试样制备缺乏依据。为此，某工程花巨资，修建百米深大型竖井，分层开挖，勘探深厚覆盖层坝基。采用竖井进行地质勘探，当然是最直接的方法，但经费巨大、时间长、代表性不足是其致命的缺点，是一种不可能广泛应用的方法。

确定深厚覆盖层力学参数，以满足土石坝设计需求，其实只需要确定深厚覆盖层的级配和密度。反过来讲，对于深厚覆盖层散粒体，只要确定其级配和密度，就可以通过制备样的室内力学试验测定其力学参数，其理论和方法都是成熟的。级配可以通过钻探法取样粗略地测定，并将多个测点的平均级配作为某地层的级配代表值，深厚覆盖层的天然密度测试成为地勘界长期难以解决的问题。

现有的深厚覆盖层地质勘探方法，都是期望直接测试所需参数，这种技术路线似乎难以达到目的。直接法不行，能否采用间接的方法解决问题？笔者经反复思考，依据"当两种散粒体的材质、颗粒形态、应力、级配、密度相同时，其力学特性应基本相同"的思路，提出了旁压模量当量密度法。具体方案解释如下：针对研究对象深厚覆盖层，采用相同级配的同源材料建立不同密度的地基模型，并施加与现场旁压试验测点处相同的应力，依据旁压模量相等原则，间接确定深厚覆盖层的天然密度。

也可以采用另一种表述：针对深厚覆盖层现场旁压试验测点处的同源材料、级配和应力，开展室内地基模型旁压试验，建立旁压模量与密度的相关关系，依据旁压模量相等原则，间接确定深厚覆盖层的天然密度。

经工程实践检验，采用旁压模量当量密度法间接测定深厚覆盖层的天然密度是可行的。

3.2 当量密度法

3.2.1 模型试验系统

　　模型试验系统由模型箱、加压系统、测量系统及原位测试设备组成。模型箱材料采用 60 mm 厚的钢板，加工成内尺寸为 0.84 m×0.86 m×1.20 m（长×宽×高）的方形箱体。加压系统由加压板、千斤顶、盖板、螺栓组成，四个 75 t 千斤顶在加压板与盖板之间，平面上对称布置。测量系统包括模型顶面沉降测量、模型底部土压力测量等。在加压板和盖板的几何中心预留试验孔，如图 3.2.1 所示。在模型中部可进行旁压试验或动力触探试验（胡胜刚 等，2012）。

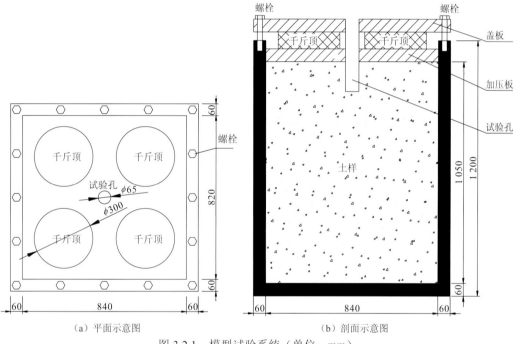

（a）平面示意图　　　　　　　　　　（b）剖面示意图

图 3.2.1　模型试验系统（单位：mm）

　　能够合理模拟原型是模型制作的基本要求。谈到深厚覆盖层地基模型，通常认为其是深厚覆盖层地基的整体模型，当量密度法的地基模型并不是深厚覆盖层地基的整体模型，而是深厚覆盖层某一单元体的模型，模拟的对象是深厚覆盖层中旁压试验或动力触探试验测点处的一个单元体。其技术路线是，模型与深厚覆盖层中测点处的材料、应力、级配一致，两者的旁压模量或动力触探击数相等，由模型确定深厚覆盖层测点处的密度。

3.2.2 模型的概化

　　深厚覆盖层中某一地层的旁压试验或动力触探试验的成果往往是比较离散的，材料的级配检测成果也往往是比较离散的。而研究的目标是确定深厚覆盖层某一地层的物理力学指标，因此，模型应该是针对深厚覆盖层某一地层的经过概化的单元体模型。

1. 试验材料

要保证模型试验材料与原型一致，最好的方法是直接从该地层取样，但对于深部地层，要取得用于模型试验的大量试样，往往难度很大。可行的方法是依据钻孔样品在深厚覆盖层浅部找到同源材料，以保证模型试验用料与深部地层材料在材质、颗粒形态等方面一致。

2. 模型应力

可由现场试验点的深度平均值进行估算。

3. 级配

深厚覆盖层的级配是一个离散性较大的物态指标，图 3.2.2 是某工程深厚覆盖层开挖过程中试坑法的检测成果，应该说，这是所能取得的深厚覆盖层级配最真实的成果。只能取平均级配作为模型控制级配。大多数深厚覆盖层是不可能通过开挖测定其级配的，只能通过钻孔取样测定其级配，这可能会存在一定的误差。如果模型试验和之后的三轴试验采用的级配一致，并将当量密度法确定的密度作为三轴试验的试样密度，其力学特性的偏差是完全可以接受的，其中的原因将在第 4 章进行介绍。

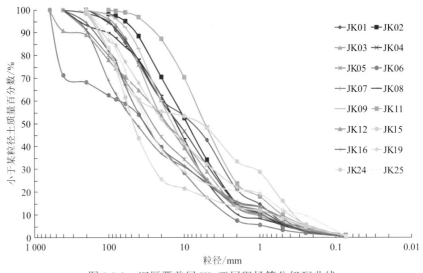

图 3.2.2 深厚覆盖层 III_3 亚层现场筛分级配曲线

JK01 等为现场试坑点代号

4. 密度

当量密度法的目的是求解深厚覆盖层的密度，选取不同的密度进行一组模型试验，只要能涵盖深厚覆盖层实际密度即可。

5. 模型制作

按照模型尺寸及预设的级配、密度，准确称量各粒组土样，充分混合制备定量试样，将试样分成 6～8 份（视装样密度而定），进行分层装样，逐层夯实。然后加水排气饱和，释放模型中因夯实产生的应力，安装加压系统，进行分级加压，加压至模型预设应力，并等待变形稳定。

其中，释放模型制作过程中产生的应力是以往的模型试验很少进行的过程，如果直接施加上覆压力，模型的实际应力与天然深厚覆盖层无侧向变形条件下的应力状态可能是有偏差的，这个问题在第 2 章进行了试验比较论证，这里不再赘述。

3.2.3　当量密度的确定方法

1. 当量的选择

当模型概化完成时，将哪种物理量作为当量确定待解的密度，是可以优选的。比较成熟的试验方法有旁压试验和动力触探试验，但两者都存在缺陷。对于旁压试验，深厚覆盖层往往是砂砾石层，成孔往往不规整，传统的旁压仪旁胀量过小，不能得到完整的旁压试验曲线；对于动力触探试验，现有规范在杆长修正方面是混乱的，因现场动力触探试验与模型动力触探试验杆长差别极大，必须解决杆长修正问题（程展林 等，2016）。为实现当量密度法，两种试验的缺陷都得到了克服，有关内容在第 2 章进行了详细介绍。

两种试验得到的旁压模量和动力触探击数都可以作为当量。比较发现，两者得到的密度差别很小，说明当量密度法的思路是正确的。由于旁压试验操作更加方便，对深度的限制小，成果精度较高，所以建议将旁压试验作为当量密度法的推荐试验。一般情况下，当量密度法为旁压模量当量密度法。将该方法拓展到解决粗粒料缩尺问题，具体内容见第 4 章。

2. 旁压模量与密度的关系

选取 3～4 个密度，进行模型旁压试验，建立旁压模量与密度的关系，如图 3.2.3 所示。可以看出，地基的旁压模量与其密度是十分敏感的，符合人们对粗粒土旁压模量与密度关系的认知。这也表明将旁压模量作为当量是十分合适的。它也代表了实际深厚覆盖层土体两个物理量的内在关系。

3. 现场密度的推算

当地基的旁压模量与其密度的关系确定之后，如果已知其旁压模量，确定其相应的密度就比较方便了，确定方法如图 3.2.3 所示。工程实践中，深厚覆盖层某一地层旁压模量的试验值是比较离散的，既反映了深厚覆盖层同一地层的不均匀性，又反映出了现场旁压试验的难度，试验成果对成孔质量是比较敏感的。解决问题的方法只能是尽可能多地进行旁压试验，并剔除明显不合理的成果，将合理成果的平均值作为确定密度的依据。由此得到的密度应该是深厚覆盖层某一地层密度的平均值，由该密度结合平均级配进行力学试验，得到的力学指标对该地层而言具有平均意义。

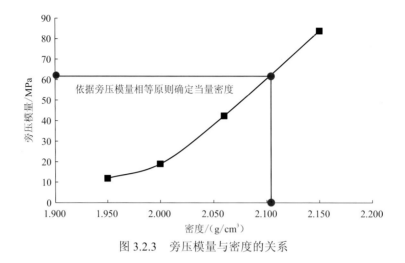

图 3.2.3　旁压模量与密度的关系

3.3　当量的比较

3.3.1　探索历程

当量密度法是由笔者提出的方法，已有文献都未采用该思路来解决深厚覆盖层物理力学指标测试问题。笔者及其研究团队采用当量密度法进行了多个土石坝坝基深厚覆盖层物理力学指标的测试工作。2007 年，针对双江口水电站深厚覆盖层，最早开展了当量密度法研究。由于其属于探索性研究，笔者及其研究团队进行了多种因素的相关关系试验，如模型试样的干湿状态、级配、上覆压力等因素的影响，并重点探讨了当量的选择问题。该项工作的工作量是巨大的，成功的模型试验进行了 24 个，很多问题得到了解决。本节将介绍双江口水电站深厚覆盖层的有关成果，系统比较旁压试验的旁压模量和动力触探试验的动力触探击数作为当量的可行性和合理性。

3.3.2　双江口水电站深厚覆盖层

双江口水电站位于四川阿坝马尔康、金川境内大渡河上游东源足木足河与西源绰斯甲河汇合口以下 1～6 km 河段，大坝为土质心墙堆石坝，最大坝高约 314 m，水电站装机容量为 2 000 MW，年发电量为 83.41 亿 kW·h。双江口水电站深厚覆盖层为第四系松散堆积物，主要分布于现代河床及谷坡中下部坡脚地带，成因类型有冲洪积堆积和崩坡积堆积。钻孔揭示，河床冲积层最大厚度为 67.8 m，根据其物质组成，从下至上、由老至新，总体结构可分为三层：第①层为漂卵砾石层，第②层为砂卵砾石层，第③层为漂卵砾石层，其中第②、③层为主要地层。根据地质勘探资料，第②、③层砂砾石料的级配曲线如图 3.3.1 所示。

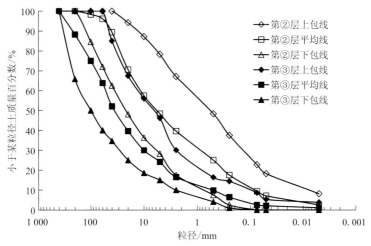

图 3.3.1　双江口水电站深厚覆盖层砂砾石料级配曲线

3.3.3　第②层的试验成果

1. 旁压模量为当量

针对第②层，进行了现场旁压试验，统计 14 组试验成果发现，旁压模量为 10.2～21.1 MPa，平均值为 14.2 MPa。室内模型试验干密度选取 1.950 g/cm³、2.000 g/cm³、2.060 g/cm³、2.150 g/cm³，取第②层平均深度处的压力 0.3 MPa 为上覆压力。旁压模量当量密度法成果如图 3.3.2 所示，相应的干密度为 2.000～2.090 g/cm³，平均值为 2.040 g/cm³。

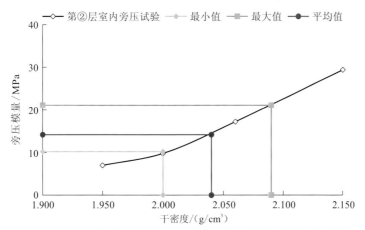

图 3.3.2　双江口水电站深厚覆盖层第②层旁压模量当量密度法成果

2. 动力触探击数为当量

同样针对第②层，进行了现场动力触探试验，统计 8 组试验成果发现，动力触探击数为 10.2～30.2 击，平均值为 17.0 击。室内模型试验干密度选取 1.950 g/cm³、2.000 g/cm³、

2.060 g/cm³、2.150 g/cm³，取第②层平均深度处的压力 0.3 MPa 为上覆压力。动力触探击数当量密度法成果如图 3.3.3 所示，相应的干密度为 2.010～2.135 g/cm³，平均值为 2.055 g/cm³。

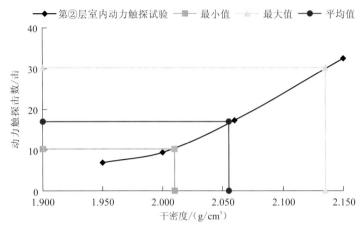

图 3.3.3 双江口水电站深厚覆盖层第②层动力触探击数当量密度法成果

3.3.4 第③层的试验成果

1. 旁压模量为当量

与第②层的研究方法完全一致，可视为平行试验。针对第③层，进行了现场旁压试验，统计 11 组试验成果发现，旁压模量为 10.0～20.3 MPa，平均值为 15.0 MPa。室内模型试验干密度选取 1.972 g/cm³、2.012 g/cm³、2.073 g/cm³、2.163 g/cm³，取第③层平均深度处的压力 0.1 MPa 为上覆压力。旁压模量当量密度法成果如图 3.3.4 所示，相应的干密度为 2.040～2.160 g/cm³，平均值为 2.110 g/cm³。

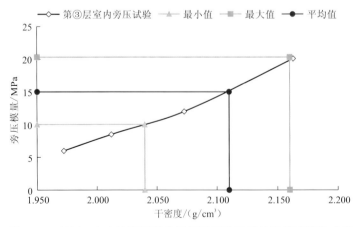

图 3.3.4 双江口水电站深厚覆盖层第③层旁压模量当量密度法成果

2. 动力触探击数为当量

同样针对第③层，进行了现场动力触探试验，统计 4 组试验成果发现，动力触探击数为 10.2～18.9 击，平均值为 16.0 击。室内模型试验干密度选取 1.950 g/cm³、2.000 g/cm³、2.060 g/cm³、2.150 g/cm³，取第③层平均深度处的压力 0.1 MPa 为上覆压力。动力触探击数当量密度法成果如图 3.3.5 所示，相应的干密度为 2.015～2.125 g/cm³，平均值为 2.085 g/cm³。

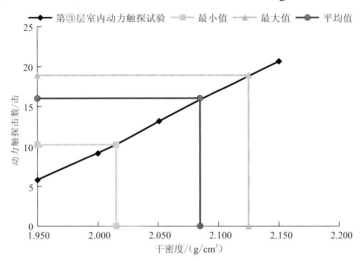

图 3.3.5　双江口水电站深厚覆盖层第③层动力触探击数当量密度法成果

比较两种深厚覆盖层的两种试验成果可以看出，地层的旁压模量和动力触探击数都与密度关系密切，且正相关，从理论上讲，旁压模量和动力触探击数都可以作为当量。同时，旁压试验和动力触探试验的结果也是非常相近的，这也证明了当量密度法的合理性。两者相对而言，旁压试验更为方便，且不受深度限制，同时，动力触探试验成果的离散性更大一些。综合来看，旁压试验更有优势。

3.3.5　力学特性试验

针对某一土层，采用当量密度法确定的密度及其平均级配进行力学试验，得到的力学指标就应该是该土体具有平均意义的力学特性代表值。综合旁压试验和动力触探试验，河床深厚覆盖层第②层和第③层力学试验的干密度分别取为 2.05 g/cm³、2.10 g/cm³。经相对密度试验，第②层平均级配的最大、最小干密度分别为 2.257 g/cm³、1.872 g/cm³，第③层平均级配的最大、最小干密度分别为 2.271 g/cm³、1.861 g/cm³。第②层和第③层力学试验试样的相对密度 Dr 分别为 0.509 和 0.630，均属中密状态。

力学试验采用直径为 300 mm、高 600 mm 的三轴仪进行，试验的最大围压为 1.6 MPa。试验方法为饱和固结排水剪。典型的三轴试验应力应变关系曲线和莫尔圆强度包线见图 3.3.6。E-$\mu(B)$模型（E 为变形模量，μ 为泊松比，B 为体积模量）参数见表 3.3.1。

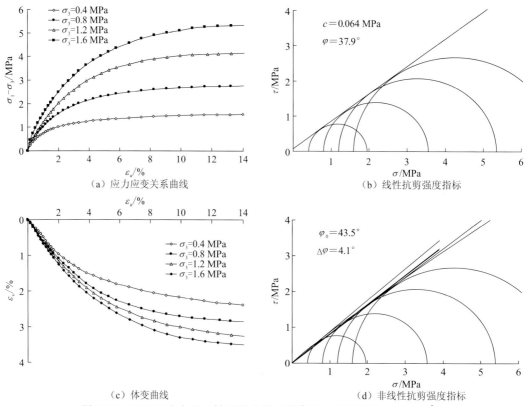

（a）应力应变关系曲线　　　　　　　（b）线性抗剪强度指标

（c）体变曲线　　　　　　　　　　（d）非线性抗剪强度指标

图 3.3.6　双江口水电站三轴试验曲线（第②层，干密度为 2.05 g/cm³）

$\sigma_1-\sigma_3$ 为偏应力；σ_3 为小主应力；ε_a 为轴向应变；τ 为剪应力；σ 为正应力；c 为黏聚力；φ 为内摩擦角；

ε_v 为体变；φ_0 为当 σ_3 与标准大气压之比为 1 时的剪切角；$\Delta\varphi$ 为当 σ_3 增加 10 倍时剪切角的减小量

表 3.3.1　双江口水电站深厚覆盖层 E-$\mu(B)$ 模型参数

材料	试验干密度 /(g/cm³)	孔隙率 /%	抗剪强度指标				E-$\mu(B)$ 模型变形参数							
			c /kPa	φ/(°)	φ_0 /(°)	$\Delta\varphi$ /(°)	K	n	R_f	K_b	m	G	F	D
第②层	2.05	24.1	64	37.9	43.5	4.1	843	0.318	0.848	322	0.365	0.329	0.120	3.78
第③层	2.10	22.2	166	37.6	48.6	7.7	934	0.266	0.803	345	0.261	0.315	0.167	5.32

注：K、n 为切线弹性模量试验常数；R_f 为破坏比；K_b、m 为切线体积模量试验常数；G、F、D 为切线泊松比的试验常数。

　　本节展示了当量密度法工程应用的全过程，并进行了当量的比较与选择。从此，可以改变砂砾石地层因无法取得原状样不能测定其物理力学指标的现状。一种新方法从提出、论证、工程实践到推广应用，是一个痛苦的过程，可贵的是那一份坚守。土力学的进步也正是一个个新方法及新理论的提出，增强了解决岩土工程问题的能力。当量密度法从另一个方面来说也拓展了旁压和动力触探经典试验方法的应用范围。

3.4 方 法 验 证

3.4.1 地基指标的随机性

要对一个新方法的合理性进行验证是一个困难的工作，如果被测试对象存在不均匀性，比较验证工作就更加困难。对于黏土土层，采用钻孔直接取原状样来测试其密度，成果往往是非常离散的。如果首先肯定了测试方法的合理性，当两次测试成果不一致时，自然认为土层的密度存在差异。反过来，对于一个待肯定的测试方法，在同一土层中，两次或两处的测试成果不一致，是方法的问题还是测试对象的差异就很难做出结论。这也许就是对新方法进行验证的难点。

3.3 节介绍的双江口水电站成果，与地质勘探给出的地层密度也不构成相互验证关系。例如，第②层砂卵砾石层，地质勘探给出的干密度为 2.0～2.1 g/cm³，旁压模量当量密度法给出的干密度为 2.000～2.090 g/cm³；第③层漂卵砾石层，地质勘探给出的干密度为 2.14～2.22 g/cm³，旁压模量当量密度法给出的干密度为 2.040～2.160 g/cm³。显然，第③层结果的偏差还是非常大的。对于第②层砂卵砾石层，虽然结果比较一致，但也不能说明方法的合理性，因为地质勘探给出的成果本身是不可靠的。

由于土体材料的不均匀性，即使测试方法十分可靠，测试结果往往也是呈区间随机分布的，当一定要给某一指标确定其量值时，变形指标取平行试验结果的平均值应该是合理的。

对于旁压模量当量密度法，针对某一土层，现场旁压模量、级配、上覆压力均取平均值，得到的密度就应该是该土体具有平均意义的代表值。再采用该级配及密度进行力学试验，得到的力学指标就应该是该土体具有平均意义的力学特性代表值。

为了验证当量密度法的合理性，乌东德水电站建设提供了很好的机会。乌东德水电站深厚覆盖层厚度近 70 m，厚度合适；要求挖除坝基下深厚覆盖层，给人工密度检测提供条件；深厚覆盖层上需建设围堰，设计阶段需要采用当量密度法确定深厚覆盖层物理力学参数。

3.4.2 乌东德水电站深厚覆盖层

乌东德水电站是金沙江下游河段四个水电梯级——乌东德水电站、白鹤滩水电站、溪洛渡水电站和向家坝水电站中的最上游梯级，坝址所处河段的右岸隶属云南昆明禄劝，左岸隶属四川会东。大坝为混凝土双曲拱坝，最大坝高约为 270 m。水电站总装机容量为 10 200 MW（12×850 MW），多年平均发电量为 389.1 亿 kW·h。

2011 年乌东德水电站可行性研究阶段对坝址区河床深厚覆盖层做了专题研究，深厚覆盖层一般厚 55～65 m，最大厚度为 80.07 m。深厚覆盖层分三大层，自下而上分别为 I、II、III 层，其中 III 层自下而上又分为 III$_1$、III$_2$、III$_3$ 三个亚层。限于篇幅，仅介绍 III 层土质情况及 III$_3$ 亚层研究成果。

III 层：主要为现代河流冲积物，按物质组成及工程地质特性细分为三个亚层。其中，III$_2$、III$_3$ 亚层的物质组成基本相同。

III$_1$ 亚层为黏土透镜体，位于大坝基坑上游边坡的 III 层底部，顺河向长约 160 m，宽度小于 30 m，呈舌状分布，上游薄、下游厚，且下游厚度明显大于上游，钻孔揭露上游厚度为 0.40～1.10 m，下游厚度为 2.79～4.56 m，基坑开挖后下游较厚部分黏土透镜体基本被挖除。

III$_2$ 及 III$_3$ 亚层为砂砾石夹卵石及少量碎块石，一般厚 20.25～38.78 m，最厚处可达 43.01 m，两岸河床部位稍薄。物质成分较混杂，为灰岩、大理岩、砂岩、白云岩及辉绿岩等。砾石含量较高，一般占 35%～45%，最高可达 60% 以上，粒径一般为 3～10 mm，大者达 18 mm，多呈圆状，部分呈棱角状；卵石含量次之，一般占 15%～30%，局部相对集中处可达 40% 左右，大小一般为 3 cm×4 cm～6 cm×7 cm，多呈扁圆状；碎石、块石含量较低，一般占 10%～20%，大小一般为 4 cm×5 cm～8 cm×10 cm；局部见尺寸＞1 m 的块石，成分为白云岩及灰岩，推测为两岸崩塌块石；砂多为中粗砂，呈杂色，成分混杂；偶见粉细砂、中细砂透镜体，透镜体一般厚 0.30～2.34 m，最厚达 8.93 m，砂含量一般为 60%～90%。

3.4.3 深厚覆盖层级配

乌东德水电站大坝基坑形成后，上、下游围堰内边坡分别高达 140 m 及 109 m，围堰下深厚覆盖层的工程特性关乎大坝施工期的安全。为此，围绕深厚覆盖层的地层分布、密度、级配进行了大量地质勘探工作，2005 年进行了全面的地质勘探工作，并钻孔取样进行了颗分试验和密度试验，由于方法的缺陷，于 2011 年又进行了钻孔（ZK82），并进行了全孔取样及密度和级配试验。但深厚覆盖层的存在状态仍然难以让建设者放心。2016 年，结合基坑开挖，再次安排人工检测工作来确定深厚覆盖层的密度和级配。

试验结果表明，仅靠钻孔取样是很难准确认识深厚覆盖层物理状态的。相对而言，密度更加难以测定，级配成果有一定的参考意义。图 3.4.1 为乌东德水电站深厚覆盖层 III$_3$ 亚层试坑与钻孔级配曲线成果对比，图中编号 JK 为试坑法筛分结果，上、下包线和平均线为钻孔筛分结果。可以看出，钻孔料的级配与实际级配间还是存在差异的，钻孔料颗粒偏细，且直径大于 100 mm 的颗粒缺失，产生这种差异的原因可能是多方面的，既有取样位置的不同，又有钻孔导致的颗粒破碎。同时，注意到两者的平均级配具有相似性。对于深厚覆盖层深部土体，也只能依靠钻孔取样来确定其物质成分、颗粒形态、级配等信息。

对于一个特定的深厚覆盖层，试图全面、准确地描述其物理力学特性是困难的，工程上也只能采用抽象与概括的方法建立分析模型。重点关注关键地层，分析地层成因，研究其物质成分和颗粒形态，并依此找到同源材料作为研究对象；综合多个钻孔信息，确定材料平均级配，在此基础上研究其密度及力学特性指标。

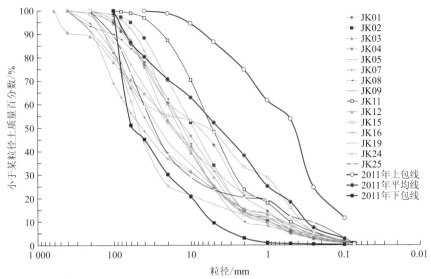

图 3.4.1   乌东德水电站深厚覆盖层 III$_3$ 亚层试坑与钻孔级配曲线成果对比

3.4.4   深厚覆盖层密度

2011 年工程可行性研究阶段，采用动力触探击数当量密度法对深厚覆盖层 III$_3$ 亚层的原位密度进行了研究。室内模型试验中，依据 III$_3$ 亚层的平均深度 10.4 m 换算有效上覆压力，为 130 kPa。试样级配为 III$_3$ 亚层平均级配（图 3.4.1），平行进行了 5 个模型试验，干密度分别为 2.05 g/cm^3、2.10 g/cm^3、2.15 g/cm^3、2.20 g/cm^3、2.25 g/cm^3。

同时，针对 III$_3$ 亚层，在现场进行了 5 个孔的 37 次重型动力触探试验，III$_3$ 亚层的重型动力触探击数平均值 $N'_{63.5} = 17.6$ 击。

动力触探击数当量密度法成果如图 3.4.2 所示，III$_3$ 亚层的原位干密度为 2.15 g/cm^3。

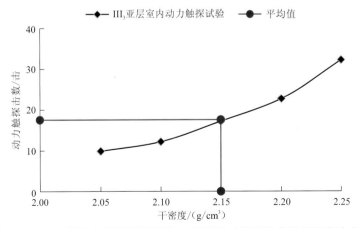

图 3.4.2   乌东德水电站深厚覆盖层 III$_3$ 亚层动力触探击数当量密度法成果

3.4.5 现场试坑法检测

1. 试坑法试验成果

基坑开挖过程中，随着上游围堰下游侧的放坡开挖，在不同开挖高程进行了试坑法级配和密度试验。试验点主要依据开挖深度变化和深厚覆盖层物质成分差异进行确定。同时，在现场对试验点进行定位和地质编录，试坑法密度试验采用灌水法，试坑开挖料现场筛分，在现场实验室测试含水量及直径小于 20 mm 部分的颗粒级配。

2016 年 6 月初基坑深厚覆盖层开始开挖，至 2016 年 12 月底拱肩槽处开挖至基岩面，一共进行了 51 个点的现场试验，试验点位置分布大致如图 3.4.3 所示。

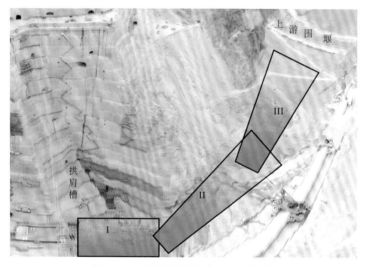

图 3.4.3　现场检测试验点位置分布

为了让大家对河床深厚覆盖层有一个直观的认识，特意给出典型砂砾石深厚覆盖层 III_3 亚层未经扰动的开挖面及典型试坑照片，如图 3.4.4、图 3.4.5 所示。

图 3.4.4　深厚覆盖层 III_3 亚层开挖面照片

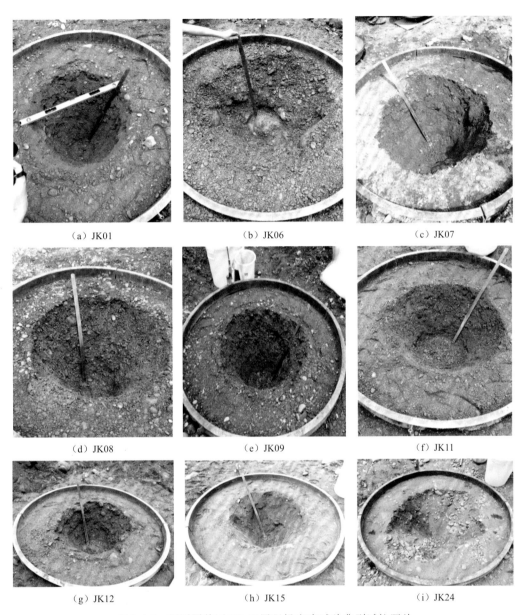

（a）JK01　　　　　　　　（b）JK06　　　　　　　　（c）JK07

（d）JK08　　　　　　　　（e）JK09　　　　　　　　（f）JK11

（g）JK12　　　　　　　　（h）JK15　　　　　　　　（i）JK24

图 3.4.5　深厚覆盖层 III$_3$ 亚层现场密度试验典型试坑照片

同一地层，整体上砂砾石大小颗粒混合分布，但砂砾石颗粒具有明显的分层现象，不同层位的砂砾石级配存在明显差异，充分反映出不同时段河床沉积物粗细程度不同。粗细颗粒填充紧密，未经扰动的砂砾石深厚覆盖层可以形成稳定的高度达一二十米、坡度接近 90° 的直立坡，表明砂砾石深厚覆盖层具有一定的"似胶结"性，但经过扰动的砂砾石料不再具有结构性，由此可见，室内的压实样与原状深厚覆盖层的力学特性是有差别的。

从不同部位的试坑照片（图 3.4.5）可以得到很多有价值的信息。最大的特点是同一地层各测点的物理性质存在明显差异，砂砾石物质成分非常混杂，含灰岩、大理岩、砂岩、白云岩及辉绿岩等，各测点颜色不一，级配和密度相差较大。各测点的级配和密度成果见表 3.4.1。>60 mm 的巨粒一般占 1.1%～43.5%，平均约为 23.1%，多呈椭圆状，部分呈棱角状；2～60 mm 的砾粒一般占 33.9%～80.3%，平均约为 60.4%，多呈椭圆状；0.075～2 mm 的砂粒一般占 7.1%～32.9%，平均约为 16.0%。干密度为 1.886～2.383 g/cm³，平均约为 2.150 g/cm³，巨粒含量越高，密度越大。

表 3.4.1 深厚覆盖层 III₃ 亚层级配和密度现场检测成果

编号	全料小于该孔径的土质量百分数/%													干密度/(g/cm³)
	600 mm	400 mm	200 mm	100 mm	60 mm	40 mm	20 mm	10 mm	5 mm	2 mm	1 mm	0.5 mm	0.075 mm	
JK01		100.0	98.7	95.3	85.6	76.7	60.7	53.3	42.8	20.9	14.5	6.7	0.4	2.071
JK02			100.0	98.2	95.0	88.4	70.5	52.4	34.1	14.7	10.5	5.8	0.9	2.069
JK03			100.0	96.1	87.6	76.0	53.3	42.1	29.0	13.0	9.3	5.1	0.7	2.148
JK04			100.0	94.4	86.6	77.8	60.2	46.6	31.8	14.5	10.3	5.3	0.4	2.120
JK05		100.0	91.4	80.1	69.1	60.4	44.3	34.4	25.0	13.1	10.2	6.6	0.9	2.191
JK06	100.00	71.3	68.2	62.4	58.7	53.8	39.6	28.3	17.5	7.4	5.5	3.3	0.3	2.240
JK07		100.0	91.3	69.1	56.5	48.6	36.8	30.9	24.1	15.7	13.4	8.0	0.4	2.383
JK08		100.0	93.4	90.0	83.8	78.2	62.4	43.3	24.3	10.1	8.1	5.6	0.9	2.103
JK09			100.0	98.0	92.4	83.0	60.0	40.5	25.7	14.0	11.3	6.9	0.8	2.105
JK11				100.0	98.9	96.9	87.3	70.4	48.3	23.7	18.0	9.9	0.7	1.886
JK12	100.00	90.8	89.0	78.0	70.6	64.7	53.4	39.3	25.3	15.2	13.2	8.8	0.5	2.228
JK15		100.0	98.3	82.0	67.3	60.3	55.4	53.2	48.2	33.4	28.7	16.0	0.5	2.121
JK16		100.0	94.6	82.3	66.9	54.5	39.4	31.5	23.6	14.4	11.9	6.4	0.5	2.250
JK19			100.0	86.6	77.2	67.9	51.9	41.2	32.1	22.0	19.2	12.0	0.4	2.199
JK24			100.0	83.2	61.5	43.5	25.4	21.4	17.5	13.0	11.9	8.4	0.4	1.974
JK25			100.0	89.2	73.3	59.1	38.6	28.9	23.5	20.2	19.3	12.3	0.7	2.307
平均值	100	95.3	95.0	86.6	76.9	68.1	52.5	41.1	29.6	16.6	13.5	7.9	0.6	2.150

2. 当量密度法的合理性

针对深厚覆盖层 III₃ 亚层，2011 年当量密度法与 2016 年现场检测得到的干密度成果如图 3.4.6 所示，可以看到，现场试坑法检测得到的平均干密度与当量密度法得到的干密度均为 2.15 g/cm³。由此可见，当量密度法是合理可行的。

现场检测成果表明，从深厚覆盖层地基勘探测试，到建立一个物理力学指标明确的地基模型是一件困难的事，其难度远大于地基模型的力学响应分析。或者说，地基模型力学响应分析的合理性有赖于分析方法的先进性，更取决于地基模型的合理性。地基模

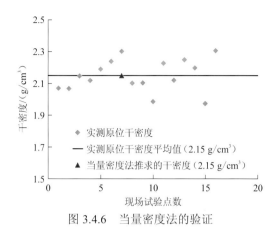

图 3.4.6 当量密度法的验证

型的合理性依赖于对地质学的认知、勘探测试方法的正确性、对土力学的深刻理解。否则，地基模型力学响应分析将失去工程意义。

3. III₃ 亚层力学指标

针对深厚覆盖层 III₃ 亚层，采用平均级配和当量密度法确定的干密度，进行三轴试验，试验方法为饱和固结排水剪，得到的 E-$\mu(B)$ 模型（E 为变形模量，μ 为泊松比，B 为体积模量）参数见表 3.4.2。

表 3.4.2 乌东德水电站深厚覆盖层 III₃ 亚层三轴试验成果表

级配	试验干密度 /(g/cm³)	抗剪强度指标				E-$\mu(B)$ 模型变形参数							
		c/kPa	φ/(°)	φ_0/(°)	$\Delta\varphi$/(°)	K	n	R_f	K_b	m	G	F	D
平均线	2.15	56	37.5	44.4	6.0	1 089	0.356	0.898	443	0.315	0.534	0.310	4.38

注：c 为黏聚力；φ 为内摩擦角；φ_0 为当小主应力与标准大气压之比为 1 时的剪切角；$\Delta\varphi$ 为当小主应力增加 10 倍时剪切角的减小量；K、n 为切线弹性模量试验常数；R_f 为破坏比；K_b、m 为切线体积模量试验常数；G、F、D 为切线泊松比的试验常数。

参 考 文 献

程展林，丁红顺，胡胜刚，等，2010. 砂砾石覆盖层工程特性室内模型测试方法及其测试设备：CN101655488A[P]. 2010-02-24.

程展林，潘家军，左永振，等，2016. 坝基覆盖层工程特性试验新方法研究与应用[J]. 岩土工程学报，38(S2): 18-23.

胡胜刚，左永振，饶锡保，等，2012. 基于模型试验的河床砂砾石层基本特性研究[J]. 长江科学院院报，29(11): 55-58.

黎华清，徐远光，甘伏平，等，2010. 孔间电磁波CT法在左江电站火成岩坝基风化结构评价中的应用[J]. 岩土力学, 31(S1): 430-434.

李会中, 郝文忠, 潘玉珍, 等, 2014. 乌东德水电站坝址区河床深厚覆盖层组成与结构地质勘察研究[J]. 工程地质学报, 22(5): 944-949.

饶锡保, 胡胜刚, 程永辉, 等, 2011. 深厚覆盖层及围堰堰体材料工程特性试验技术研究[J]. 长江科学院院报, 28(10): 118-122.

孙涛, 陈礼仪, 朱宗培, 2004. 植物胶冲洗液的性能及新型植物胶 QM 的开发研究[J]. 探矿工程(岩土钻掘工程)(4): 44-46.

吴隆杰, 杨凤霞, 1992. 钻井液处理剂胶体化学原理[M]. 成都: 成都科技大学出版社.

许强, 陈伟, 张倬元, 2008. 对我国西南地区河谷深厚覆盖层成因机理的新认识[J]. 地球科学进展, 23(5): 448-456.

FARGIER Y, LOPES S P, FAUCHARD C, et al., 2014. DC-electrical resistivity imaging for embankment dike investigation: A 3D extended normalisation approach[J]. Journal of applied geophysics, 103: 245-256.

OSAZUWA I B, CHINEDU A D, 2008. Seismic refraction tomography imaging of high-permeability zones beneath an earthen dam, in Zaria area, Nigeria[J]. Journal of applied geophysics, 66(1/2): 44-58.

PAASCHE H, RUMPF M, HAUSMANN J, et al., 2013. Advances in acquisition and processing of near-surface seismic tomographic data for geotechnical site assessment[J]. First break, 31(8): 59-65.

PALMER D, NIKROUZ R, SPYROU A, 2005. Statics corrections for shallow seismic refraction data[J]. Exploration geophysics, 36(1): 7-17.

PARK C, 2013. MASW for geotechnical site investigation[J]. The leading edge, 32(6): 656-662.

第 4 章　粗粒料缩尺方法

4.1　概　　述

土石坝填料，不管是堆石料还是砂砾石料，最大颗粒粒径达米级，室内试验试样缩尺是在所难免的（郦能惠，2007）。如何缩尺保证室内试验成果能反映大坝实际填料的力学特性，得到大坝填料力学参数，始终是土石坝研究的难题（孔宪京 等，2019；王永明 等，2013；翁厚洋 等，2009；李翀 等，2008）。国内外不少学者采用试验、数值试验、监测资料反分析等多种手段探讨缩尺问题，但始终未能提出合理的粗粒料缩尺方法（宁凡伟 等，2021；邵晓泉 等，2018；傅华 等，2012；花俊杰 等，2010；Varadarajan et al.，2003）。试验规程中给出了四种缩尺方式，即剔除法、相似级配法、等量替代法和混合级配法，它们只是颗粒级配的缩小方式，并不保证室内试验结果能够合理反映原级配料的力学特性。

缩尺研究的目标是针对特定的粗粒料（统一称原级配料），找到一种试验料（为不含超径粒组的粗粒料，即缩尺料），两者的力学特性基本相同。

两种粗粒料之间满足什么条件达到缩尺要求？粗粒料的力学特性取决于密度、级配、应力状态、颗粒形态、颗粒强度。五个因素中，应力状态不是问题，力学特性基本相同一定是以应力状态相同为前提的；要保证颗粒形态和颗粒强度的一致性，只能采用同源材料，即保证试验料和原级配料为同源材料。因此，缩尺课题的内涵实质上是同源材料的不同"密度、级配"组合是否可能实现力学特性基本相同，以及如何组合的问题。其中，试验料的级配一定是不同于原级配料级配的，且必须满足力学试验的径径比基本要求，当原级配料的密度和级配、试验料的级配确定之后，试验料的密度如何确定从而实现两者力学特性基本相同是需要研究的问题。

经长期思考和探索，笔者提出了旁压模量当量密度法，其基本思路是，采用旁压试验，依据应力状态相同条件下试验料和原级配料的旁压模量相同来确定试验料的密度（程展林和潘家军，2021；卢一为 等，2020）。

具体方法是，通过现场旁压试验测定坝体某一深度处的旁压模量，再在室内进行模型试验，模拟现场测点的应力状态，测定不同密度的试验料旁压模量，建立试验料密度与旁压模量的相关关系，再根据现场旁压模量确定试验料的密度。这个密度可称为旁压模量当量密度，也是室内力学试验的控制密度。

由此，衍生出一个问题，即对于同源粗粒材料不同的级配和密度组合，当旁压模量相等时，其力学特性是否相同的问题。当能证明在一定条件下其力学特性基本相同时，也就证明了旁压模量当量密度法是有效的。要保证所有的力学特性相同也许是困难的，有些方面如蠕变特性可能很难保证相同。因此，能保证静力应力应变关系相近也很好。

为此，进行了模型系统建设，并进行了系统研究。开展了"不同密度、级配组合的两种同源材料，旁压模量相同时，力学特性是否相同"理论问题的试验论证，为了论述方便，将该问题简称为"缩尺当量问题"；首次在堆石坝中开展了旁压试验，确定了某土石坝堆石料的室内力学试验的控制密度。

本章主要介绍粗粒料缩尺方法旁压模量当量密度法的相关成果。

4.2 "缩尺当量问题"试验论证

4.2.1 旁压模量与密度的相关性

两种同源粗粒料的力学特性相同，当然意味着旁压模量相同。反过来，在特定条件下，旁压模量相同时，各方面的力学特性未必完全相同。"缩尺当量问题"的解一定是有限制条件的，提出的缩尺方法对于应力应变静力问题成立，未必对于动力问题成立，同样，对于渗流问题也许也不成立。笔者首先关注的是应力应变静力问题，并通过试验验证旁压模量当量密度法成立的可能性。

旁压模量当量密度法成立的必要条件是粗粒料的旁压模量与密度相关。为此，开展了一系列室内模型旁压试验。在室内足够大的模型箱内按控制密度均匀填筑粗粒料，施加上覆压力以模拟地基应力，成孔进行旁压试验。粗粒料旁压模量与密度典型关系曲线如图 4.2.1 所示，粗粒料的旁压模量随密度单调增大，且增长幅度随密度增大而增加。尤其是密实状态下的粗粒料，旁压模量与密度的关系非常敏感。由此可以看出，将旁压模量作为控制变量是合适的。

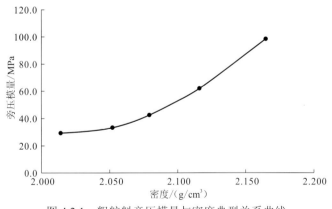

图 4.2.1　粗粒料旁压模量与密度典型关系曲线

试验成果表明，图 4.2.1 所示的旁压模量与密度的相关性对于砂砾石料、堆石料等粗粒料具有普适性，在此不再赘述。

4.2.2 "缩尺当量问题"试验论证一

1. 试验级配

限于试验设备能力，"缩尺当量问题"的试验论证是一项困难的工作。第一种论证试验为试样直径为 300 mm 的三轴试验，在设备允许范围内，尽可能地扩大两种试样级配的差异。选定两种级配曲线，如图 4.2.2 所示。试验材料为两河口土石坝堆石料，最大粒径均为 60 mm。

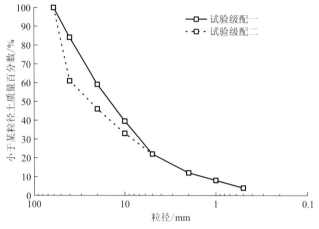

图 4.2.2　论证试验一级配曲线

试验级配一：不均匀系数、曲率系数分别为 14.3、1.98。

试验级配二：不均匀系数、曲率系数分别为 28.6、1.29。

为与 4.2.3 小节第二种论证试验区分，称第一种论证试验为"等最大颗粒粒径试验"。

2. 模型旁压试验

开展模型旁压试验，建立旁压模量与密度的关系。综合以往经验，选定模型旁压试验试样的初始干密度，分别为 1.95 g/cm³、2.05 g/cm³、2.10 g/cm³、2.15 g/cm³。施加 1.0 MPa 的上覆压力，采用位移传感器测量模型的沉降量，计算旁压试验时试样的实际密度。

模型旁压试验开始前需要对弹性膜约束力进行标定。旁压试验加荷等级按照预计临塑压力的 1/7～1/5 来确定，每级压力下分别在 30 s 和 60 s 时刻记录量水管的水位下降值以得到测量腔的体积变化。旁压试验得到的两种级配堆石料不同干密度下的压力和体变关系曲线分别如图 4.2.3 和图 4.2.4 所示。

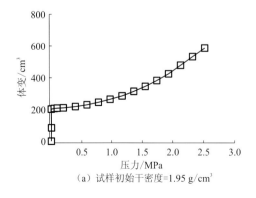

（a）试样初始干密度=1.95 g/cm³

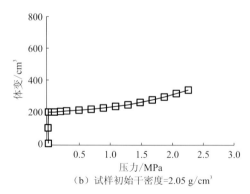

（b）试样初始干密度=2.05 g/cm³

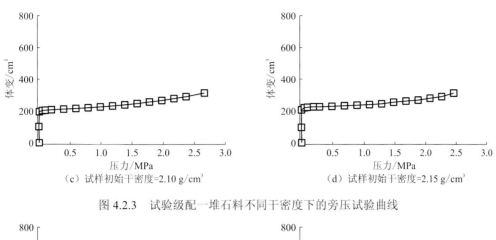

图 4.2.3　试验级配一堆石料不同干密度下的旁压试验曲线

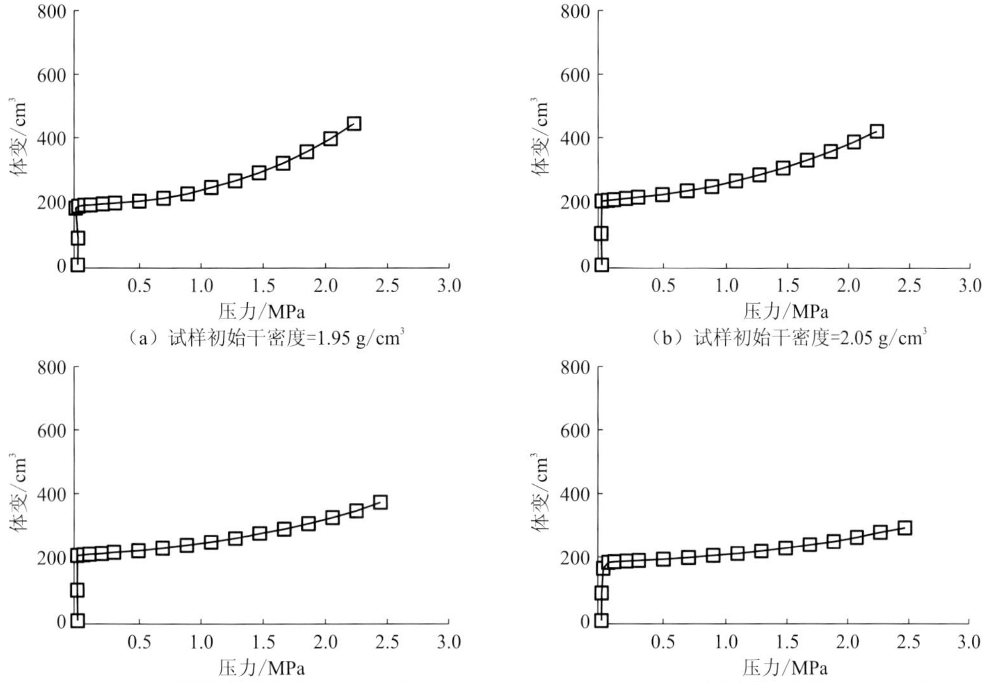

图 4.2.4　试验级配二堆石料不同干密度下的旁压试验曲线

　　图 4.2.5（a）和（b）分别为两级配堆石料旁压模量与密度的关系曲线，其中初始密度为制样密度，试验密度为试样在上覆压力作用下沉降稳定后的密度，即旁压试验前的实际密度。从图 4.2.5 中可以看出，不同级配堆石料的旁压模量均随试验密度的增大而增大。在试验密度较小时，旁压模量的变化曲线较为平缓，随着试验密度的逐渐增大，旁压模量对密度的变化更为敏感。不同级配堆石料的旁压模量与密度的关系不同，表明了堆石料力学特性与级配和密度之间的相关性。

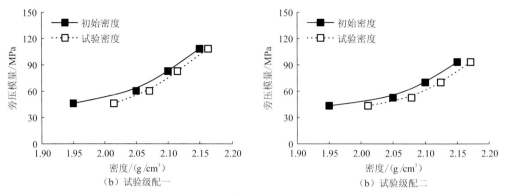

图 4.2.5　旁压模量与密度的关系曲线

3. 当量密度

依据不同级配堆石料对应的旁压模量与密度的关系曲线，选择旁压模量为 75 MPa 和 90 MPa 两种状态，确定不同级配堆石料对应的当量密度，如图 4.2.6 所示。

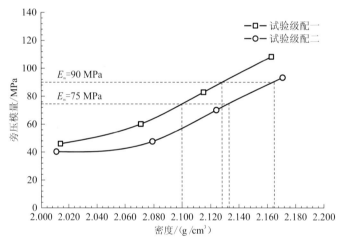

图 4.2.6　不同旁压模量对应的不同级配堆石料的当量密度

旁压模量为 75 MPa 时，两种级配堆石料对应的当量密度分别为 2.100 g/cm^3 和 2.133 g/cm^3。

旁压模量为 90 MPa 时，两种级配堆石料对应的当量密度分别为 2.128 g/cm^3 和 2.165 g/cm^3。

4. 粗粒料力学特性的比较

可以进行多方面力学特性的比较，包括强度、应力应变特性、蠕变特性、湿化特性等。为了证明新的缩尺方法的可行性，仅比较强度和应力应变特性应该能够说明问题。模型旁压试验表明，试验级配一、当量密度为 2.100 g/cm^3 与试验级配二、当量密度为 2.133 g/cm^3 的两种堆石料的旁压模量为 75 MPa；试验级配一、当量密度为 2.128 g/cm^3

与试验级配二、当量密度为 2.165 g/cm³ 的两种堆石料的旁压模量为 90 MPa。对四种级配、密度组合的堆石料进行三轴试验,试样直径为 300 mm,围压分别为 0.2 MPa、0.4 MPa、0.6 MPa、0.8 MPa,剪切速率为 0.5 mm/min。按旁压模量相同,分两组进行比较分析。

图 4.2.7、图 4.2.8 分别为旁压模量为 75 MPa 和 90 MPa 时三轴试验应力应变关系曲线,可以看出:级配和密度均不相同的两种堆石料,当旁压模量相同时,三轴试验得到的强度和应力应变关系非常一致,包括不同应力下的剪胀过程,其一致性达到了平行试验的水平。这初步证明了"缩尺当量问题"是成立的。有理由相信,将旁压模量作为控制变量,确定的试验料的试验密度是可以反映原级配料的力学特性的。

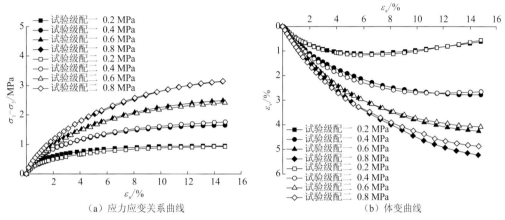

（a）应力应变关系曲线　　　　　　　（b）体变曲线

图 4.2.7　旁压模量为 75 MPa 时三轴试验应力应变关系曲线

$\sigma_1-\sigma_3$ 为偏应力;ε_a 为轴向应变;ε_v 为体变

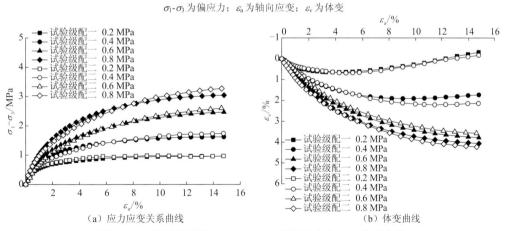

（a）应力应变关系曲线　　　　　　　（b）体变曲线

图 4.2.8　旁压模量为 90 MPa 时三轴试验应力应变关系曲线

对于同一种堆石料,旁压模量越大,密度越大,刚度越大,剪胀性越明显。旁压模量为 90 MPa 的堆石料的刚度和剪胀性明显比旁压模量为 75 MPa 的堆石料要大。但试验级配一、当量密度为 2.128 g/cm³ 的堆石料的刚度和剪胀性比试验级配二、当量密度为 2.133 g/cm³ 的堆石料的刚度和剪胀性要大,与试验级配二、当量密度为 2.165 g/cm³ 的堆石料的刚度和剪胀性相当。由此表明,单一指标密度或孔隙率是不足以表征其力学特性的,级配和密度才能共同表征其力学特性。

旁压模量相同的堆石料，级配不同，密度一定不同。级配缩尺后，采用原级配料密度进行试验，期望得到原级配料的力学指标是不可能的。试验料的试验密度一般要小于原级配料的密度。

在保证旁压模量相同的条件下，密度随级配改变的规律难以简单确定，只能通过模型旁压试验确定该级配对应的密度，即级配和密度的组合只能通过模型旁压试验确定。

4.2.3 "缩尺当量问题"试验论证二

1. 试验级配

试验论证一的工作是基于试样直径为 300 mm 的三轴试验进行的，两种级配的最大颗粒粒径只能是 60 mm，用其论证"缩尺当量问题"总感到级配差异性不足。为此，采用试样直径为 800 mm 的超大三轴试验和试样直径为 300 mm 的三轴试验进行另一种方式的论证工作。

试验材料为两河口土石坝堆石料，以满足同源材料的基本要求。试验级配曲线如图 4.2.9 所示。

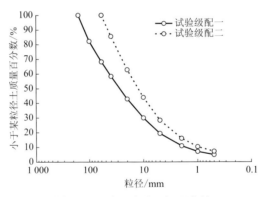

图 4.2.9 论证试验二级配曲线

试验级配一：依据大连理工大学试样直径为 800 mm 的超大三轴试验确定，最大粒径为 160 mm。

试验级配二：采用规范法对试验级配一进行缩尺，最大粒径为 60 mm。

试验级配一堆石料可视为原级配料，试验级配二堆石料为试验料，以论证"缩尺当量问题"成立的可能性。

2. 当量密度

为适应最大粒径为 160 mm 的粗粒料，采用超大型模型试验箱（直径为 1 500 mm，高 1 900 mm）进行模型旁压试验。上覆压力为 1.0 MPa。试验级配一堆石料的试验密度为 2.147 g/cm³，经模型旁压试验验证其旁压模量为 52.5 MPa。试验级配二堆石料的试验密度分别为 2.0 g/cm³、2.1 g/cm³、2.2 g/cm³，依据模型旁压试验确定旁压模量与密度的相关关系，当旁压模量为 52.5 MPa 时，试验级配二的当量密度为 2.09 g/cm³，如图 4.2.10 所示。试验表明，密度为 2.147 g/cm³ 的试验级配一堆石料与密度为 2.09 g/cm³ 的试验级配二堆石料的旁压模量相同。

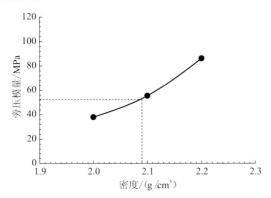

图 4.2.10　试验级配二堆石料旁压模量与密度的关系曲线

3. 粗粒料力学特性的比较

采用大连理工大学超大型三轴设备（孔宪京 等，2016）及长江科学院 YLSZ30-3 型高压三轴仪分别对两种堆石料进行三轴试验，试验围压分别为 0.5 MPa、1.5 MPa、2.5 MPa。图 4.2.11 为两组三轴试验应力应变关系曲线，可以看出：将最大粒径为 160 mm 的原级配料缩尺为最大粒径为 60 mm 的试验料，当满足旁压模量相同控制条件时，由不同三轴试验设备得到的应力应变关系曲线是非常一致的。由此表明，"缩尺当量问题"成立。

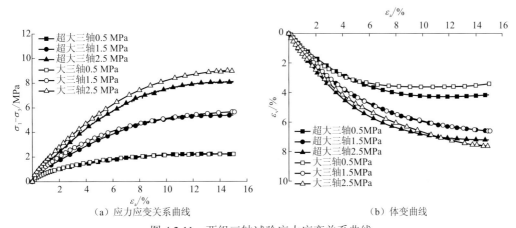

（a）应力应变关系曲线　　　　　　　　（b）体变曲线

图 4.2.11　两组三轴试验应力应变关系曲线

超大三轴对应超大型三轴设备上开展的试验；大三轴对应 YLSZ30-3 型高压三轴仪上开展的试验

在此需要说明的是，两组曲线存在的少量差异完全可以视为试验误差。对于完全相同的材料，在两种设备上进行平行试验，试验结果也一定存在差异，其差异大小可能随试验人员的熟练程度、工作习惯、试验操作细节等因素的不同而不同。图 4.2.11 的两组三轴试验由两个单位的试验人员分别在超大型三轴设备和 YLSZ30-3 型高压三轴仪上完成，试验曲线仍有如此高的重合度，有理由相信，试验级配一、密度为 2.147 g/cm³ 与试验级配二、密度为 2.09 g/cm³ 的两种同源堆石料的力学特性一致。

4.2.4 "缩尺当量问题"的解

针对粗粒料缩尺难题，提出了"缩尺当量问题"，即"不同密度、级配组合的两种同源材料，旁压模量相同时，力学特性是否相同"问题。采用了两种方式进行试验论证，主要结论如下。

（1）"缩尺当量问题"是成立的。对于粗粒料，在保证材料同源和应力状态相同的条件下，影响其力学特性的因素只有密度和级配。当级配变化后，可以找到一个当量密度，以保证其力学特性相同。

（2）旁压模量可以作为控制指标，将旁压模量相等作为标准以确定级配变化后的当量密度，可保证级配变化前后粗粒料的力学特性相同。

（3）已完成的两种方式的试验论证是目前可能完成的论证方式，其他蠕变、湿化试验须在超大型三轴设备上完成，同时蠕变、湿化平行试验误差偏大，"缩尺当量问题"在蠕变特性和湿化特性方面是否成立，目前难以完成试验论证。

（4）粗粒料力学试验制样一般控制径径比不小于 5，平行试验存在差异也是必然的。

（5）旁压模量当量密度法作为一种新的粗粒料缩尺方法是可行的。

4.3 旁压模量当量密度法的工程实践

4.3.1 堆石体中百米深孔旁压试验

1. 试验点位置

缩尺方法确定之后，要实现工程实践仍然是一件难事。其难点在于在堆石体中进行成孔及旁压试验，直接测试堆石体的变形指标。经多方努力，首次实现了在已建堆石坝（坝体填筑基本完成）中的旁压试验，使缩尺方法推广成为可能。

现场旁压试验在两河口土石坝上游堆石区上进行，试验孔位于大坝上游侧，孔口桩号为坝 0-178，纵 0+355，高程为 2 790 m，距大坝坝体底面垂直高度 186 m，旁压试验孔位置见图 4.3.1。

2. 现场试验

在堆石体中钻孔易发生孔壁掉块、塌孔，进而造成卡钻、埋钻等孔内事故，也会严重影响试验孔成孔质量。在堆石体内钻孔的深度超过百米，国内暂无可借鉴经验，因此现场旁压试验成孔难度极大。

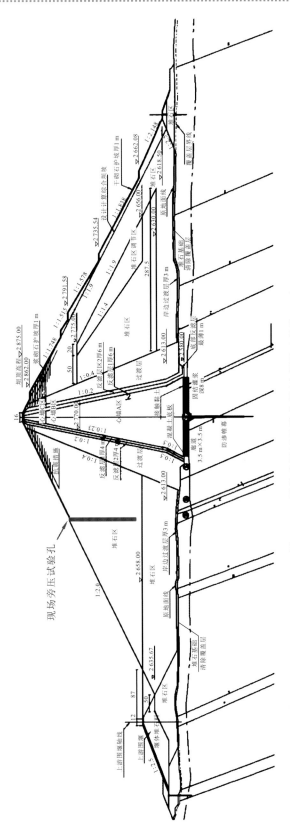

图 4.3.1 现场旁压试验孔位置示意图（单位：m）

为了确保试验孔钻孔一次性成功，研究决定采用四级跟管钻孔工艺，第一级（深度 0～25 m）跟管孔径为 194 mm，第二级（深度 25～50 m）跟管孔径为 168 mm，第三级（深度 50～75 m）跟管孔径为 148 mm，第四级（深度 75～100 m）跟管孔径为 127 mm。试验段成孔孔径为 65～68 mm。

试验程序是先采用薄壁钻头钻进，待跟管钻至预定的试验段位置后，更换特殊钻具进行试验段钻孔，试验段钻孔完成后立即放入旁压探头开展旁压试验，钻孔全过程采用植物胶混合泥浆进行护壁。

现场旁压试验设备采用法国 APAGEO 公司生产的 G-AM 型高压旁压仪，将高压氮气作为压力源，最大试验压力可达 10.0 MPa，旁压探头采用长江科学院自主研制的端部滑移式高压大旁胀量的旁压仪新型探头，最大旁胀量达到 1 000 mm³。

试验时荷载增量为预期临塑压力的 1/7～1/5，每级压力维持 60 s，分别于加荷后 30 s 和 60 s 测读变形量。当旁胀量达到其容许值或压力达到仪器容许的极限值时，终止试验。最终在上游堆石区共完成 1 个试验孔 20 个测点（编号 PY-1#～PY-20#）的旁压试验，最大测试深度达到 103 m，现场旁压试验情况见图 4.3.2。

图 4.3.2　两河口土石坝上游堆石区现场旁压试验照片

3. 试验成果

初次在堆石体中进行旁压试验，有不少经验值得总结。试验成果大致可分为三类。

（1）实测旁压模量极大。图 4.3.3（a）为 PY-4#测点的旁压试验曲线，可以看出，旁压试验曲线非常平缓，旁压模量实测值为 214.64 MPa。结合钻孔资料分析认为，最有可能的原因是试验孔段贯穿于大尺寸块石中或大尺寸块石之间，待橡胶膜套完全贴上孔壁后，探头整个量测腔均受到块石约束作用无法继续膨胀，此后量测腔体积变化极小。

图 4.3.3（b）为 PY-8#测点的旁压试验曲线，旁压模量实测值为 222.74 MPa，其旁压试验曲线与 PY-4#测点类似，不同的是当压力增大至 2.5 MPa 时，探头橡胶膜套发生破裂导致试验中止。分析认为，可能的原因是试验孔段部分贯穿于大尺寸块石中，待压力增大至一定程度后橡胶膜套会因为受力不均匀而胀破。

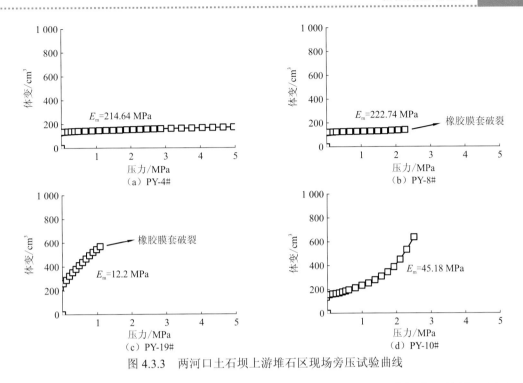

图 4.3.3　两河口土石坝上游堆石区现场旁压试验曲线

以上两个测点的旁压试验结果明显偏大，不能反映级配堆石体的变形特性。经事后分析认为，这种情况待试验经验丰富后是完全可以避免的。

（2）实测旁压模量极小。图 4.3.3（c）为 PY-19#测点的旁压试验曲线，可以看出，随着压力的逐渐增大，体变迅速增大，在很小的压力下就达到了探头的允许体变，橡胶膜套发生破裂导致试验中止。分析认为，这是由于钻孔过程中试验段孔壁受到的扰动较为严重，成孔孔径过大，旁压探头周围存在密度较小的堆石体，在较小的压力下旁压探头橡胶膜套迅速膨胀至容许体变而破坏，经分析，PY-19#测点的实测旁压模量为 12.2 MPa。实测结果不能反映级配堆石体的变形特性。

（3）大部分测点可以反映试验条件下堆石体的变形特性。图 4.3.3（d）为 PY-10#测点的旁压试验曲线，从中可以看出，达到初始体变后，体变将随着压力的增大线性增大，该段即旁压试验曲线的似弹性阶段；当压力超过 1.5 MPa 后，随着压力的继续增大，体变随压力增大的速率也逐渐增大，直至扩孔破坏。PY-10#测点的实测旁压模量为 45.18 MPa。大多数测点的成果类似于 PY-10#测点，应该为有效测点。

图 4.3.4 为两河口土石坝堆石体实测旁压模量随试验深度的分布情况，除少数测点成果异常外，大部分测点的试验成果呈现出规律性。受填筑质量、试验误差等因素的影响，虽然现场试验测得的旁压模量存在一定的离散性，但离散性是可以接受的。拟合"有效"测点的旁压模量可以得到堆石体旁压模量随试验深度的变化趋势。实测的旁压模量最小值为 24.58 MPa，对应的试验深度为 16 m，旁压模量最大值为 65.62 MPa，对应的试验深度为 91 m。根据拟合趋势线可以选择两个深度对应的旁压模量作为堆石体力

学特性研究的特征值，深度 40 m 处的旁压模量约为 38 MPa，深度 70 m 处的旁压模量约为 50 MPa。

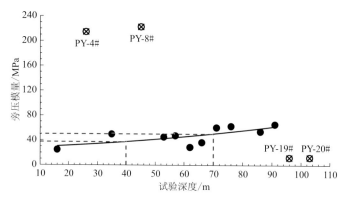

图 4.3.4　现场旁压模量与试验深度的关系

由大坝堆石区的现场旁压试验取得以下几点认识。

（1）采用旁压试验研究大坝堆石区深部的力学特性是一种初步尝试，钻孔难度是非常大的，从初次试验中取得不少经验，这种探索是有意义的，其意义就在于找到了直接测定堆石体原级配料力学特性的一种有效方法。

（2）不同深度测点的试验成果存在一定的离散性，对于堆石体这种特殊介质而言，较小的离散性是可以接受的，经去伪存真，大部分测点的试验成果是合理、有效的，是能够反映试验条件下堆石体的力学特性的。

（3）对于颗粒最大粒径达到米级的级配堆石体，旁压探头尺度是否需要增大，探头尺度对试验成果产生多大影响有待进一步研究。事先将旁压探头埋入堆石体，待填筑完成后进行旁压试验也是一种值得研究的试验方式。

4.3.2　当量密度

针对两河口土石坝堆石料及常规三轴试验的级配要求，室内试验堆石料的级配如图 4.3.5 所示。室内模型旁压试验模拟现场预钻孔的方式，同时消除模型制作应力的影响。依据大坝堆石区深度 40 m 和 70 m 处的应力状态，模型的上覆压力分别为 800 kPa 和 1 400 kPa。

室内模型旁压试验得到的试验料的旁压模量和密度的关系曲线如图 4.3.6 所示。依据现场旁压试验得到两种深度的现场旁压模量为 38 MPa 和 50 MPa，推测得到两河口土石坝堆石料的当量密度分别为 2.162 g/cm^3 和 2.177 g/cm^3。

理论上讲，由两个深度的旁压模量得到的当量密度应该基本相同，但由于现场旁压试验成果的离散性（图 4.3.4），由不同深度的旁压试验成果得到的当量密度存在一定的差异，应该也是正常的。因此，只能认为两河口土石坝堆石料的当量密度为 2.162～2.177 g/cm^3，取其平均值 2.17 g/cm^3 作为堆石料力学试验的依据。

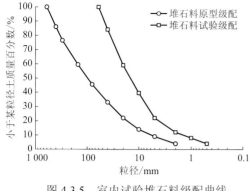

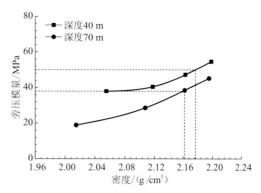

图 4.3.5　室内试验堆石料级配曲线　　　　图 4.3.6　两河口土石坝堆石料当量密度确定

4.3.3　力学特性指标

采用试验料级配及当量密度 2.17 g/cm³ 进行室内三轴试验，两河口土石坝堆石料大型三轴试验成果如图 4.3.7 所示，邓肯模型参数如表 4.3.1 所示，K-K-G 本构模型参数如表 4.3.2 所示。关键参数 $K=882$，$n=0.40$，比较符合高堆石坝反分析得到的变形指标。

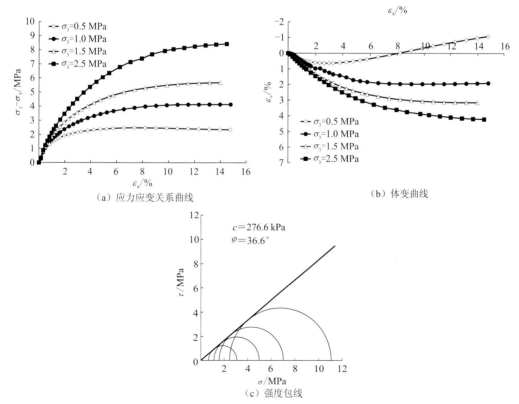

（a）应力应变关系曲线　　　　　　　　　（b）体变曲线

图 4.3.7　两河口土石坝堆石料大型三轴试验成果

$\sigma_1-\sigma_3$ 为偏应力；ε_a 为轴向应变；ε_v 为体变；τ 为剪应力；σ 为正应力；c 为黏聚力；φ 为内摩擦角；σ_3 为小主应力

表 4.3.1　两河口土石坝堆石料邓肯模型参数表

参数	c /kPa	φ /(°)	φ_0 /(°)	$\Delta\varphi$ /(°)	K	n	R_f	G	F	D	K_b	m
值	276.6	36.6	51.9	9.4	882	0.40	0.87	0.54	0.29	4.04	321	0.27

注：φ_0 为当小主应力与标准大气压之比为 1 时的剪切角；$\Delta\varphi$ 为当小主应力增加 10 倍时剪切角的减小量；K、n 为切线弹性模量试验常数；R_f 为破坏比；G、F、D 为切线泊松比的试验常数；K_b、m 为切线体积模量试验常数。

表 4.3.2　两河口土石坝堆石料 K-K-G 本构模型参数表

参数	c /kPa	φ /(°)	φ_0 /(°)	$\Delta\varphi$ /(°)	K	n	R_f	K_f	α	β	μ
值	276.6	36.6	51.9	9.4	882	0.40	0.87	4.86	1.2	2.1	0.24

注：K_f 为最小能比系数；α、β 为试验参数；μ 为弹性泊松比。

大坝现场检测干密度平均值为 2.35 g/cm^3，室内力学特性试验的当量密度为 2.17 g/cm^3，两者相关性极大，这正是粗粒料缩尺问题的物理意义之所在。

参 考 文 献

程展林, 潘家军, 2021. 土石坝工程领域的若干创新与发展[J]. 长江科学院院报, 38(5): 1-10.

傅华, 韩华强, 凌华, 2012. 粗粒料级配缩尺方法对其室内试验结果的影响[J]. 岩土力学, 33(9): 2645-2649.

花俊杰, 周伟, 常晓林, 等, 2010. 堆石体应力变形的尺寸效应研究[J]. 岩石力学与工程学报, 29(2): 328-335.

孔宪京, 刘京茂, 邹德高, 2016. 堆石料尺寸效应研究面临的问题及多尺度三轴试验平台[J]. 岩土工程学报, 38(11): 1941-1947.

孔宪京, 宁凡伟, 刘京茂, 等, 2019. 基于超大型三轴仪的堆石料缩尺效应研究[J]. 岩土工程学报, 41(2): 255-261.

李翀, 何昌荣, 王琛, 等, 2008. 粗粒料大型三轴试验的尺寸效应研究[J]. 岩土力学, 29(S1): 563-566.

郦能惠, 2007. 高混凝土面板堆石坝新技术[M]. 北京: 中国水利水电出版社.

卢一为, 程展林, 潘家军, 等, 2020. 筑坝堆石料力学特性试验等效密度确定方法研究[J]. 岩土工程学报, 42(S1): 75-79.

宁凡伟, 孔宪京, 邹德高, 等, 2021. 筑坝材料缩尺效应及其对阿尔塔什面板坝变形及应力计算的影响[J]. 岩土工程学报, 43(2): 263-270.

邵晓泉, 迟世春, 陶勇, 2018. 堆石料剪切强度与变形的尺寸效应模拟[J]. 岩土工程学报, 40(10): 1766-1772.

王永明, 朱晟, 任金明, 等, 2013. 筑坝粗粒料力学特性的缩尺效应研究[J]. 岩土力学, 34(6): 1799-1806.

翁厚洋, 朱俊高, 余挺, 等, 2009. 粗粒料缩尺效应研究现状与趋势[J]. 河海大学学报(自然科学版), 37(4): 425-429.

VARADARAJAN A, SHARMA K G, VENKATACHALAM K, et al., 2003. Testing and modeling two rockfill materials[J]. Journal of geotechnical and geoenvironmental engineering, 129(3): 206-218.

第5章 粗粒料组构与本构

5.1 概　　述

土石坝所涉及的粗粒料有堆石料、砂砾石、砾石土等，是典型的散粒体。而土力学用连续体力学的方法研究土的力学特性。客观上，粗粒料的非连续性是明显的，最能反映粗粒料非连续性的是其受力后出现的力链现象，连续体理论是不考虑这些因素的。针对粗粒料这种散粒体，可以认为，连续体力学的方法是一种宏观的唯象论的方法，并不计及变形的物理本质。对于连续体理论的边值问题，无论何种材料，其力学问题的解都将取决于该材料的本构方程。土力学的根本任务就是探求土的本构关系，并寻求数学描述，即建立本构方程或本构模型（李广信，2006）。

事实上，将土视为散粒体，探求颗粒材料细观变形机理及散粒体的组构，一直与常规土力学研究平行进行。细观是指以颗粒为研究对象的视角，散粒体可视为由相互接触的形状各异的固体颗粒所组成的集合体，组构是指颗粒的空间排列方式及力学特征。

组构的描述是复杂的，包括颗粒描述和颗粒间相互作用的描述。颗粒描述包括几何特征、刚度和强度；颗粒间相互作用的描述包括配位数、接触法线、枝向量、粒间接触力等。对于研究对象颗粒集合体而言，要确定各个量的分布并建立分布函数将是一件非常困难的工作。人们期望构建一个综合组构量或称组构张量以反映颗粒集合体的宏观力学效应，就是传统散粒体组构研究的全部（程展林 等，2007）。

为了便于理解综合组构量，举例说明如下。由不同形状的钢板组成一根梁，其抗弯能力如何确定？很显然，梁的抗弯能力与组成梁的钢板的几何尺寸、刚度和强度有关，同时与不同钢板组成的梁的截面形状有关，如矩形、工字形、圆环形等，截面形状不同意味着钢板的排列方式不同，仅仅了解钢板的几何尺寸和钢板的排列方式不足以确定梁的抗弯能力，只有提出了抗弯截面系数或截面抵抗矩等物理量，并建立了梁的截面抵抗矩与钢板几何尺寸和钢板排列方式（用梁的截面形状来分类）的数学描述，梁的抗弯力学问题才算解决。物理量截面抵抗矩综合反映了梁横截面的形状与尺寸对弯曲正应力的影响。对于散粒体组构研究而言，综合组构量就是类似于截面抵抗矩这样的物理量。不同的学者提出了不同形式的综合组构量，其形式越来越复杂，让组构研究的后来者莫衷一是，犹如走进了数学和力学的海洋，让人看不到彼岸。到底什么样的物理量能够全面反映散粒体的组构特性？该问题得不到解决，就不可能形成完整的散粒体力学。不可否定，组构研究对于对散粒体剪胀性、各向异性等问题的认识来说还是大有裨益的。

离散元方法（discrete element method，DEM）和 DDA 的出现为散粒体力学研究带来了曙光（石根华，1997；Cundall and Hart，1992），它们以离散的块体集合体为模拟对象，分析其非连续变形行为，DEM 和 DDA 无疑是散粒体力学的数值分析方法。对于数值算法本身而言，DDA 基于最小势能原理建立总体平衡方程，综合考虑刚体位移和块体变形，对全部块体同步进行求解，具有严密的数学依据和完备的理论基础（石根华，1997）。经过三十多年的发展，面对土石坝，DDA 仍然存在诸多难题。作为一种数值分析方法，DDA 当然可以以土石坝为分析对象，也可以以土石坝填料的一个单元体为分析对象。可能由于前者块体数量过于庞大，未见此类成果，多以后者形式研究土石坝填料的力学特性，俗称颗粒材料的数值试验。

数值试验无疑具有明显的长处，其将工程上的粗粒料单元体抽象为颗粒（块体）集合体并作为分析对象，求解分析对象的力学响应，既包括颗粒间接触力等细观量，又包括集合体的宏观应力、应变和强度。同时，其对边界条件的处理可以理想化，如完全均匀的应力边界或完全自由的应变边界，颗粒的尺寸也不受限制，这是任何力学试验不能达到的。但是，数值试验有其自身的问题，其结果的合理性取决于对颗粒相互作用机理的正确认识。一些细节处理也变得相当复杂，如颗粒随机填充形成颗粒集合体，如何反映不同压实功形成的不同密度试样的力学特性差别，在数值试验中可能成为难题。

数值试验可以完整地给出宏细观力学响应，为组构研究提供完整资料，但其仍然只是一种试验，如何抽象地提出综合组构量仍然是一个难题。

本构研究一般基于弹性理论或弹塑性理论。典型的非线性弹性模型为邓肯模型，该模型简单，使用广泛，最明显的缺陷是不能反映粗粒料的剪胀性。弹塑性理论中塑性应变增量方向与塑性势面保持正交（李广信，2006）。是否存在一个塑性势面能够全面反映塑性应变增量方向？不同模型的塑性势面的选定仍然依据不足，都是先假定后验证，缺乏理论的严密性。正是因为假定的空间过大，提出的模型数量庞大，其中不乏高质量模型，但认同度不高。修正剑桥模型被广泛接受，适合正常固结黏土，可谓是大道至简。

用于土石坝分析的粗粒料的模型也不少，但未见真正反映粗粒料组构特征的模型，如何建立组构与本构间的联系似乎还缺少成功范例。其根本原因在于缺乏明确的综合组构量，且统计颗粒集合体组构量的方法过于复杂。对于颗粒集合体的物理试验样本，要针对每一个颗粒量测配位数、接触法线、枝向量等数据并统计确定分布函数，其复杂性的确是力所不及的。笔者曾引入 CT 技术，创建 CT 三轴试验，目的在于观测粗粒料试样的组构量及其变化（程展林 等，2011），这虽然在技术上可行，但工作量太大，对接触法线的测量也非常困难。

基于以上认识，对一系列不规则颗粒集合体进行了三轴试验，如不同直径的球形颗粒及其组合、堆石料、砂砾料、三峡风化砂等，试验表明，同一种颗粒集合体的最小能比系数为一个与应力无关的常数，不同颗粒集合体的最小能比系数大小不同。可以认为，最小能比系数就是颗粒集合体组构的一种度量，笔者将此规律称为"颗粒集合体的最小能比原理"。最小能比系数之所以能够成为综合组构量，是因为其具有两个属性：其一，它只是颗粒及颗粒的空间排列方式的度量（与应力无关）；其二，它能够在本构模型中综合反映颗粒集合体组构对其力学特性的影响。将最小能比系数作为综合组构量，不再需要对颗粒集合体中每一个颗粒的细观组构量进行量测和统计分析，只需要对颗粒集合体进行一组三轴试验，由宏观应力、应变量进行计算即可。

在假定土体应变分为弹性应变和剪胀应变，弹性应变与应力服从广义胡克定律，剪胀应变服从颗粒集合体的最小能比原理的前提下，基于由粗粒料真三轴试验得到的"粗粒料变形模量与中主应力无关"的"粗粒料变形原理"，建立了粗粒料 K-K-G 本构模型。

K-K-G 本构模型既是笔者从事粗粒料与土石坝研究的起点，也是落脚点。三十几年来，改造常规三轴仪，力求消除三轴试验的端部效应，建 CT 可视化平台以观察三轴试验中试样内部结构的变化，建大型真三轴试验系统以取得复杂应力条件下粗粒土应力应变关系，无不围绕构建粗粒料的本构模型展开（程展林和潘家军，2021）。客观地讲，为弄清粗粒料的力学特性，笔者经过长期思考和探索，历时整整五年，才实现了加载板与试样间摩擦力的消减，实现了真三轴的准确加载。当采用 K-K-G 本构模型及相同参数时，可以很好地同时拟合相同粗粒料常规三轴试验和真三轴试验的成果，有理由相信，不仅真三轴试验成果可靠，而且 K-K-G 本构模型可行。为了合理地确定土石坝原级配料的 K-K-G 本构模型的参数，探索粗粒料缩尺方法（第 4 章），提出了旁压模量当量密度法。

工程实践表明，K-K-G 本构模型能够适应土石坝应力路径，能够反映粗粒料的主要特性，力学概念简单，参数物理意义明确，不同土体间参数具有可比性，值得在土石坝数值分析中推广。

本章先介绍粗粒料试验成果，再介绍粗粒料本构模型。

5.2　球形颗粒集合体力学特性

5.2.1　试验方法

为了探索颗粒形态对散粒体力学特性的影响，笔者采用玻璃球（无棱角，颗粒间仅切点接触）进行系统三轴试验，研究理想散粒体的强度和变形特性，探索粗粒料强度和变形特性机理。玻璃球直径有 2 mm、5 mm、10 mm 及 22 mm 四种规格。以下介绍其中两个试验方案的成果，方案 1 为单一粒径（2 mm）玻璃球集合体的三轴试验；方案 2 为双粒径（2 mm、22 mm）玻璃球混合集合体的三轴试验，两粒径质量各占 50%。

试验在大型三轴仪上完成，试样尺寸为 ϕ300 mm×610 mm。试验采用常围压下应变式加载方式。由于试样材料为玻璃材料，试验发现用传统的击实方法不易密实试样且容易击破颗粒，本试验采用振动器振动法分四层进行制样，对于不同粒径的混合试样，为防止颗粒分层离析，要合理控制振动时间，使试样达到控制密度。试样的物理参数如表 5.2.1 所示。

表 5.2.1　试样的物理参数

方案	粒径/mm	孔隙比 e	孔隙率 n	相对密度 G_s	干密度 ρ_d/（t/m³）
1	2	0.555	0.357	2.41	1.55
2	2&22	0.346	0.257	2.41	1.79

5.2.2　应力应变关系

球形颗粒集合体的应力应变关系曲线如图 5.2.1 所示。应力应变关系与常用双曲线关系相差甚远，近似符合理想弹塑性模型。为了突出这一特征，采用峰值强度进行归一化，应力应变关系曲线如图 5.2.1（b）所示。在一般应变范围内，理想弹塑性特征非常明显。

球形颗粒集合体为理想弹塑性体，当应力状态达到峰值强度之前，应力应变关系为简单的线弹性关系；当应力状态达到峰值强度之后，球形颗粒集合体进入理想塑性变形状态。由此，不难对常规粗粒料的应力变形机理产生联想，颗粒的不规则形态导致了一般散粒体应力应变关系的复杂性，可以认为，颗粒间不规则的接触关系及其变化导致了一般散粒体应力应变关系的复杂性。

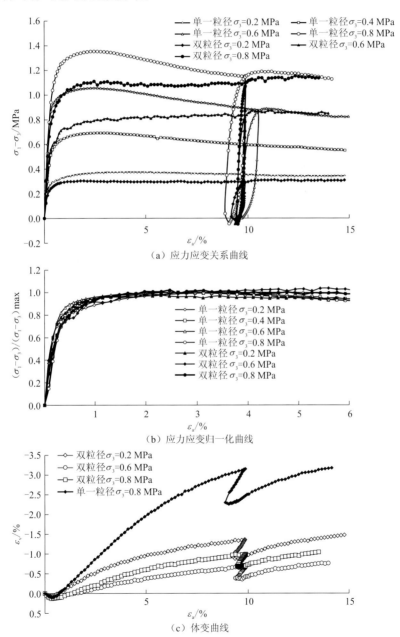

（a）应力应变关系曲线

（b）应力应变归一化曲线

（c）体变曲线

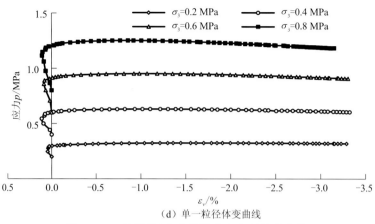

（d）单一粒径体变曲线

图 5.2.1　球形颗粒集合体的应力应变关系曲线

$\sigma_1-\sigma_3$ 为偏应力；σ_3 为小主应力；$(\sigma_1-\sigma_3)_{max}$ 为最大偏应力；ε_a 为轴向应变；ε_v 为体变

当轴向应变较大时，球形颗粒集合体进入大变形状态，单一粒径球形颗粒集合体有软化现象，而双粒径球形颗粒集合体软化现象不明显。同时，值得关注的是，单一粒径球形颗粒集合体的峰值强度比双粒径球形颗粒集合体要高，但随着轴向应变的增大，两者的强度逐渐一致，如图 5.2.1（a）所示。也许是颗粒集合体受剪过程中，颗粒间滑动与滚动作用的差异性导致了这种现象。

图 5.2.1（c）表明，球形颗粒集合体体变曲线表现出了强烈的剪胀特性，单一粒径球形颗粒集合体的剪胀性比双粒径球形颗粒集合体更加明显。三轴试验轴向压缩时，体积不断膨胀，仅在峰值前有少量压缩变形。将体变曲线表示为图 5.2.1（d）的形式，当应力达到峰值后，在应力不变的条件下，体积持续膨胀。

当轴向应变达 10%左右时，进行了加卸荷试验，加卸荷过程存在明显的滞回圈，初始加荷模量与加卸荷模量大体相当。

5.2.3　抗剪强度

球形颗粒集合体的强度符合莫尔-库仑强度准则（图 5.2.2），与一般粗粒料的强度包线比较，其线性化程度非常高，而一般粗粒料的强度包线往往是非线性的。试验成果也存在较小的黏聚力，可以认为这是由各试样间试验成果的偏差造成的，其理论值应该为 0。

不同级配的球形颗粒集合体的内摩擦角有差别，单一粒径比双粒径大 3°左右，表明了颗粒级配与材料力学特性间的关系。

总之，理想形态颗粒的强度理论是理想的，表明颗粒形态是影响粗粒料力学特性的重要因素。

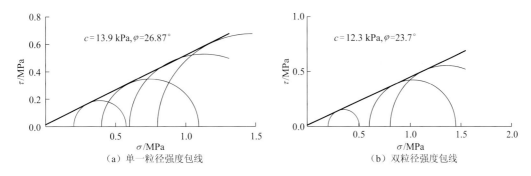

（a）单一粒径强度包线　　　　　　　（b）双粒径强度包线

图 5.2.2　球形颗粒集合体强度包线

c 为黏聚力；φ 为内摩擦角；τ 为剪应力；σ 为正应力

5.3　组　构　试　验

在只有常规三轴仪、直剪仪、压缩仪力学试验设备的时代，人们很想知道散粒体在外荷作用下内部结构的变化，由于手段的缺乏，组构研究难以取得实质性的进展。对圆棒堆积体开展平面应力试验成为组构研究的典型试验，选择非圆截面的试样算是比较大的进步。

笔者面对土石坝中的粗粒料，期望认识其变形机理，创建适合粗粒料的本构模型。为此，开展了一系列组构试验，早期开展二维模型试验，之后创建 CT 可视化平台，研发 CT 三轴仪，开展 CT 三轴试验；同时，林绍忠团队长期从事 DDA 数值算法研究，并日臻完善，进行了长期的 DDA 数值试验（Lin et al.，2024），散粒体数值试验的合理性可以用来检验 DDA 数值算法正确与否。但鉴于散粒体组构量量测、统计、分布函数计算、确定综合组构量等工作的难度，按照传统组构研究的思路，只能取得阶段性成果。这些成果对于认识散粒体组构无疑是有益的，也正是这些试验过程，让笔者认识到将宏观变量最小能比系数作为综合组构量比任何组构向量更为合适。确立了综合组构量，组构研究就可以从传统的研究思路中解放出来。依据个人理解，深入研究最小能比系数与各组构量分布函数特征值的关系应该是组构研究的重要部分，由此也可证明最小能比系数作为综合组构量的合理性。

5.3.1　二维模型试验

1. 试验方法

将颗粒集合体概化为平面排列的多边形块体，由多边形块体组成平面矩形单元体，在平面内对矩形单元体侧边加压，实际上是对矩形单元体进行平面应力试验，以观测每个块体的变位及块体间接触的变化。

试验材料为花岗岩岩块，采用高压水枪切割成高 40 mm 的多边形块体。块体截面多为四边形，少量的为三角形和五边形，平面形状各不相同，大小不一，长轴方向长度一般为 30～60 mm。用大小不等的多边形块体组成集合体来模拟粗粒料，将多边形块体视为土颗粒。多边形块体在平面内随机排列，矩形单元体（试样）尺寸为宽 300 mm，长 600 mm，厚 40 mm。因每次试验试样均有差异，为保证试验成果的一致性，块体排列时控制试样的孔隙率在 0.18±0.01 范围内。

试验装置自行设计，压力采用千斤顶施加。试样单边侧压力采用三个千斤顶推动三块钢板进行施加，钢板可以独立地自由移动，以模拟粗粒料三轴试验中的侧向柔性约束。单边轴向压力采用两个千斤顶推动一块钢板进行施加。试验中保证轴向和侧向同步施加压力（等压）。试验采用位移百分表量测试样整体变形，轴向上每边安装两个位移百分表，侧向上每边安装三个位移百分表。将该试验简称为二维模型试验（姜景山 等，2009，2008）。

试验时先两向等压直至某一应力，然后保持侧压力不变，逐级施加轴向压力直至试样剪切破坏。每级加载时应缓慢施加压力，等块体调整稳定后读取位移百分表读数，并用位置固定的相机拍照，以便研究试样受力变形过程中块体的运动规律。

为了便于和三轴试验成果进行对比，轴向应力用 σ_1 表示，侧向应力用 σ_3 表示，试样厚度方向上应力为 0。一组试验为三个试样，侧向应力 σ_3 分别为 0.2 MPa、0.4 MPa 和 0.6 MPa。加荷方法与典型试样如图 5.3.1 所示。

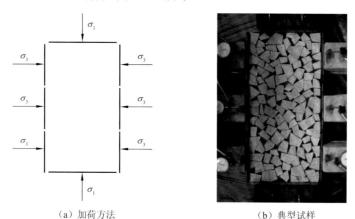

（a）加荷方法　　　　　　　　　　　（b）典型试样

图 5.3.1　二维模型试验加荷方法与典型试样

2. 块体相互作用形态

图 5.3.2 为 $\sigma_3 = 0.2$ MPa 时不同轴向应变下试样的变形照片，从照片中可以看出，块体颗粒之间的接触以点－边接触、边－边接触为主，颗粒有一定的架空现象。

在剪切过程中，相邻颗粒的位置发生调整，颗粒的接触关系也发生改变。受端部约束的影响，两端处的颗粒间的相对运动很小，即颗粒的转角和接触状态变化很小。随着剪切的进行，颗粒的水平位移和转角逐渐增大，特别是试样中部，颗粒排列变得疏松，试样逐渐趋于剪胀，直至试样破坏，如图 5.3.2（d）所示。

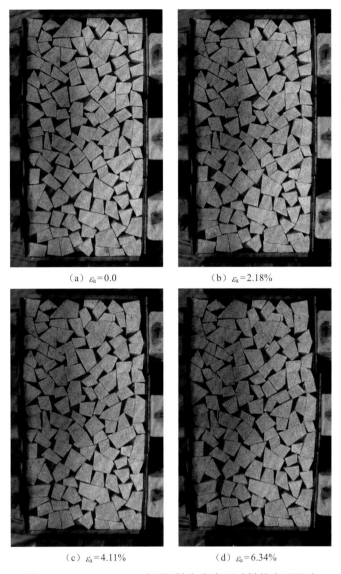

（a）$\varepsilon_a = 0.0$　　　　　　（b）$\varepsilon_a = 2.18\%$

（c）$\varepsilon_a = 4.11\%$　　　　　　（d）$\varepsilon_a = 6.34\%$

图 5.3.2　　$\sigma_3 = 0.2\,\text{MPa}$ 时不同轴向应变下试样的变形照片

　　颗粒集合体的变形源于颗粒的位置调整（相邻颗粒的位置变化），这种位置调整自试样变形初期就会产生。在某一宏观应变状态下，试样各部位颗粒位置调整的幅度差异较大，相同部位不同颗粒位置调整的幅度也不尽相同。相邻颗粒间除发生错动外，还伴随有一定的转动，转动量与相邻颗粒的错动大小有关。

3. 内部接触应力

　　在剪切过程中，一般接触点的应力较高，颗粒容易出现剪碎现象。图 5.3.3 为不同侧向应力下试样破坏时的颗粒破碎情况，从图 5.3.3 中可以很直观地看出，随着侧向应力的增大，试样破坏时颗粒破碎也逐渐明显，如图 5.3.3（c）所示，侧向应力为 0.6 MPa

时颗粒破碎已经非常严重，少数接触应力大的颗粒已经被压得粉碎。经统计，侧向应力为 0.2 MPa、0.4 MPa 和 0.6 MPa 情况下，试样破坏时颗粒破碎率分别为 0.6%、4.3%和13.6%。二维模型试验与三轴试验的颗粒破碎率随应力增加而增大的规律应该是一致的。

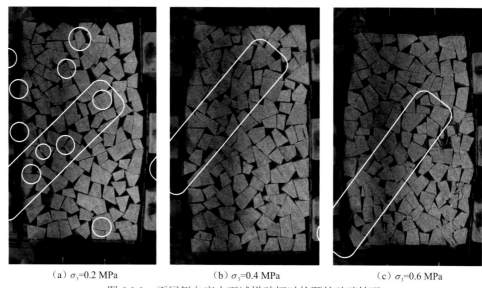

(a) σ_3=0.2 MPa　　　　　　(b) σ_3=0.4 MPa　　　　　　(c) σ_3=0.6 MPa

图 5.3.3　不同侧向应力下试样破坏时的颗粒破碎情况

图 5.3.3（a）中圆圈出的是部分破碎的颗粒，可以看出，侧向应力较小（σ_3＝0.2 MPa）时，也发生颗粒破碎。由此表明，在宏观应力不大的条件下，颗粒承受的实际接触应力也超过了颗粒本身的强度。虽然试验不能直接测试颗粒间的接触应力，但从二维模型试验颗粒破碎现象不难发现，颗粒集合体内部存在接触应力力链。

4. 破坏形态

图 5.3.3 表明，试样破坏时其内部有较明显的剪切带，如矩形框内区域所示。剪切带处颗粒破碎的程度也要比其他部位明显，并且随着侧向应力的增大，剪切带处的颗粒破碎愈加显著。

5. 宏观应力应变关系

为了方便与三轴试验的成果进行比较，轴向应变用 ε_a 表示，由轴向位移计算得到；试样体积的变化用试样面积的变化来度量，用 ε_v 表示，由轴向位移和侧向位移计算得到。

二维模型试验应力应变关系曲线如图 5.3.4 所示。可以看出，二维模型试验与常规三轴试验的应力应变关系规律一致，偏应力曲线近似为双曲线，略有软化特征；体变曲线剪胀性明显，σ_3 越小剪胀性越明显。也许是试样中颗粒偏粗、颗粒数量偏少的原因，应力应变关系曲线有一定的波动。即便如此，二维模型试验可以间接反映粗粒料的应力应变关系。

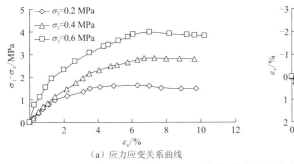
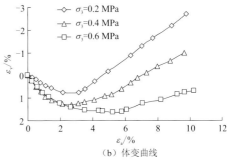

（a）应力应变关系曲线　　　　（b）体变曲线

图 5.3.4　二维模型试验应力应变关系曲线

$\sigma_1 - \sigma_3$ 为偏应力

图 5.3.5 是二维模型试验的强度包线，从图 5.3.5 中可以看出，强度包线呈良好的线性关系，符合莫尔-库仑强度准则。二维模型试验得到的强度指标比堆石料三轴试验得到的强度指标偏高。

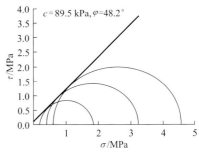

图 5.3.5　二维模型试验强度包线

c 为黏聚力；φ 为内摩擦角；

τ 为剪应力；σ 为正应力

6. 颗粒变位

利用二维模型试验照片，采用研究团队开发的"计算机图像测量分析系统"，对不同宏观应变状态下的颗粒位置及方向进行了量测，发现不同侧向应力下的颗粒变位具有相似的规律。颗粒的侧向位移、竖向位移和转角如图 5.3.6 所示。坐标原点位于试样的中心，短方向为水平轴，向右为正；长方向为竖向轴，向上为正。限于篇幅，只给出了 $\sigma_3 = 0.2$ MPa 时的颗粒变位图。

图 5.3.6（a）是侧向位移与水平坐标的关系图。靠近试样侧边的颗粒侧向位移较大。同一水平坐标处侧向位移有差别，表明上下颗粒间有明显的错动。

图 5.3.6（b）是侧向位移与竖向坐标的关系图。在上下端部一定范围内，受端部约束的影响，颗粒的侧向位移较小，试样中部颗粒的侧向位移较大。

图 5.3.6（c）是竖向位移与水平坐标的关系图。不同水平坐标处颗粒的竖向位移呈矩形分布，表明试样压缩过程中不同水平坐标处颗粒的竖向位移分布相当。

图 5.3.6（d）是竖向位移与竖向坐标的关系图。可以看出，试样两端的竖向位移最大，并逐渐向试样中部减小，到试样中部颗粒的竖向位移最小，呈带状分布。带宽表示同一水平面上的颗粒竖向位移的差异，表明颗粒有一定的错动。

试样在变形过程中，颗粒不仅发生平动，还发生转动，且颗粒的转动随机性较强。从图 5.3.6（e）可以看出，颗粒发生逆时针和顺时针转动的颗粒数及转动量的分布范围大致相同。从图 5.3.6（f）可以看出，试样端部的颗粒的转角较小，靠近中部的颗粒的转角要大一些，说明端部约束影响了颗粒的自由转动。

二维模型试验颗粒的变位规律与粗粒土 CT 三轴试验中观察到的颗粒变位规律基本一致，因此二维模型试验能够反映 CT 三轴试验过程，这对于加深对三轴试验变形机理的认识具有意义。

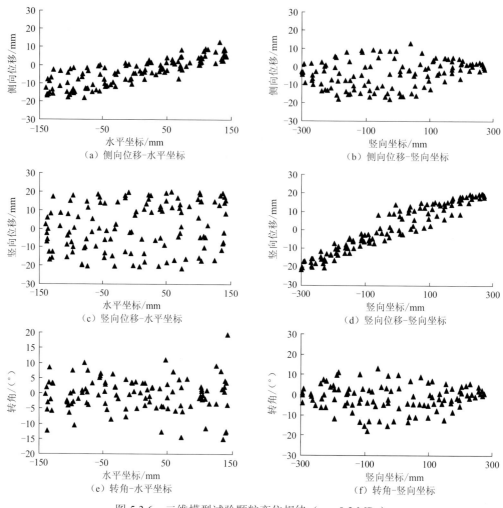

图 5.3.6　二维模型试验颗粒变位规律（$\sigma_3 = 0.2$ MPa）

7. 组构分析

1）颗粒长轴的定向

粗粒土颗粒一般有较明显的长轴方向，长轴就是颗粒上距离最远的两点的连线。图 5.3.7 为 0.2 MPa 侧向应力下颗粒长轴定向玫瑰图，将颗粒长轴方向和水平坐标轴正向的夹角作为颗粒长轴的倾角，每 10° 为一个区间，共 18 个区间，统计出颗粒长轴倾角在此区间出现的频率，然后在极坐标底图上绘制颗粒长轴定向玫瑰图。

从图 5.3.7（a）可以看出，初始状态下试样颗粒的长轴无明显的定向性；随着剪切的发展，长轴的定向性逐渐变得明显，但各方向的变化不同步，如图 5.3.7（b）所示；当试样接近破坏时，颗粒长轴的定向性最强，如图 5.3.7（c）所示；随着剪切的继续发展，试样破坏，颗粒长轴的定向性又稍有减弱，如图 5.3.7（d）所示。在剪切过程中，颗粒长轴的定向性与应力状态是密切相关的。

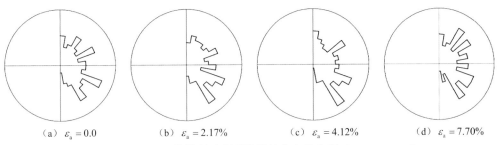

图 5.3.7　二维模型试验颗粒长轴定向玫瑰图（$\sigma_3 = 0.2$ MPa）

2）枝向量

枝向量是指相互接触颗粒的质量中心（或几何中心）的连线。常用枝向量构成的组构张量来反映粗粒土的几何特征。

$$\boldsymbol{\varphi} = \frac{1}{2n} \sum \boldsymbol{ll} \qquad (5.3.1)$$

式中：n 为接触点数；$\boldsymbol{l}$ 为枝向量；$\boldsymbol{\varphi}$ 为组构张量。此张量表征了枝向量定向的趋向，在二维情况下，若以 α_i 表示第 i 个接触枝向量与水平坐标轴间的夹角，则 $\boldsymbol{\varphi}$ 的矩阵形式为

$$\boldsymbol{\varphi} = \frac{1}{2n} \begin{pmatrix} \sum \cos^2 \alpha_i & \sum \sin \alpha_i \cos \alpha_i \\ \sum \sin \alpha_i \cos \alpha_i & \sum \sin^2 \alpha_i \end{pmatrix} \qquad (5.3.2)$$

常用组构张量 $\boldsymbol{\varphi}$ 的大小主值（即矩阵的特征值）之比来反映定向的趋向，由组构张量 $\boldsymbol{\varphi}$ 的矩阵形式可知，组构张量的大小主值之和等于 1。

图 5.3.8 为组构张量大小主值之比及平均枝长随应力或应变的变化。可以看出，组构张量的变化曲线不是很光滑，有一定的波动性，但还是有一定的规律性，这也与粗粒土的离散特征及试验过程中的不确定性密切相关。

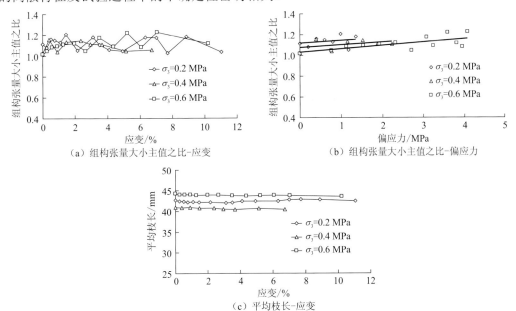

（a）组构张量大小主值之比-应变

（b）组构张量大小主值之比-偏应力

（c）平均枝长-应变

图 5.3.8　二维模型试验枝向量与应力或应变的关系

图 5.3.8（a）是组构张量大小主值之比与应变的关系图，可以看出，各向等压时组构张量大小主值之比稍大于 1，在剪切过程中随应变的增大，组构张量大小主值之比增大，达到峰值偏应力时，组构张量大小主值之比基本达到最大，此时定向性最强；随着应变的发展，试样破坏，到达峰后软化阶段，此时组构张量大小主值之比略有减小。这说明枝向量的定向性与应变有密切的关系。

图 5.3.8（b）为组构张量大小主值之比与偏应力的散点图，可以看出，组构张量大小主值之比与偏应力近似呈线性关系，偏应力增大，组构张量大小主值之比增大，枝向量的定向性增强。

平均枝长与应变之间关系不明显，如图 5.3.8（c）所示。在剪切过程中，试样由剪缩到剪胀，均化到两颗粒间，平均枝长变化不大。

也许整个试样的平均枝长概念不易被理解，特别给出某一试验中若干颗粒与周边颗粒枝长平均值随宏观应变的变化，如图 5.3.9 所示，图 5.3.10 为对应颗粒的位置示意图。

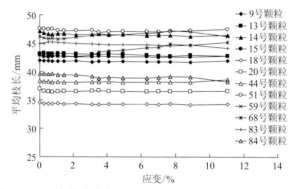

图 5.3.9　二维模型试验颗粒平均枝长的变化（$\sigma_3 = 0.2$ MPa）

图 5.3.10　二维模型试验颗粒位置示意图（$\sigma_3 = 0.2$ MPa）

从图 5.3.9 可以看出，对于某一颗粒，若其接触点数不变且与其接触的颗粒不变化，则变形过程中该颗粒的平均枝长变化量不大，没有突然增大或减小情况发生。即使是在宏观应变较大的情况下，平均枝长的变化量也不大。但不同颗粒的平均枝长的变化存在明显差异，对于 0.2 MPa 侧向应力下的试样，靠近试样端部的 9 号、13 号、14 号、15 号、18 号和 20 号颗粒的平均枝长变化不大，靠近中部的 44 号、51 号和 68 号颗粒的平均枝长增大，而 59 号、83 号和 84 号颗粒的平均枝长有所减小。由此可见，试样各局部的变位互不相同，这大概是散粒体宏细观变形的真实现象。

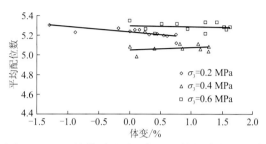

图 5.3.11　二维模型试验平均配位数与体变的关系

3）配位数

配位数是指与某颗粒相接触的颗粒数目，常用来衡量颗粒材料的密实程度。图 5.3.11 为平均配位数与体变的关系。

从图 5.3.11 中可以看出，随着试样体积的变化，平均配位数发生变化，表明接触关系发生改变。但平均配位数与体变并不存在单调变化关系，如侧向应力 0.4 MPa 下试样的平均配位数较小；平均配位数随体变的变化关系，三个试样也存在差异。

5.3.2　CT 三轴试验

1. 试验方法

为研究粗粒料组构，专门研制了 CT 三轴仪（设备情况见第 2 章），以观测粗粒料在 CT 三轴试验过程中内部颗粒的变位情况。试验设备采用长江科学院于 2006 年研制的第一代立式 CT 三轴仪，试样选用粒径为 10～20 mm 的单一粒组的灰岩碎石料，颗粒圆度较差，存在明显的棱角，试样干密度为 1.73 t/m^3。侧向应力分别为 0.2 MPa、0.4 MPa 及 0.6 MPa。其宏观应力应变关系成果如图 5.3.12 所示。在不同应力状态下对同一断面进行 CT 测量（左永振 等，2010），各试样扫描时的应力应变状态见表 5.3.1。

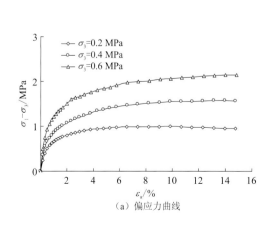

（a）偏应力曲线

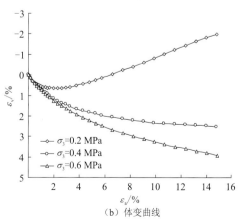

（b）体变曲线

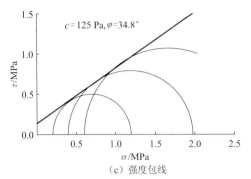

（c）强度包线

图 5.3.12 粗粒料 CT 三轴试验应力应变关系曲线

表 **5.3.1** 各试样扫描时的应力应变状态

扫描次数	$\sigma_3 = 0.2 \text{ MPa}$		$\sigma_3 = 0.4 \text{ MPa}$		$\sigma_3 = 0.6 \text{ MPa}$	
	$\sigma_1 - \sigma_3/\text{MPa}$	$\varepsilon_a/\%$	$\sigma_1 - \sigma_3/\text{MPa}$	$\varepsilon_a/\%$	$\sigma_1 - \sigma_3/\text{MPa}$	$\varepsilon_a/\%$
1	0	0	0	0	0	0
2	0.724	1.5	1.013	1.6	1.426	1.8
3	0.881	3.1	1.294	3.5	1.728	3.5
4	0.963	5.4	1.405	4.8	1.897	5.3
5	0.987	7.2	1.498	7.3	2.004	7.4
6	0.990	9.6	1.542	8.9	2.052	9.4
7	0.979	11.6	1.553	11.3	2.098	13.2
8	0.954	14.4	1.577	13.5		

2. 颗粒相互作用形态

不同应力状态下某一最大纵断面的 CT 图像如图 5.3.13～图 5.3.15 所示（左永振 等，2010）。

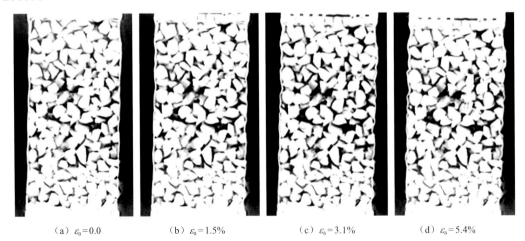

（a）$\varepsilon_a = 0.0$　　　　（b）$\varepsilon_a = 1.5\%$　　　　（c）$\varepsilon_a = 3.1\%$　　　　（d）$\varepsilon_a = 5.4\%$

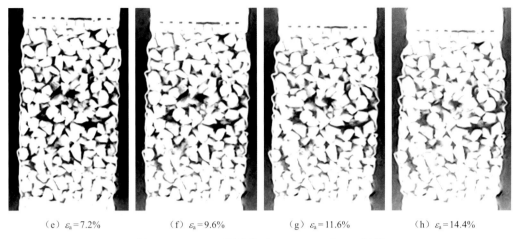

（e）$\varepsilon_a=7.2\%$　　　　（f）$\varepsilon_a=9.6\%$　　　　（g）$\varepsilon_a=11.6\%$　　　　（h）$\varepsilon_a=14.4\%$

图 5.3.13　CT 三轴试验（$\sigma_3=0.2$ MPa）CT 图像

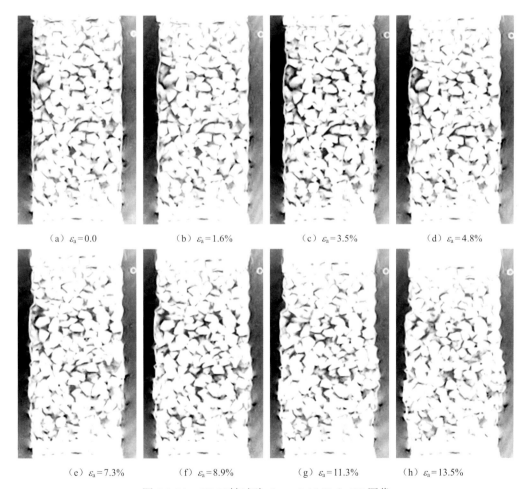

（a）$\varepsilon_a=0.0$　　　　（b）$\varepsilon_a=1.6\%$　　　　（c）$\varepsilon_a=3.5\%$　　　　（d）$\varepsilon_a=4.8\%$

（e）$\varepsilon_a=7.3\%$　　　　（f）$\varepsilon_a=8.9\%$　　　　（g）$\varepsilon_a=11.3\%$　　　　（h）$\varepsilon_a=13.5\%$

图 5.3.14　CT 三轴试验（$\sigma_3=0.4$ MPa）CT 图像

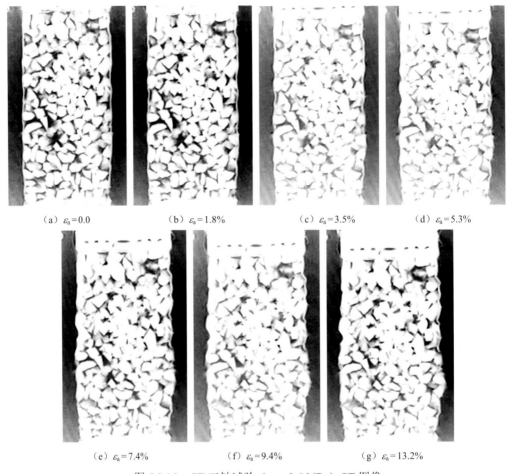

（a）$\varepsilon_a=0.0$ （b）$\varepsilon_a=1.8\%$ （c）$\varepsilon_a=3.5\%$ （d）$\varepsilon_a=5.3\%$

（e）$\varepsilon_a=7.4\%$ （f）$\varepsilon_a=9.4\%$ （g）$\varepsilon_a=13.2\%$

图 5.3.15   CT 三轴试验（$\sigma_3=0.6$ MPa）CT 图像

对于单一粒组的颗粒集合体，经振动密实后，不同形状的颗粒形成相互嵌入、空间中相互接触、稳定的颗粒结构体系。由于颗粒大小差别不大，局部存在一定的架空现象。大小颗粒位置和颗粒长轴方向的分布具有很强的随机性。在整个变形过程中，相邻颗粒的位置将发生相应调整，颗粒的接触关系也会发生调整。可以推断，对其中某一颗粒而言，相邻颗粒作用在该颗粒上作用力的数量、方向、作用点位置将随试样变形而发生变化，即颗粒的平衡方式将发生变化。由 CT 图像可以观察到，当 $\sigma_3=0.2$ MPa 时，有颗粒破碎现象发生，表明在宏观应力不大的条件下，颗粒承受的实际应力超过颗粒的强度（$\geqslant40$ MPa）。

3. 颗粒位置变化

针对 CT 三轴试验得到的 CT 图像，利用自行开发的"计算机图像测量分析系统"，对不同宏观应变状态下的颗粒位置及其变位进行了量测。

图 5.3.16 为 CT 三轴试验三个试样某一剖面上颗粒的位移矢量图。从图 5.3.16 中可以得出，不同侧向应力下的颗粒移动具有相似的规律。在某一应变状态下，试样不同区

域中颗粒的位移存在较大差异：在上、下端部区域中颗粒的相对位移较小；在中部区域中颗粒的相对位移较大，在竖向压缩的同时，伴随着较大的水平位移。

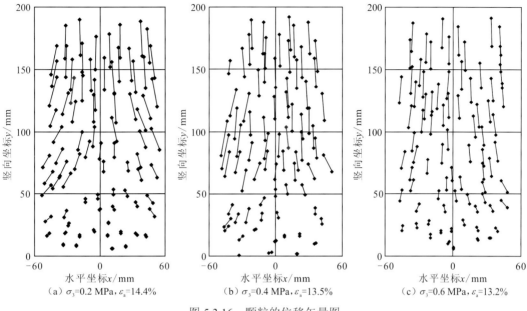

（a）σ_3=0.2 MPa，ε_a=14.4%　　　（b）σ_3=0.4 MPa，ε_a=13.5%　　　（c）σ_3=0.6 MPa，ε_a=13.2%

图 5.3.16　颗粒的位移矢量图

为了更好地反映不同空间位置的颗粒的变位规律，以试样底部中心为坐标原点，以水平向为 x 轴，以竖向为 y 轴建立坐标系。不同状态下颗粒的平动（Δx，Δy）和转动（$\Delta\varphi$）成果如图 5.3.17～图 5.3.24 所示。颗粒的竖向位移 Δy 与轴向应变 ε_a 关系密切，轴向应变越大，颗粒的竖向位移越大（图 5.3.17、图 5.3.19）。在同一应变条件下，颗粒的竖向位移 Δy 随竖向坐标 y 的增大而增大，反映出压缩变形特征。图 5.3.17 显示，试样上下端各 1/4 高度范围内，竖向位移随竖向坐标的增幅明显比试样中部小。同时，同一高度的颗粒的竖向位移有差异，表明左右相邻颗粒有错动。

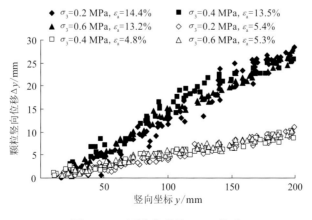

图 5.3.17　颗粒位移的 Δy-y 关系

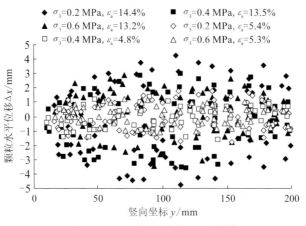

图 5.3.18　颗粒位移的 Δx-y 关系

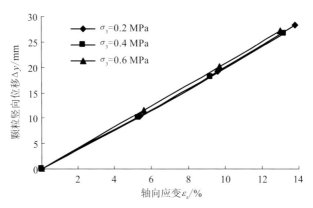

图 5.3.19　颗粒位移的 Δy-ε_a 关系

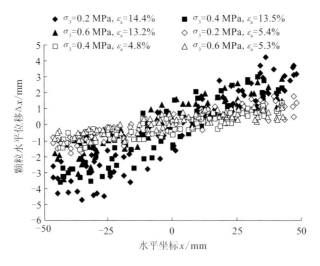

图 5.3.20　颗粒位移的 Δx-x 关系

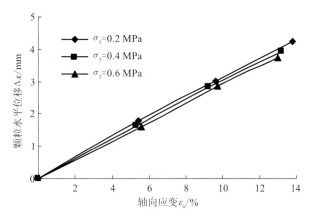

图 5.3.21　颗粒位移的 Δx-ε_a 关系

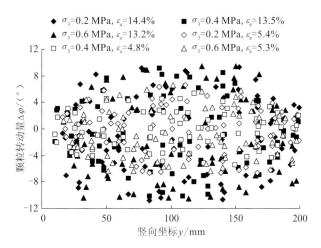

图 5.3.22　颗粒转动的 $\Delta\varphi$-y 关系

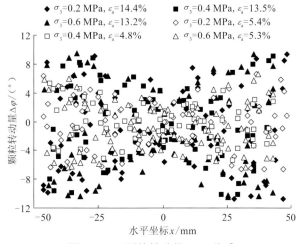

图 5.3.23　颗粒转动的 $\Delta\varphi$-x 关系

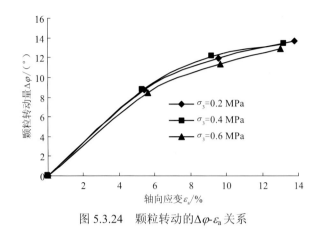

图 5.3.24　颗粒转动的 $\Delta\varphi$-ε_a 关系

不同高度的颗粒的水平位移 Δx 明显不同（图 5.3.18），在上下端部一定范围内，颗粒的水平位移较小，随着与上下端距离的增大，颗粒的水平位移的最大值逐渐增大，中部约 1/2 范围内颗粒的水平位移最大值大致相同。

图 5.3.20 给出了不同水平坐标 x 下颗粒的水平位移 Δx，颗粒的水平位移方向基本上是沿径向向外，其大小随水平坐标绝对值的增大而增大。同时，同一水平坐标的颗粒的水平位移差异较大，表明上下相邻颗粒错动明显。

试样中颗粒的水平位移与轴向应变 ε_a 有很好的线性关系，不同侧向应力下的试样两者关系差别不大。

在 CT 三轴试验过程中，试样内部颗粒不仅发生平动，而且发生转动。图 5.3.22 给出了不同竖向坐标 y 处颗粒的转动量 $\Delta\varphi$，图 5.3.23 给出了不同水平坐标 x 处颗粒的转动量 $\Delta\varphi$。在试样上下端部颗粒转动量较小，最大值出现在试样中部。从统计概念出发，某一颗粒的转动有其随机性，但整个试样发生逆时针（正值）和顺时针（负值）转动的颗粒数及转动量的分布范围大致相同，试样中部较大。考虑到三轴试样的对称性，将颗粒按空间位置从试样中心处分为四个象限，不同象限发生逆时针（正值）和顺时针（负值）转动的颗粒数及转动量的分布范围也大致相同（图 5.3.23），表明颗粒的转动方向与颗粒长轴的随机分布有关，而与颗粒的平动方向关系不大。从图 5.3.23 还可以看出，试样中轴线处颗粒的转动量较小，其最大值随水平坐标绝对值的增大而增大，对比图 5.3.20 发现，颗粒的转动量与相邻颗粒的错动大小有关。转动量 $\Delta\varphi$ 随轴向应变的增加而增大（图 5.3.24）。转动量的增幅随轴向应变的增加逐渐变缓，说明颗粒长轴逐渐趋于定向。可以假想，颗粒长轴的初始分布是随机的，在受力变形过程中，颗粒长轴逐渐趋于定向，其转动量逐渐变小，最后颗粒长轴定向趋于稳定。

综上，颗粒集合体的变形源于颗粒的位置调整（相邻颗粒的位置变化），颗粒自身的形变很小；这种位置调整自试样变形初期就会产生；在某一宏观应变下，试样中颗粒的平动和转动有很强的规律性，试验中各部位颗粒位置调整的幅度差异较大，相同部位不同颗粒位置调整的幅度也不同；相邻颗粒间的错动明显，并伴有一定的转动；颗粒的转动方向与颗粒长轴的随机分布有关，转动量与相邻颗粒的错动大小有关；不同侧向应力下试样颗粒的平动和转动规律基本相同，与轴向应变密切相关。CT 三轴试验颗粒变位规律与二维模型试验基本一致。

5.3.3　DDA 数值试验

从细观来看，如果以颗粒为研究对象，粗粒料的应力应变问题就转变为颗粒集合体的颗粒间相互作用问题。如果能合理地描述颗粒间的接触关系和颗粒破碎过程，就有可能采用数值分析方法分析粗粒料的力学特性。目前，开展粗粒料数值试验的方法主要是颗粒流程序（particle flow code，PFC）和 DDA。DDA 针对岩石块体系统，在块体位移模式下，利用总势能最小原理建立块体系统总体平衡方程。在求解过程中，基于罚函数法在块体界面施加或去掉刚性弹簧，实现块体界面间的不嵌入和无张拉接触。通过满足块体系统的开-闭迭代、力系的平衡及引入惯性力实现动力求解，由此获得块体系统力与变形的解。DDA 具有完备的运动学理论、严格的平衡假定、正确的能量消耗，可以模拟岩石块体的平动、转动、张开、闭合等全部过程，以及块体系统的大变形、大位移行为。

DDA 在粗粒料数值试验方面仍存在较多问题需要解决，如试样制备、试验荷载施加及计算收敛准则、力学响应演化过程（力链、变形、破坏、剪切带等）等。为此，建立了适用于粗粒料力学特性数值试验的计算体系。

1. 试验方法

1）试样制备

粗粒料数值试验的试样制备是能否正确反映研究对象力学特性的关键，系列颗粒生成后达到预定级配及颗粒空间位置随机排列是基本要求，具体制备方法如下。

（1）构建不同形状的颗粒，形成基础形态库，颗粒形态可以随机生成，也可以依据研究对象的颗粒形态定制。

（2）依据预定级配曲线，从基础形态库中随机抽取颗粒，通过缩放生成不同粒径的颗粒群。

（3）选择尺寸合理的投放区域，在投放区域内随机确定不同颗粒的空间位置，生成满足级配要求的松散颗粒集合体，并保证颗粒在空间上不重叠。

（4）投放区域的底部和侧面设置为刚性边界，采用 DDA 模拟松散颗粒集合体在重力作用下的堆积过程，形成相互接触且稳定的颗粒集合体，堆积完成后，在投放区域边界上设置一加载板并施加一定的竖向压力形成密实试样。

（5）依据常规三轴试验，设置数值试验试样的边界条件，底部为不动边界。

（6）若考虑颗粒破碎，则对颗粒进行块体细分。

目前，只进行二维数值试验（Lin et al., 2024）。三维数值试验的试样制备过程与二维数值试验基本相同，不同之处在于，颗粒为三维颗粒，分析程序为三维 DDA。

2）计算参数取值

DDA 计算，除材料物理力学参数和荷载、边界条件外，还需要输入若干计算参数，如接触刚度、时间步长、运动阻尼等，加载过程还需要位移收敛控制标准。

一，接触刚度。

DDA 中，接触刚度的取值依赖于非连续介质的弹性模量和变形性质，主要有以下两种取值原则。

（1）颗粒块体用刚性体模拟，按变形等效原则将块体的弹性模量等效到接触弹簧上，如三维长方体的面—面接触转化为 4 个点—面接触，法向和切向等效接触刚度为

$$K_n = l_1 \times l_2 \times E / (4l_3) \qquad (5.3.3)$$

$$K_s = K_n / [2(1+\nu)] \qquad (5.3.4)$$

式中：E、ν 分别为介质的弹性模量和泊松比；l_1、l_2 分别为接触面的尺寸；l_3 为加载方向的块体尺寸。对于二维方块，$l_2 = 1$，$l_1 = l_3$，则等效接触刚度为

$$K_n = E / 4 \qquad (5.3.5)$$

$$K_s = K_n / 2.5 \qquad (5.3.6)$$

（2）块体按弹性体模拟，则块体间的接触刚度应该取得足够大，接触弹簧的变形可以忽略。三维问题中，面—面接触刚度取值应远大于 E/l_3。接触刚度太小，会使嵌入距离过大；太大，方程组容易出现病态。二维块体的边—边接触转化为点—边接触的接触刚度如取 $20E \sim 100E$，接触弹簧的变形可以忽略。切向接触刚度一般为法向接触刚度的 40%。

总之，无论块体是按刚性体还是按弹性体计算，对于二维问题，如果块体两个方向的尺寸相差不大，则边—边接触转化为点—边接触的接触刚度均可近似取 ηE，但比例系数 η 的取值范围不同。

粗粒料试样的宏观变形主要取决于颗粒间的相对位移，颗粒自身应变较小，可近似为刚体。显然，如果颗粒按刚性体模拟，将可大大节省计算时间，但要选择适当的接触刚度。上述接触刚度的取值范围是在块体间为面—面接触（二维问题为边—边接触）的假定下得到的。然而，粗粒料颗粒间存在大量的点—面接触（二维问题为点—边接触），为考虑颗粒破碎，细分后的单元块体间又存在大量的面—面接触（二维问题为边—边接触），块体按刚性体模拟时，需要有针对性地选择合适的接触刚度。笔者通过二维算例比较了弹性块体+10E 接触刚度和刚性块体 +ηE 接触刚度的计算结果，综合考虑两者轴向位移和试样应力应变关系曲线的接近程度，得到如下结论：对于块体不细分的情况，η 取 1.0 左右；对于块体细分的情况，η 取 0.7 左右。为节省计算工作量，下面各算例中，颗粒均按刚性体模拟，接触刚度按此系数取值。

二，时间步长。

时间步长也是个较难确定的计算参数，对于时间步长的选择有如下原则。

（1）Δt 足够小，使二阶位移可以忽略。

（2）Δt 足够小，使方程组逐次超松弛迭代法的收敛次数不大于 30 次。

（3）Δt 足够小，使开-闭迭代次数小于 6 次。

（4）Δt 足够大，使计算代表较大时间间距而位移仍可能是稳定的。

如果输入的时间步长较大，DDA 会根据各时步的开-闭迭代次数和增量位移自动折减时间步长后重新计算。为了避免频繁的重分析，建议采用小时间步长。

3）加载方法

二维粗粒料试验的边界条件如图 5.3.25 所示。顶部为竖向移动的加载板，轴向应力 σ_1 由集中力 F 施加。底部为固定板。侧面为乳胶膜，用一系列低弹性模量三角形块体离散，侧向应力 σ_3 作用于乳胶膜外侧。

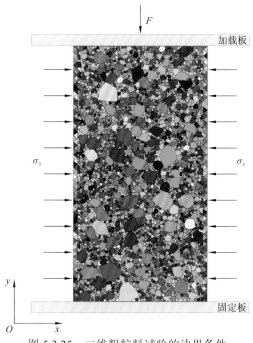

图 5.3.25　二维粗粒料试验的边界条件

试验采用逐级加载方式。首先施加侧向应力 σ_3，然后分级继续增加轴向应力 σ_1，轴向加载曲线如图 5.3.26 所示，Δt_1 为各级加载时长（根据计算步长，各级又被细分为许多子级加载），Δt_2 时段内保持荷载不变，在系统充分变形稳定后，跳至下一级荷载继续加载。t_0 对应侧向应力 σ_3 加载时长。计算至加载完成或块体系统失稳为止。试验中各级轴向荷载增量为 $1/3\sigma_3 \sim 1/2\sigma_3$。

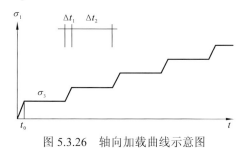

图 5.3.26　轴向加载曲线示意图

4）位移收敛准则

DDA 采用动力方法求解静力问题，通过逐步迭代获得静力解，相当于动力松弛法。因此，要在上一级荷载的变形稳定后，再施加下一级荷载。变形稳定的条件如下。

（1）在荷载水平段，加载板中心点处竖向位移的前后两步差值与本级荷载当前累计位移的比值小于设定值（$10^{-5} \sim 10^{-3}$）。

（2）由于各计算步的位移很小，为了避免虚假收敛，还将二阶系统阶跃激励响应的调节时间 t_s 作为收敛控制条件之一，即本级荷载至少要计 t_s 时长。调节时间是指系统响应进入某一允许误差带内（如 2%）所需的最短时间。程序具有估算系统频率、临界阻尼和调节时间 t_s 的功能。

2. 宏观力学特性

某工程的粗粒料力学特性室内常规三轴试验，干密度为 2.16 g/cm³，级配如表 5.3.2 所示，DDA 数值试验不考虑粒径小于 5 mm 的颗粒。数值试验试样如图 5.3.27 所示，包含块体 2 625 个，细分后子块体数为 6 778 个。侧向应力分别为 0.5 MPa、1.0 MPa、2.0 MPa 和 3.0 MPa。主要计算参数如下。

表 5.3.2　某工程粗粒料级配

粒径/mm	60	40	20	10	5	2	1	0.5	0.25	0.075
小于该粒径土质量百分数/%	100	89.1	69.5	45.1	27.2	17.0	11.5	7.0	4.0	2.0

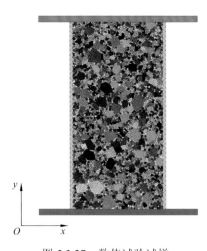

图 5.3.27　数值试验试样

（1）块体：弹性模量 $E = 25$ GPa，密度为 2.5 t/m³；摩擦角为 50°，黏结力为 5 MPa，抗拉强度为 2 MPa；残余强度摩擦角为 30°，黏结力为 0，抗拉强度为 0。

（2）块体间：接触弹簧刚度为 15 GPa，摩擦角为 30°，黏结力为 0，抗拉强度为 0。

（3）块体与加载板间：摩擦角为 30°，黏结力为 0，抗拉强度为 0。

（4）时间步长 $\Delta t = 2 \times 10^{-6}$ s。

　　图 5.3.28 为 DDA 数值试验与三轴试验应力应变关系曲线的比较。两者间应力随应变的增长规律均呈双曲线特征，偏应力峰值与侧向应力的关系基本一致。但是，DDA 数值试验的变形模量明显偏大，这可能与二维 DDA 试样的颗粒排列致密有关，有待三维数值试验验证。

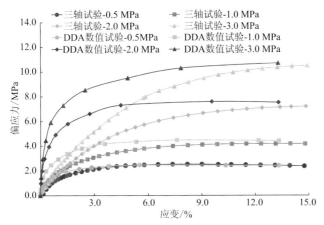

图 5.3.28　DDA 数值试验与三轴试验应力应变关系曲线的比较

　　两试验的强度包线如图 5.3.29 所示。强度包线的线性特征良好，符合莫尔-库仑强度准则。DDA 数值试验强度参数为 $c = 0.227$ MPa，$\varphi = 38.42°$，与三轴试验强度参数（$c = 0.203$ MPa，$\varphi = 38.10°$）基本相同。

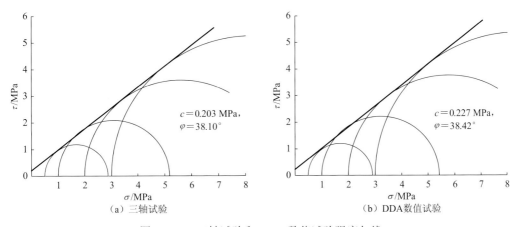

图 5.3.29　三轴试验和 DDA 数值试验强度包线

3. 块体集合体细观演化

1）颗粒变位

　　因不同侧向应力下的试验成果非常类似，仅给出 $\sigma_3 = 0.5$ MPa 的颗粒位移云图和旋转角度云图，如图 5.3.30～图 5.3.32 所示，因数值试验模拟端部摩阻力约束，试样均发生了鼓胀变形，x 和 y 向位移呈剪刀叉模式，且剪切带内的颗粒旋转角度较大。

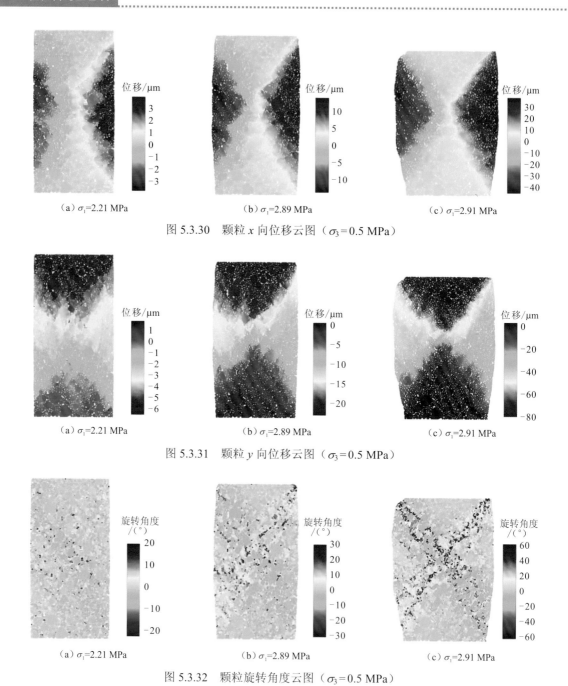

（a）σ_1=2.21 MPa　　　　　（b）σ_1=2.89 MPa　　　　　（c）σ_1=2.91 MPa

图 5.3.30　颗粒 x 向位移云图（σ_3=0.5 MPa）

（a）σ_1=2.21 MPa　　　　　（b）σ_1=2.89 MPa　　　　　（c）σ_1=2.91 MPa

图 5.3.31　颗粒 y 向位移云图（σ_3=0.5 MPa）

（a）σ_1=2.21 MPa　　　　　（b）σ_1=2.89 MPa　　　　　（c）σ_1=2.91 MPa

图 5.3.32　颗粒旋转角度云图（σ_3=0.5 MPa）

2）力链

0.5 MPa 侧向应力下的力链情况如图 5.3.33 所示。在初始固结阶段，力链方向性并不明显。随着轴向应力的增大，接触力逐渐增大且方向逐渐转向垂直，呈现明显的力链现象。该成果对于理解粗粒料的非连续性及力学特性的复杂性无疑是有益的。

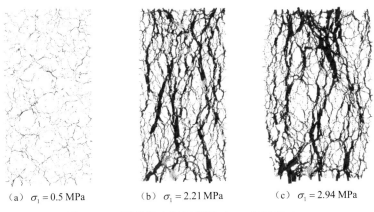

（a）$\sigma_1 = 0.5\,\mathrm{MPa}$　　　（b）$\sigma_1 = 2.21\,\mathrm{MPa}$　　　（c）$\sigma_1 = 2.94\,\mathrm{MPa}$

图 5.3.33　颗粒间力链示意图（$\sigma_3 = 0.5\,\mathrm{MPa}$）

3）颗粒破碎

0.5 MPa 侧向应力下颗粒破碎情况如图 5.3.34 所示，其中红色线表示破裂面。在侧向应力 0.5 MPa 作用下，颗粒出现破碎现象，随着轴向应力的增大，破碎的颗粒数和颗粒破碎程度也加大。

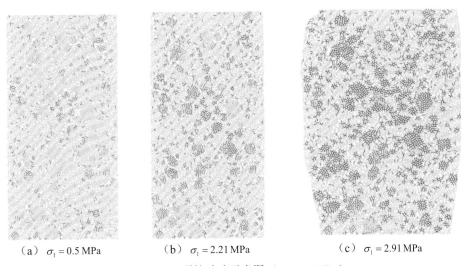

（a）$\sigma_1 = 0.5\,\mathrm{MPa}$　　　（b）$\sigma_1 = 2.21\,\mathrm{MPa}$　　　（c）$\sigma_1 = 2.91\,\mathrm{MPa}$

图 5.3.34　颗粒破碎示意图（$\sigma_3 = 0.5\,\mathrm{MPa}$）

DDA 数值试验有其独特优势，与常规实体试验相得益彰。但 DDA 数值试验也有其自身的难点，多年来研究重点在于数值分析程序的修改方面，截至目前，二维 DDA 取得初步成果。要使数值试验成为粗粒料研究的手段之一，还有一段艰辛历程。一旦三维 DDA 程序完善，分析成果稳定可靠，就可以依据数值试验实现很多实体试验难以完成的试验，如原级配粗粒料力学试验、复杂应力试验等，也能开展以往难以进行的研究，如宏观应力应变关系的组构机理研究，以及非线性、弹塑性、剪胀性、各向异性等的力学机理研究，真正建立起散粒体力学，实现土力学理论化。

5.3.4 综合组构量

1. 综合组构量的选择

颗粒集合体的细观组构研究，揭示了粗粒料的非连续性。有限的组构研究表明，颗粒集合体宏观力学特性伴随内部颗粒位置调整、转动、破碎等过程而产生，同时，宏观力学特性随组构特征不同而不同。描述颗粒集合体的组构特征是非常复杂的，前人提出了众多组构量，对颗粒集合体的每一个颗粒进行量测、统计是非常烦琐的，而且不能完全表达颗粒集合体的组构特征。例如，从球形颗粒集合体三轴试验得到的"颗粒形态是影响粗粒料力学特性的重要因素"的结论可见，单靠组构量"颗粒长轴定向"是不足以描述颗粒形态及其影响的。

人们知道颗粒集合体宏观力学特性取决于其组构特征，但构建组构量并正确描述组构量与宏观力学特性的关系是困难的，由组构量构建综合组构量更加困难。如果能找到一个简捷的物理量，其能合理地表达颗粒集合体的综合组构特征，将是组构研究的较大进步。

经大量粗粒料试验和反复综合演绎分析，基于目前的认识，笔者认为颗粒集合体的最小能比系数是一个能综合反映颗粒集合体组构特征的物理量。

（1）能比为外力对颗粒集合体做功与颗粒集合体对外做功之比。笔者开展的大量三轴试验表明，对于某一特定颗粒集合体，最小能比系数为一个与应力无关的常数，与组构具有相同的物理意义，是一个仅与颗粒及颗粒空间排列相关的变量。

（2）不同颗粒集合体的最小能比系数大小不同，表明其能够反映组构的差异性。

2. 最小能比系数试验方法

最小能比系数出自罗（Rowe）剪胀方程，罗剪胀方程针对的是颗粒间的错动并认为其服从最小能比原理。关于罗剪胀方程的讨论有很多，但大多从细观角度出发，并认为罗剪胀方程适合不规则颗粒集合体。对于以颗粒为对象的细观分析来说，这个结论无疑是正确的。如果把这种结论直接推广到任意应力状态的颗粒集合体的宏观应力和应变，在逻辑上可能是错误的。也就是说，任意应力状态下的颗粒集合体，只要产生不可恢复的变形，内部部分颗粒一定会发生错动，发生错动的颗粒和错动方向也因宏观应力状态的不同而不同，虽然颗粒间的相互作用服从最小能比原理，但颗粒集合体宏观应力和应变并不一定满足最小能比原理。

笔者的思路是，借助罗剪胀方程最小能比原理，直接以颗粒集合体为研究对象，进行常规三轴压缩试验，探索是否存在能比系数，以及颗粒集合体变形过程中能比系数的变化情况。如果存在能比系数，建立颗粒集合体宏观变量的能比方程，从而构建宏观本构模型。

从以上思路出发，最小能比试验一个方向对试样做功，两个方向反抗外力做功，能比系数为可能最小。最小能比系数采用式（5.3.7）计算。

$$K_f = -\frac{\sigma_1}{2\sigma_3}\frac{\mathrm{d}\varepsilon_1^q}{\mathrm{d}\varepsilon_3^q} \tag{5.3.7}$$

式中：σ_1、σ_3分别为轴向应力和侧向应力；ε_1^q、ε_3^q分别为两方向不可恢复应变。

式（5.3.7）中K_f为颗粒集合体的最小能比系数，与罗剪胀方程的最小能比系数在概念上有相似之处，数值上不一定相同。其试验方法为常规三轴试验。

如果上述思路成立，其力学意义是明显的，不仅综合组构量的确定不再需要对每一个颗粒组构量进行量测、统计、分布函数计算，只需进行三轴试验即可，而且可以建立起细观组构与宏观本构间的联系。

3. K_f试验成果

为了研究实际粗粒料的最小能比系数特性及其普遍性，对多种散粒体如单一粒径玻璃球集合体、双粒径玻璃球混合集合体、单级配矾石、多种砂砾石料、多种堆石料、三峡风化砂等进行了试验，并对各种散粒体的K_f进行了分析。图5.3.35为8种典型散粒体按式（5.3.7）计算的最小能比系数K_f。可以看出，无论是形状规则的玻璃球，还是实际粗粒料，对一种材料而言，K_f的归一性都非常好，在整个变形过程中，不同应力状态下K_f均近似为一个常数。在较小的应变（$\varepsilon_a < 1\%$）下，K_f略有波动，更大的原因是小应变增量下K_f对试验误差过于敏感。因此，可以推断，一种材料的K_f为一个常数，不随应力状态改变而变化。

材料不同，K_f不同。对于所涉及的材料，K_f在2.0～3.79变化。K_f越小，材料的剪胀性越大。因此，可以认为K_f是颗粒组构特征的综合反映，它决定了材料的应力应变特性。

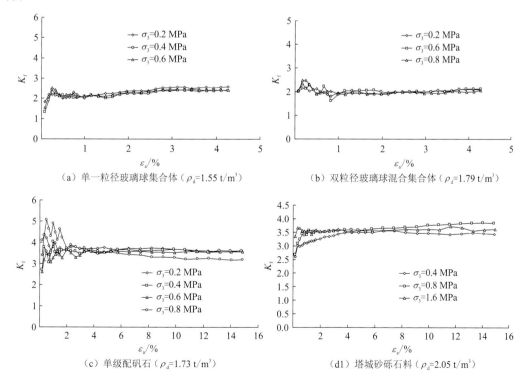

（a）单一粒径玻璃球集合体（ρ_d=1.55 t/m³）

（b）双粒径玻璃球混合集合体（ρ_d=1.79 t/m³）

（c）单级配矾石（ρ_d=1.73 t/m³）

（d1）塔城砂砾石料（ρ_d=2.05 t/m³）

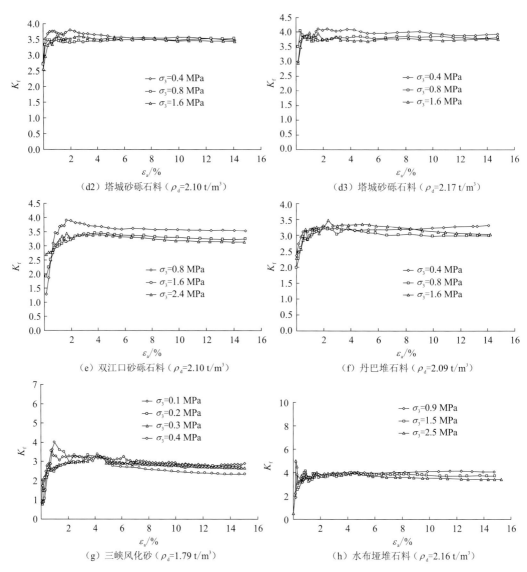

（d2）塔城砂砾石料（ρ_d=2.10 t/m³）　　（d3）塔城砂砾石料（ρ_d=2.17 t/m³）

（e）双江口砂砾石料（ρ_d=2.10 t/m³）　　（f）丹巴堆石料（ρ_d=2.09 t/m³）

（g）三峡风化砂（ρ_d=1.79 t/m³）　　（h）水布垭堆石料（ρ_d=2.16 t/m³）

图 5.3.35　几种典型散粒体的最小能比系数 K_f

ρ_d 为干密度

5.4　真三轴试验

　　真三轴试验是测试复杂应力条件下粗粒料力学特性的重要手段，是进行土的本构研究的必要条件。笔者历经 30 年从研制大型平面应变仪到研制真三轴仪，终于完成了大型真三轴试验系统研制和粗粒料系统试验，深入研究了粗粒料强度及变形特性，本节以两河口土石坝的试验成果介绍粗粒料的力学特性，其规律具有普遍性和参考意义。

5.4.1 强度特性

1. 强度准则简介

关于复杂应力条件下土的力学特性讨论最多的是强度问题，提出了众多强度表达式。比较认可的有莫尔-库仑强度准则、拉德-邓肯（Lade-Duncan）强度准则和松岗元-中井强度准则。在不同应力不变量空间有 $(\sigma_1, \sigma_2, \sigma_3)$、$(I_1, I_2, I_3)$、$(p, q, \theta_\sigma)$ 等表达形式，应力不变量有如下换算关系：

$$\begin{cases} \sigma_1 = \dfrac{2}{3}q\sin\left(\theta_\sigma + \dfrac{2}{3}\pi\right) + p \\[2mm] \sigma_2 = \dfrac{2}{3}q\sin\theta_\sigma + p \\[2mm] \sigma_3 = \dfrac{2}{3}q\sin\left(\theta_\sigma - \dfrac{2}{3}\pi\right) + p \end{cases} \tag{5.4.1}$$

$$\begin{cases} I_1 = \sigma_1 + \sigma_2 + \sigma_3 \\ I_2 = \sigma_1\sigma_2 + \sigma_2\sigma_3 + \sigma_3\sigma_1 \\ I_3 = \sigma_1\sigma_2\sigma_3 \end{cases} \tag{5.4.2}$$

式中：σ_1、σ_2、σ_3 分别为大、中、小主应力；I_1、I_2、I_3 分别为第一、二、三应力不变量；p 为平均主应力；q 为广义剪应力（或等效剪应力）；θ_σ 为洛德角。

莫尔-库仑强度准则：

$$\tau = c + \sigma\tan\varphi \tag{5.4.3}$$

或

$$\sigma_1 = \sigma_3\tan^2(45° + \varphi/2) + 2c\tan(45° + \varphi/2) \tag{5.4.4}$$

式中：τ 为土的剪应力；σ 为土在滑动面上的正应力；c 为土的黏聚力；φ 为土的内摩擦角。

拉德-邓肯强度准则：

$$\frac{I_1^3}{I_3} = k_f \tag{5.4.5}$$

或

$$2q^3\sin 3\theta_\sigma + 9q^2 p - 27(1 - 27/k_f)p^3 = 0 \tag{5.4.6}$$

式中：k_f 为试样破坏时的强度参数。

松岗元-中井强度准则：

$$\frac{I_1 I_2}{I_3} = k_f \tag{5.4.7}$$

或

$$\frac{(\sigma_1 - \sigma_3)^2}{\sigma_1\sigma_3} + \frac{(\sigma_1 - \sigma_2)^2}{\sigma_1\sigma_2} + \frac{(\sigma_2 - \sigma_3)^2}{\sigma_2\sigma_3} - (k_f - 9) = 0 \tag{5.4.8}$$

2. 粗粒料强度试验

1）堆石料强度

针对两河口土石坝主堆石料，开展等 p 等 θ_σ 真三轴试验，研究应力 q 独立变化时堆石料的强度特性。试验方案如表 5.4.1 所示，破坏时应力 q 的极限值 q_f 也列于表 5.4.1。在 π 平面上试验应力路径及强度如图 5.4.1 所示。不难看出，强度包线比较符合拉德-邓肯强度准则。

表 5.4.1　等 p 等 θ_σ 真三轴试验方案及成果

编号	p/MPa	θ_σ/（°）	b	q_f/MPa
CPB0.4-1	0.4	−30.0	0.00	0.87
CPB0.4-2	0.4	−16.1	0.25	0.80
CPB0.4-3	0.4	0.0	0.50	0.70
CPB0.4-4	0.4	16.1	0.75	0.63
CPB0.4-5	0.4	30.0	1.00	0.59

注：b 为中主应力系数。

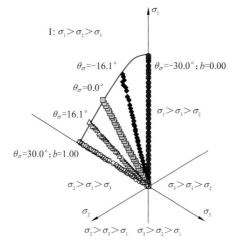

图 5.4.1　等 p 等 θ_σ 真三轴试验应力路径及强度

2）砂砾石料强度

针对苏洼龙土石坝砂砾石料（干密度为 2.28 g/cm³），进行了一组等 σ_3 等 b 真三轴试验，$b=\Delta\sigma_2/\Delta\sigma_1$，$\Delta\sigma_1$、$\Delta\sigma_2$ 分别为大、中主应力的增量，试验方案及成果如表 5.4.2 所示。随着 b 的增大，内摩擦角有所增大，符合一般经验。将破坏时的应力点投影到 π 平面上，同时将三个强度准则的包线一同绘出，如图 5.4.2 所示（图中三条线从外至里分别是拉德-邓肯强度准则、松岗元-中井强度准则、莫尔-库仑强度准则的包线）。可以看出，拉德-邓肯强度准则与试验结果最为相符，松岗元-中井强度准则和莫尔-库仑强度准则均低于实测值，且在拉德-邓肯强度准则的包线以内（周跃峰 等，2017）。

表 5.4.2　等 σ_3 等 b 真三轴试验方案及成果

编号	b	σ_3/MPa	c/MPa	$\varphi/(°)$
CSB-1	0.00	0.2、0.4、0.6、0.8	0.09	41.7
CSB-2	0.25	0.2、0.4、0.6、0.8	0.13	45.8
CSB-3	0.50	0.2、0.4、0.6、0.8	0.14	48.1
CSB-4	0.75	0.2、0.4、0.6、0.8	0.18	50.4

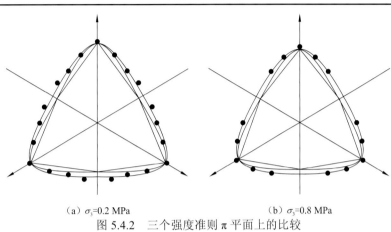

（a）σ_3=0.2 MPa　　　　（b）σ_3=0.8 MPa

图 5.4.2　三个强度准则 π 平面上的比较

3. 粗粒料强度准则评价

粗粒料是一种摩擦材料，其抗剪强度是一个被广泛关注的指标，笔者认为拉德-邓肯强度准则已经非常合理地反映了粗粒料复杂应力下的强度特性，更多地提出强度准则的必要性似乎不大。

对工程而言，普遍使用的强度准则还是莫尔-库仑强度准则，虽然当中主应力较大时，其计算的内摩擦角有些偏小。强度准则带来的误差可以忽略不计，具体土体强度指标的偏差可能更加重要。

在 $p\text{-}q$ 平面上，粗粒料的强度包线实际上往往是非线性的，如果仍然采用线性方程拟合强度包线，出现较大的 c 是在所难免的。引起 c 不合理的因素可能是一组试验中各试样间峰值强度存在偏差。关于如何看待 c 和如何使用 c 往往存在错误理解。将 c 理解为凝聚力肯定是不合适的，认为试验出现 c 是错误也是不合适的，在设计计算中简单地将 c 赋值为 0 更加不合适。

粗粒料试验值 c 不合理主要是因为强度包线非线性但成果整理时采用线性函数，显然，采用强度参数(c, φ)确定粗粒料抗剪强度时，当应力较小时，会高估土的抗剪强度；当应力较大时，抗剪强度是合理的。如果简单地将 c 赋值为 0，对于应力较大区间，会大大地低估土的抗剪强度。因此，对于 c 的应用要看使用条件，如计算边坡浅层稳定时，对粗粒料的 c 进行折减；如计算边坡深层稳定时，对粗粒料的 c 就没有必要进行折减了。

更合理的方法是采用非线性强度包线整理试验结果。

$$\varphi = \varphi_0 - \Delta\varphi \times \lg(\sigma_3 / p_a) \tag{5.4.9}$$

式中：p_a 为标准大气压（kPa）；φ_0 为当 σ_3/p_a 为 1 时的 φ [（°）]；$\Delta\varphi$ 为当 σ_3 增加 10 倍时 φ 的减小量 [（°）]。

5.4.2 变形特性

1. 粗粒料应力应变关系

土的应力应变关系是土力学的难点，应用最普遍的还是非线性弹性理论。由于弹性理论不能反映剪胀性，对弹性理论进行必要的修正，得到亚弹性理论。考虑剪胀性的应力应变关系增量形式如下：

$$\mathrm{d}\varepsilon_v = \frac{\mathrm{d}p}{K_p} + \frac{\mathrm{d}q}{K_q} \tag{5.4.10}$$

$$\mathrm{d}\varepsilon_s = \frac{\mathrm{d}q}{G} \tag{5.4.11}$$

式中：K_p、K_q、G 分别为体变模量、剪胀模量、剪切模量；ε_v 为体变；ε_s 为广义剪应变。

为探讨上述应力应变关系的合理性（程展林 等，2010），开展了等 p 等 q 真三轴试验（周跃峰 等，2020）。

1）试验方案

等 p 等 q 真三轴试验方案如表 5.4.3 所示，试验中保持应力 p 为 0.4 MPa，应力 q 分别为 0.4 MPa、0.5 MPa。首先在 $p=0.4$ MPa 条件下等压固结；然后维持 p 不变且 b 为 0，逐渐增加广义剪应力 q，分别达到目标值 0.4 MPa 和 0.5 MPa，进行偏压固结。随后进入正式测试过程，维持 p、q 恒定，b 从 0 增至 1，再从 1 减小至 0，循环两次。对应的洛德角从 $-30°$ 增至 $30°$，再从 $30°$ 减小至 $-30°$，循环两次。由于以上两组试验的 p 恒定，其应力路径均在等倾线距离相同（0.4 MPa）的π平面上。应力路径如图 5.4.3 所示，不同洛德角的各主应力由式（5.4.1）计算，当 $p=q=0.4$ MPa 时，各主应力与洛德角的关系如图 5.4.4 所示。洛德角与系数 b 之间的关系如下：

$$\tan\theta_\sigma = (2\sigma_2 - \sigma_1 - \sigma_3)/[\sqrt{3}(\sigma_1 - \sigma_3)] = (2b-1)/\sqrt{3} \tag{5.4.12}$$

表 5.4.3 等 p 等 q 真三轴试验方案

编号	p/MPa	q/MPa	b	θ_σ/（°）	循环次数
CPQ1	0.4	0.4	0～1	−30～30	2
CPQ2	0.4	0.5	0～1	−30～30	2

2）试验结果与分析

试验各主应力随时间的变化过程如图 5.4.5 所示。在应力变化时测试三个方向的应变，并由式（5.4.13）、式（5.4.14）计算体变和广义剪应变：

$$\varepsilon_v = \varepsilon_1 + \varepsilon_2 + \varepsilon_3 \tag{5.4.13}$$

$$\varepsilon_s = \{2/9[(\varepsilon_1 - \varepsilon_2)^2 + (\varepsilon_1 - \varepsilon_3)^2 + (\varepsilon_2 - \varepsilon_3)^2]\}^{1/2} \tag{5.4.14}$$

式中：ε_1、ε_2、ε_3 分别为大、中、小主应变。

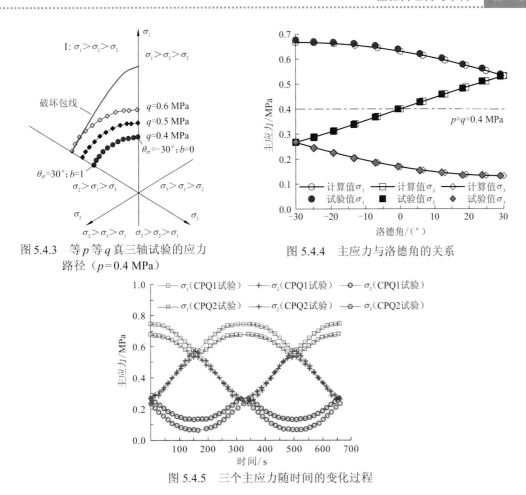

图 5.4.3　等 p 等 q 真三轴试验的应力
路径（$p=0.4$ MPa）

图 5.4.4　主应力与洛德角的关系

图 5.4.5　三个主应力随时间的变化过程

偏应变和体变随洛德角的变化曲线如图 5.4.6 和图 5.4.7 所示。试验表明，洛德角单独变化也会引起体变和偏应变，相对而言，偏应变变化量比体变明显。另外，加、卸载过程引起的应变增量较小。

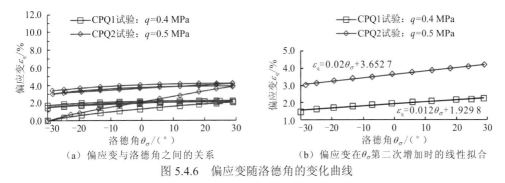

（a）偏应变与洛德角之间的关系　　（b）偏应变在 θ_σ 第二次增加时的线性拟合

图 5.4.6　偏应变随洛德角的变化曲线

由此表明，亚弹性理论的应力应变关系增量形式式（5.4.10）、式（5.4.11）是存在缺陷的。从严格意义上讲，三个应力不变量的变化都会引起三个应变不变量的变化，这种增量关系也可能存在耦合作用，即应力单独变化与同时变化引起的应变也许不是简单的

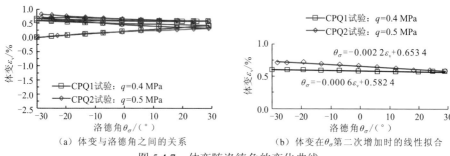

(a) 体变与洛德角之间的关系　　(b) 体变在 θ_σ 第二次增加时的线性拟合

图 5.4.7　体变随洛德角的变化曲线

累加关系。如果是这样，构建本构模型将陷入困境。只能简单地认为土石坝在变形过程中，洛德角变化不大，可以舍去该变量的影响。

开展等 p 等 q 真三轴试验研究，就是想说明土的本构关系是复杂的，建立在弹性理论上的两参量模型如邓肯模型与土的实际应力应变关系相差甚远，建立在亚弹性理论上的三参量模型能够考虑剪胀性并不代表该模型是完善的，只是相对于两参量模型有比较大的改进而已。

当然，对于复杂问题，必要的简化是必需的，抓住主要因素，舍弃次要因素，可以得到可接受的解。

2. 粗粒料的剪胀性

针对两河口土石坝主堆石料（干密度为 2.11 g/cm³），开展等 p 等 θ_σ 真三轴试验，以研究粗粒料的剪胀性。加载方式是首先在 $p=0.4$ MPa 条件下进行等压固结，然后维持应力 p、洛德角 θ_σ 不变，逐渐增加应力 q，直至试样破坏。试验方案如表 5.4.1 所示，当广义剪应力 q 变化时，测试各试样体变和偏应变的变化，等 p 等 θ_σ 真三轴试验得到的应力应变关系曲线和体变曲线如图 5.4.8、图 5.4.9 所示。

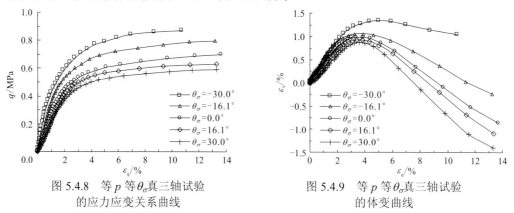

图 5.4.8　等 p 等 θ_σ 真三轴试验
的应力应变关系曲线

图 5.4.9　等 p 等 θ_σ 真三轴试验
的体变曲线

在不同的 θ_σ 条件下，试样呈现相似的应力应变关系。在应力 p 相同的条件下，随着 θ_σ 的增加，应力应变关系曲线的斜率变缓，强度减小，意味着剪切模量减小。与等 σ_3 等 b 真三轴试验比较不难发现，决定粗粒料剪切模量和抗剪强度的是小主应力 σ_3 而不是平均主应力 p。

体变曲线表明，广义剪应力单独增加，将引起体积的明显变化，从剪缩发展到剪胀。剪胀性是散粒体的重要特征。

3. 变形模量与中主应力的关系

针对两河口土石坝主堆石料板岩料（干密度为 2.07 g/cm^3），开展等 σ_2 等 σ_3 真三轴试验，以研究粗粒料变形模量与中主应力的关系。试验方案如表 5.4.4 所示。加载方式是首先加载至预定应力 σ_2、σ_3 并固结，之后 σ_1 单独加载。不同 σ_3 下切线模量随大主应变的变化规律如图 5.4.10 所示。

表 **5.4.4**　等 σ_2 等 σ_3 真三轴试验方案

编号	σ_3 /MPa	σ_2 /MPa	（$\sigma_2 - \sigma_3$）/σ_3
CSS1-1	0.4	0.4	0.00
CSS1-2	0.4	0.5	0.25
CSS1-3	0.4	0.6	0.50
CSS1-4	0.4	0.8	1.00
CSS2-1	0.8	0.8	0.00
CSS2-2	0.8	1.0	0.25
CSS2-3	0.8	1.2	0.50
CSS2-4	0.8	1.6	1.00
CSS3-1	1.2	1.2	0.00
CSS3-2	1.2	1.5	0.25
CSS3-3	1.2	1.8	0.50
CSS3-4	1.2	2.4	1.00

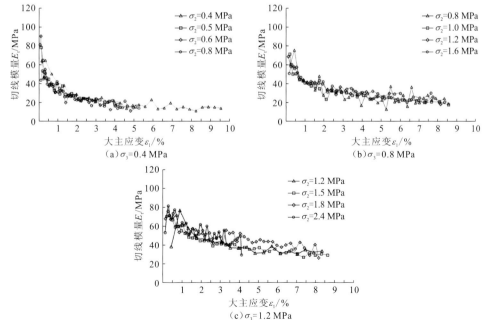

图 5.4.10　切线模量随大主应变的变化规律

试验成果表明，σ_3 相同条件下，即使 σ_2 不同，切线模量几乎完全一致。小主应力决定了初始切线模量的大小，随 σ_1 增大，切线模量逐渐减小，粗粒料的变形模量与中主应力无关。由此可以得出如下结论：可以由常规三轴试验的应力状态和过程确定粗粒料的变形模量并将其直接推广到复杂应力状态，为本构模型的构建奠定了理论基础。

5.5　K–K–G 本构模型

5.5.1　理论基础

颗粒集合体的组构试验和真三轴试验得到的结论构成了粗粒料本构模型的理论基础（程展林 等，2011，2010）。

（1）颗粒集合体的宏观变形伴随着内部颗粒的转动、破碎及相互间的错动。颗粒间的接触应力远大于宏观应力，并存在力链现象。罗剪胀方程揭示了颗粒间接触及移动服从最小能比原理。

（2）颗粒集合体在常规三轴试验应力条件下的能比具有特殊意义，采用宏观应力和应变描述的能比系数是一个稳定的与应力无关的常数，称之为颗粒集合体的宏观最小能比原理，最小能比系数可以理解为颗粒集合体的综合组构量，由此可以建立起细观组构与宏观本构间的联系。

（3）粗粒料应力应变关系是复杂的，亚弹性理论给出的应力应变关系并不能反映粗粒料应力应变关系的全部，是忽略次要因素后的简化结果，但克服了弹性理论不能反映粗粒料剪胀性的缺陷，是一个重大进步。

（4）粗粒料不仅具有非线性、弹塑性，而且具有明显的剪胀性。

（5）粗粒料的变形模量与中主应力无关。由常规三轴试验的应力状态和过程确定粗粒料的变形模量能够反映复杂应力状态下的应力应变关系。

5.5.2　模型表达式推导

1. 模型的应力应变关系

为考虑剪应力对体变的影响，应力应变关系增量形式为

$$d\varepsilon_v = \frac{dp}{K_p} + \frac{dq}{K_q} \qquad (5.5.1)$$

$$d\varepsilon_s = \frac{dq}{G} \qquad (5.5.2)$$

式中：K_p、K_q、G 分别为体变模量、剪胀模量、剪切模量；p、q 分别为平均主应力和广义剪应力；ε_v、ε_s 分别为体变和广义剪应变。常规三轴试验条件下，有下列换算关系：

$$\begin{cases} \mathrm{d}p = \mathrm{d}\sigma_1 / 3 \\ \mathrm{d}q = \mathrm{d}\sigma_1 \\ \mathrm{d}\varepsilon_v = \mathrm{d}\varepsilon_1 + 2\mathrm{d}\varepsilon_3 \\ \mathrm{d}\varepsilon_s = 2(\mathrm{d}\varepsilon_1 - \mathrm{d}\varepsilon_3) \end{cases} \tag{5.5.3}$$

式中：σ_1 为大主应力；ε_1、ε_3 为大、小主应变。

为确定 K_p、K_q、G 与应力状态的关系，假设土的应变分为弹性应变和剪胀应变，并用上标 e 和 q 表示。

$$\mathrm{d}\varepsilon_v = \mathrm{d}\varepsilon_v^e + \mathrm{d}\varepsilon_v^q \tag{5.5.4}$$

$$\mathrm{d}\varepsilon_s = \mathrm{d}\varepsilon_s^e + \mathrm{d}\varepsilon_s^q \tag{5.5.5}$$

弹性应变与应力间服从广义胡克定律，剪胀应变服从颗粒集合体的宏观最小能比原理。

$$K_f = -\frac{\sigma_1}{2\sigma_3} \frac{\mathrm{d}\varepsilon_1^q}{\mathrm{d}\varepsilon_3^q} \tag{5.5.6}$$

式中：K_f 为土体的最小能比系数；σ_3 为小主应力。

假定弹性泊松比 μ 为常数。基于常规三轴试验，K_p、K_q、G 与应力状态的关系式推导如下。

2. 体变模量 K_p

体变模量 K_p 反映弹性体应变与平均主应力 p 的关系，由胡克定律有如下关系：

$$K_p = \frac{E_{ur}}{3(1-2\mu)} \tag{5.5.7}$$

式中：μ 为弹性泊松比；E_{ur} 为土的弹性模量。E_{ur} 可由简布（Janbu）公式按式（5.5.8）计算：

$$E_{ur} = K_{ur} p_a \left(\frac{\sigma_3}{p_a} \right)^n \tag{5.5.8}$$

式中：K_{ur}、n 为退荷再加荷试验确定的模型参数；p_a 为标准大气压（kPa）。

3. 剪胀模量 K_q

根据式（5.5.3）和式（5.5.6），在三轴试验应力条件下，剪胀应变有如下关系：

$$\frac{\mathrm{d}\varepsilon_v^q}{\mathrm{d}\varepsilon_1^q} = \frac{K_f \sigma_3 - \sigma_1}{K_f \sigma_3} \tag{5.5.9}$$

式中：K_f 为土体的最小能比系数，为试验确定的模型参数。大量的粗粒料三轴试验表明，同一种材料的 K_f 为一个常数，不随应力状态改变而变化。

同样地，三轴试验竖向应变可分为竖向弹性应变和竖向剪胀应变，即

$$\mathrm{d}\varepsilon_1^q = \mathrm{d}\varepsilon_1 - \mathrm{d}\varepsilon_1^e = \frac{\mathrm{d}\sigma_1}{E_t} - \frac{\mathrm{d}\sigma_1}{E_{ur}} = \left(\frac{E_{ur} - E_t}{E_{ur} E_t} \right) \mathrm{d}\sigma_1 \tag{5.5.10}$$

式中：E_t 为切线模量。在三轴试验应力条件下，有如下关系：

$$\mathrm{d}q = \mathrm{d}\sigma_1 \tag{5.5.11}$$

联立式（5.5.9）~式（5.5.11），可得剪胀模量 K_q 的表达式：

$$K_q = \frac{\mathrm{d}q}{\mathrm{d}\varepsilon_v^q} = \frac{K_f\sigma_3}{K_f\sigma_3 - \sigma_1}\frac{E_{ur}E_t}{E_{ur} - E_t} \tag{5.5.12}$$

4. 剪切模量 G

在三轴试验应力条件下，有如下关系：

$$\begin{aligned}
\mathrm{d}\varepsilon_s^e &= 2(\mathrm{d}\varepsilon_1^e - \mathrm{d}\varepsilon_3^e) = 2(1+\mu)\mathrm{d}\varepsilon_1^e \\
&= 2(1+\mu)\frac{\mathrm{d}\sigma_1}{E_{ur}} = 2(1+\mu)\frac{\mathrm{d}q}{E_{ur}}
\end{aligned} \tag{5.5.13}$$

$$\mathrm{d}\varepsilon_s^q = 2(\mathrm{d}\varepsilon_1^q - \mathrm{d}\varepsilon_3^q) = 2\left(1 + \frac{\sigma_1}{2K_f\sigma_3}\right)\mathrm{d}\varepsilon_1^q \tag{5.5.14}$$

联立式（5.5.2）、式（5.5.5）、式（5.5.10）、式（5.5.11）、式（5.5.13）、式（5.5.14），可得剪切模量 G 的表达式：

$$G = \frac{E_{ur}E_t}{2\left[\left(1 + \dfrac{\sigma_1}{2K_f\sigma_3}\right)(E_{ur} - E_t) + (1+\mu)E_t\right]} \tag{5.5.15}$$

5. 切线模量 E_t

在剪胀模量表达式[式（5.5.12）]和剪切模量表达式[式（5.5.15）]中都包括有切线模量 E_t，切线模量 E_t 可依据三轴试验应力应变关系曲线为双曲线的假定推导得到：

$$E_t = Kp_a\left(\frac{\sigma_3}{p_a}\right)^n(1 - R_f S)^2 \tag{5.5.16}$$

式中：K 为模型参数；R_f 为破坏比；S 为应力水平，表达式为

$$S = \frac{(1 - \sin\varphi)(\sigma_1 - \sigma_3)}{2c\cos\varphi + 2\sigma_3\sin\varphi} \tag{5.5.17}$$

大量试验表明，对于粗粒土，强度参数 c、φ 有必要进行修正。图 5.5.1 为 QP 堆石料切线模量 E_t 与应力水平的关系曲线。可以看出，由式（5.5.16）计算得到的和实测的 E_t 与 S 的曲线形态差异较大，建议做如下修正：

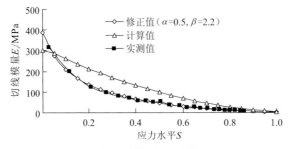

图 5.5.1　QP 堆石料切线模量 E_t 比较（$\sigma_3 = 0.6\,\mathrm{MPa}$）

$$E_{t} = K p_{a} \left(\frac{\sigma_{3}}{p_{a}} \right)^{n} (1 - R_{f} S^{\alpha})^{\beta} \qquad (5.5.18)$$

式中：α、β 为试验参数。

式（5.5.18）中隐含 7 个参数，即 c、φ、K、n、R_{f}、α、β，为试验确定的模型参数，式（5.5.16）可以作为其特例，此时 $\alpha=1$，$\beta=2$。不同的堆石料，α 和 β 应该不同。

6. 模型参数和整理

在剪胀模型的关系式式（5.5.1）、式（5.5.2）、式（5.5.7）、式（5.5.8）、式（5.5.12）、式（5.5.15）、式（5.5.17）、式（5.5.18）中共有 10 个参数，即 c、φ、K、n、R_{f}、α、β、K_{ur}、K_{f}、μ，其中 c、φ 为土的强度参数，由一组试验不同围压下的峰值强度拟合确定。

K、n、R_{f}、α、β 为切线模量参数，其中 K、n 由一组试验的初始切线模量拟合确定，R_{f}、α、β 由切线模量 E_{t} 与应力水平实测曲线（图 5.5.1）通过试算法确定，α、β 体现曲线的形态，R_{f} 为破坏比，决定高应力水平时 E_{t} 的大小。

K_{ur} 与 n 联合确定土的弹性模量，可由一组退荷再加荷试验得到的弹性模量拟合确定，当未进行退荷再加荷试验时，也可由三轴体变曲线通过试算法确定。

K_{f} 为土的剪胀性指标，先根据弹性模量计算试验应力条件下的弹性应变，由总应变扣除弹性应变得到剪胀应变，从而由式（5.5.9）计算 K_{f}，也可由体变曲线通过试算法确定 K_{f}，K_{f} 反映了一组体变曲线的张开程度和体变曲线的形态。

μ 为土的弹性泊松比，是胡克定律的参数，反映土的弹性应变与应力间的关系，可由平面应变试验的中主应力 σ_{2} 与 σ_{1} 按式（5.5.19）确定：

$$\mu = \frac{d\sigma_{2}}{d\sigma_{1}} \qquad (5.5.19)$$

模型中将其平均值作为其参数值。

5.5.3　刚度系数矩阵

针对亚弹性应力应变关系式（5.5.1）、式（5.5.2），推导出刚度系数矩阵，具体过程如下。

基于亚弹性理论，非线性增量关系可以采用式（5.5.20）表示：

$$d\sigma_{ij} = D_{ijkl}(\sigma_{mn}) d\varepsilon_{kl} \qquad (5.5.20)$$

对于各向同性亚弹性关系，有

$$\begin{aligned}
D_{ijkl}(\sigma_{mn}) = {} & A_{1}\delta_{ij}\delta_{kl} + A_{2}(\delta_{ik}\delta_{jl} + \delta_{jk}\delta_{il}) + A_{3}\sigma_{ij}\delta_{kl} \\
& + A_{4}\delta_{ij}\sigma_{kl} + A_{5}(\delta_{ik}\sigma_{jl} + \delta_{il}\sigma_{jk} + \delta_{jk}\sigma_{il} + \delta_{jl}\sigma_{ik}) \\
& + A_{6}\delta_{ij}\sigma_{km}\sigma_{ml} + A_{7}\delta_{kl}\sigma_{im}\sigma_{mj} \\
& + A_{8}(\delta_{ik}\sigma_{jm}\sigma_{ml} + \delta_{il}\sigma_{jm}\sigma_{mk} + \delta_{jk}\sigma_{im}\sigma_{ml} + \delta_{jl}\sigma_{im}\sigma_{mk}) \\
& + A_{9}\sigma_{ij}\sigma_{kl} + A_{10}\sigma_{ij}\sigma_{km}\sigma_{mi} \\
& + A_{11}\sigma_{im}\sigma_{mj}\sigma_{kl} + A_{12}\sigma_{im}\sigma_{mj}\sigma_{kn}\sigma_{nl}
\end{aligned} \qquad (5.5.21)$$

式中：σ_{ij} 为应力张量的分量；ε_{kl} 为应变张量的分量；$A_1 \sim A_{12}$ 为 12 个系数，与应力不变量有关；δ_{ij} 为克罗内克（Kronecker）δ 符号（当 $i=j$ 时，$\delta_{ij}=1$；当 $i \neq j$ 时，$\delta_{ij}=0$）。

式（5.5.20）和式（5.5.21）是将式（5.5.1）、式（5.5.2）推广到三维条件下的基础。常规三轴试验不能确定上述所有 12 个系数，为此忽略高阶量的影响，即假设 $A_5 \sim A_{12}$ 等于 0。因此，式（5.5.21）变为

$$D_{ijkl}(\sigma_{mn}) = A_1 \delta_{ij}\delta_{kl} + A_2(\delta_{ik}\delta_{jl} + \delta_{jk}\delta_{il}) + A_3 \sigma_{ij}\delta_{kl} + A_4 \delta_{ij}\sigma_{kl} \tag{5.5.22}$$

式（5.5.20）变为

$$\mathrm{d}\sigma_{ij} = A_1\delta_{ij}\mathrm{d}\varepsilon_{kk} + 2A_2\mathrm{d}\varepsilon_{ij} + A_3\sigma_{ij}\mathrm{d}\varepsilon_{kk} + A_4\delta_{ij}\sigma_{kl}\mathrm{d}\varepsilon_{kl} \tag{5.5.23}$$

在三轴应力条件下，式（5.5.23）可写为

$$\mathrm{d}\sigma_{11} = A_1\mathrm{d}\varepsilon_{kk} + 2A_2\mathrm{d}\varepsilon_{11} + A_3\sigma_{11}\mathrm{d}\varepsilon_{kk} + A_4(\sigma_{11}\mathrm{d}\varepsilon_{11} + 2\sigma_{22}\mathrm{d}\varepsilon_{22})$$

$$\mathrm{d}\sigma_{22} = A_1\mathrm{d}\varepsilon_{kk} + 2A_2\mathrm{d}\varepsilon_{22} + A_3\sigma_{22}\mathrm{d}\varepsilon_{kk} + A_4(\sigma_{11}\mathrm{d}\varepsilon_{11} + 2\sigma_{22}\mathrm{d}\varepsilon_{22})$$

$$\mathrm{d}\sigma_{33} = \mathrm{d}\sigma_{22}$$

并且有

$$\mathrm{d}p = (\mathrm{d}\sigma_{11} + \mathrm{d}\sigma_{22} + \mathrm{d}\sigma_{33})/3$$
$$= \left(A_1 + \frac{2}{3}A_2 + A_3 p + A_4 p\right)\mathrm{d}\varepsilon_{\mathrm{v}} + A_4 q \mathrm{d}\varepsilon_{\mathrm{s}} \tag{5.5.24}$$

$$\mathrm{d}q = \mathrm{d}\sigma_{11} - \mathrm{d}\sigma_{22} = A_3 q \mathrm{d}\varepsilon_{\mathrm{v}} + 3A_2\mathrm{d}\varepsilon_{\mathrm{s}} \tag{5.5.25}$$

对比式（5.5.1）、式（5.5.2）和式（5.5.24）、式（5.5.25）可得

$$\begin{cases} A_1 = K_{\mathrm{p}} - \dfrac{2}{9}G + \dfrac{pK_{\mathrm{p}}G}{qK_{\mathrm{q}}} \\ A_2 = G/3 \\ A_3 = 0 \\ A_4 = -\dfrac{K_{\mathrm{p}}G}{qK_{\mathrm{q}}} \end{cases} \tag{5.5.26}$$

将式（5.5.26）代入式（5.5.23）可得

$$\mathrm{d}\sigma_{ij} = \left(K_{\mathrm{p}} - \frac{2}{9}G + \frac{pK_{\mathrm{p}}G}{qK_{\mathrm{q}}}\right)\delta_{ij}\mathrm{d}\varepsilon_{kk} + \frac{2}{3}G\mathrm{d}\varepsilon_{ij} - \frac{K_{\mathrm{p}}G}{qK_{\mathrm{q}}}\delta_{ij}\sigma_{kl}\mathrm{d}\varepsilon_{kl} \tag{5.5.27}$$

平均主应力 p 和广义剪应力 q 分别为

$$p = \frac{\sigma_{kk}}{3} = \frac{\sigma_{11} + \sigma_{22} + \sigma_{33}}{3} \tag{5.5.28}$$

$$q = \sqrt{\frac{3}{2}}(s_{ij}s_{ij})^{1/2} = \frac{1}{\sqrt{2}}[(\sigma_{11}-\sigma_{22})^2 + (\sigma_{22}-\sigma_{33})^2 + (\sigma_{11}-\sigma_{33})^2 + 6(\sigma_{12}^2 + \sigma_{23}^2 + \sigma_{13}^2)]^{1/2} \tag{5.5.29}$$

式中：s_{ij} 为偏应力张量的分量。

式（5.5.27）增量形式的应力应变关系可表示为

$$\mathrm{d}\boldsymbol{\sigma} = \boldsymbol{D}\mathrm{d}\boldsymbol{\varepsilon} \tag{5.5.30}$$

式中: $\mathrm{d}\boldsymbol{\sigma}$ 和 $\mathrm{d}\boldsymbol{\varepsilon}$ 分别为增量应力张量和增量应变张量; $\boldsymbol{D}$ 为非线性剪胀模型的刚度系数矩阵。

式（5.5.30）还可以表示为

$$
\begin{Bmatrix} \mathrm{d}\sigma_{11} \\ \mathrm{d}\sigma_{22} \\ \mathrm{d}\sigma_{33} \\ \mathrm{d}\sigma_{12} \\ \mathrm{d}\sigma_{23} \\ \mathrm{d}\sigma_{31} \end{Bmatrix} = \begin{bmatrix} D_{11} & D_{12} & D_{13} & D_{14} & D_{15} & D_{16} \\ D_{21} & D_{22} & D_{23} & D_{24} & D_{25} & D_{26} \\ D_{31} & D_{32} & D_{33} & D_{34} & D_{35} & D_{36} \\ D_{41} & D_{42} & D_{43} & D_{44} & D_{45} & D_{46} \\ D_{51} & D_{52} & D_{53} & D_{54} & D_{55} & D_{56} \\ D_{61} & D_{62} & D_{63} & D_{64} & D_{65} & D_{66} \end{bmatrix} \begin{Bmatrix} \mathrm{d}\varepsilon_{11} \\ \mathrm{d}\varepsilon_{22} \\ \mathrm{d}\varepsilon_{33} \\ \mathrm{d}\varepsilon_{12} \\ \mathrm{d}\varepsilon_{23} \\ \mathrm{d}\varepsilon_{31} \end{Bmatrix} \tag{5.5.31}
$$

其中,

$$
\begin{cases}
D_{11} = \alpha_1 + \alpha_3 \\
D_{12} = \alpha_2 + \alpha_4 \\
D_{13} = \alpha_2 + \alpha_5 \\
D_{14} = \beta\sigma_{12} \\
D_{15} = \beta\sigma_{23} \\
D_{16} = \beta\sigma_{31} \\
D_{21} = \alpha_2 + \alpha_3 \\
D_{22} = \alpha_1 + \alpha_4 \\
D_{23} = \alpha_2 + \alpha_5 \\
D_{24} = D_{14} \\
D_{25} = D_{15} \\
D_{26} = D_{16} \\
D_{31} = \alpha_2 + \alpha_3 \\
D_{32} = \alpha_2 + \alpha_4 \\
D_{33} = \alpha_1 + \alpha_5 \\
D_{34} = D_{14} \\
D_{35} = D_{15} \\
D_{36} = D_{16} \\
D_{41} = D_{42} = D_{43} = D_{45} = D_{46} = 0 \\
D_{44} = \dfrac{2}{3}G \\
D_{51} = D_{52} = D_{53} = D_{54} = D_{56} = 0 \\
D_{55} = \dfrac{2}{3}G \\
D_{61} = D_{62} = D_{63} = D_{64} = D_{65} = 0 \\
D_{66} = \dfrac{2}{3}G
\end{cases} \tag{5.5.32}
$$

$$
\begin{cases}
\alpha_1 = K_p + \dfrac{4}{9}G \\[2mm]
\alpha_2 = K_p - \dfrac{2}{9}G \\[2mm]
\alpha_3 = \dfrac{K_p G}{3qK_q}(\sigma_{22} + \sigma_{33} - 2\sigma_{11}) \\[2mm]
\alpha_4 = \dfrac{K_p G}{3qK_q}(\sigma_{11} + \sigma_{33} - 2\sigma_{22}) \\[2mm]
\alpha_5 = \dfrac{K_p G}{3qK_q}(\sigma_{11} + \sigma_{22} - 2\sigma_{33}) \\[2mm]
\beta = \dfrac{-K_p G}{qK_q}
\end{cases}
\tag{5.5.33}
$$

刚度系数矩阵 $\boldsymbol{D}$ 变为

$$
\boldsymbol{D} = \begin{bmatrix}
D_{11} & D_{12} & D_{13} & D_{14} & D_{15} & D_{16} \\
D_{21} & D_{22} & D_{23} & D_{24} & D_{25} & D_{26} \\
D_{31} & D_{32} & D_{33} & D_{34} & D_{35} & D_{36} \\
0 & 0 & 0 & D_{44} & 0 & 0 \\
0 & 0 & 0 & 0 & D_{55} & 0 \\
0 & 0 & 0 & 0 & 0 & D_{66}
\end{bmatrix}
\tag{5.5.34}
$$

由式（5.5.34）可见，$\boldsymbol{D}$ 为非对称矩阵。如果 $K_q = \infty$，即无剪胀或剪缩，刚度系数矩阵 $\boldsymbol{D}$ 退化为二模量模型的对称矩阵。

5.5.4　应力变形分析软件

ABAQUS 提供了大量的用户子程序，它们可以作为二次开发平台，用户子程序可采用 Fortran 语言编写代码。本章介绍的本构模型采用用户子程序 UMAT 实现，ABAQUS 将在每一荷载步中的每一增量步，对每一单元的材料积分点调用一次用户子程序 UMAT；然后 UMAT 根据主程序传入的应变增量更新应力增量和状态变量，并计算出材料的雅可比（Jacobian）矩阵供 ABAQUS 主程序形成刚度矩阵；主程序结合当前的刚度矩阵和荷载增量计算位移增量，继而进行平衡校核，如果不满足给定的误差，ABAQUS 将进行平衡迭代直到收敛为止，然后进行下一步的增量求解。根据上述思路，本节采用 Fortran 语言编制的 UMAT 用户子程序的实现过程如下：

（1）增量步开始时调用 UMAT，根据 ABAQUS 主程序传入的各应力分量，计算材料积分点的大、小主应力和主应力差；

（2）根据剪胀模型的参数，计算当前增量步的应力水平 S；

（3）根据加卸载准则计算切线模量 E_t、体变模量 K_p、剪切模量 G 和剪胀模量 K_q；

（4）结合原应力形成雅可比矩阵，即刚度系数矩阵 $\boldsymbol{D}$；

（5）由应变增量和刚度系数矩阵 **D** 计算当前应力分量的增量；

（6）由当前应力分量的增量加上原应力分量计算出新的应力分量；

（7）由新的应力分量再次计算大小主应力、主应力差和应力水平；

（8）根据新的应力水平进行应力破坏判别与修正；

（9）更新状态变量，退出 UMAT。

5.5.5　试验与验证

1. 试验方法

试验用料为两个堆石坝工程的堆石料，为叙述方便，简称为 MS 堆石料和 QP 堆石料，其试验级配曲线如图 5.5.2 所示。MS 堆石料为辉石角闪岩料，最大干密度为 2.445 g/cm^3，试样干密度为 2.274 g/cm^3；QP 堆石料为斑晶花岗片麻岩料，最大干密度为 2.118 g/cm^3，试样干密度为 1.927 g/cm^3。

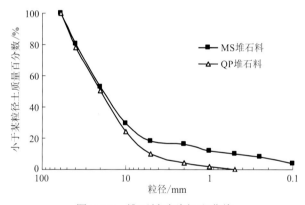

图 5.5.2　堆石料试验级配曲线

三轴试验的试样尺寸为 ϕ300 mm×600 mm，本次试验的小主应力最大值为 2.4 MPa。平面应变试验的试样尺寸为 300 mm×600 mm×600 mm，本次试验的小主应力最大值为 1.8 MPa。平面应变试验的程序是先在三个方向加小主应力，变形稳定后，在小主应力恒定条件下，按一定加荷速率施加大主应力直至剪切破坏，在不同时刻测读轴向变形、体变、大主应力、中主应力。

2. 试验成果

4 组试验的成果如图 5.5.3、图 5.5.4 所示，同时给出了剪胀模型的拟合曲线。从图 5.5.3、图 5.5.4 可以看出：对于密度较高的 MS 堆石料，在 σ_3 较小时，剪切过程中具有体胀特征，偏应力曲线具有应变软化现象，平面应变试验表现得更加明显；对于密度较小的 QP 堆石料，剪切过程中偏应力曲线表现出应变硬化现象，普遍表现为体缩，当应力达到峰值强度后，试样表现为等体积变形。

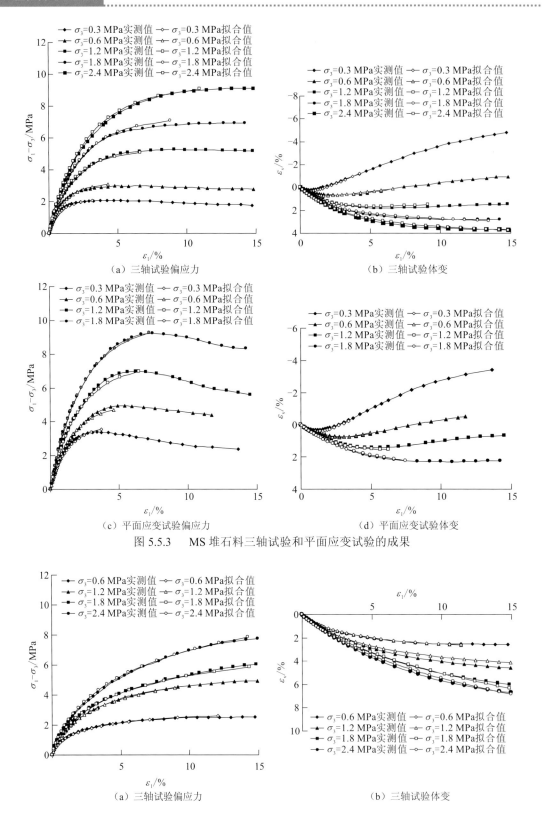

图 5.5.3　MS 堆石料三轴试验和平面应变试验的成果

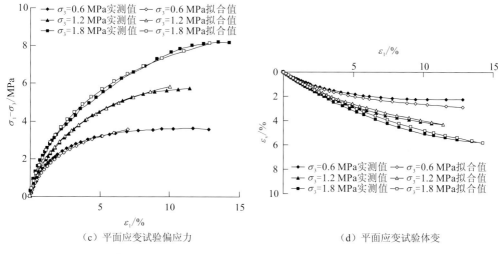

（c）平面应变试验偏应力 （d）平面应变试验体变

图 5.5.4 QP 堆石料三轴试验和平面应变试验的成果

3. 试验验证

对于一个新的本构模型，最关心的问题是该模型对复杂应力条件的适用性，即模型合理性验证。本节先采用常规三轴试验的成果确定不同粗粒料的模型参数，再计算平面应变试验条件下的应力应变关系曲线，并与平面应变试验结果进行比较。

在平面应变状态下，应力和应变增量有下列换算关系：

$$\begin{cases} \mathrm{d}p = \dfrac{1+\mu}{3}\mathrm{d}\sigma_1 \\ \mathrm{d}q = \sqrt{1-\mu+\mu^2}\,\mathrm{d}\sigma_1 \end{cases} \tag{5.5.35}$$

$$\begin{cases} \varepsilon_v = \varepsilon_1 + \varepsilon_3 \\ \varepsilon_s = 2\sqrt{\varepsilon_1^2 + \varepsilon_3^2 - \varepsilon_1\varepsilon_3} \end{cases} \tag{5.5.36}$$

平面应变试验条件下的应力、应变计算过程如下：

（1）固定小主应力 σ_3，循环增加大主应力 $\mathrm{d}\sigma_1$；

（2）由式（5.5.7）、式（5.5.8）、式（5.5.12）、式（5.5.15）、式（5.5.17）、式（5.5.18）计算应力状态为 σ_3、σ_1 时的 K_p、K_q、G；

（3）由式（5.5.35）计算 $\mathrm{d}p$ 和 $\mathrm{d}q$；

（4）由式（5.5.1）、式（5.5.2）计算应变增量 $\mathrm{d}\varepsilon_v$ 和 $\mathrm{d}\varepsilon_s$，以及应变 ε_v 和 ε_s；

（5）由式（5.5.36）计算应变 ε_1；

（6）对于不同小主应力 σ_3，重复上述过程，即可求得一组平面应变试验拟合曲线。

两种堆石料剪胀模型的拟合曲线如图 5.5.3、图 5.5.4 所示，模型参数如表 5.5.1 所示。

表 5.5.1 模型参数

试验	干密度 /(g/cm³)	模型参数									
		c/kPa	φ/(°)	K	n	α	β	K_{ur}	R_f	K_f	μ
MS 堆石料三轴试验	2.274	253	38.7	2 700	0.11	1.00	1.3	2 970	0.94	5.1	0.27
MS 堆石料平面应变试验	2.274	553	40.9	2 700	0.11	1.00	1.3	2 970	0.90	5.1	0.27
QP 堆石料三轴试验	1.927	270	35.9	2 700	0.20	0.45	2.1	2 970	0.84	5.5	0.20
QP 堆石料平面应变试验	1.927	294	40.9	2 700	0.20	0.45	2.1	2 970	0.80	5.5	0.20

从图 5.5.3、图 5.5.4 和表 5.5.1 可以看出,剪胀模型能够很好地模拟堆石料不同加载过程的应力应变关系,对于同一种堆石料,三轴试验和平面应变试验的模型参数除强度指标(包括 c、φ、R_f 外),其他参数完全一致。

初步研究表明,本章提出的剪胀模型是一个具有实用性的本构模型。因此,可以认为,由三轴试验得到的三参量表达式式(5.5.7)、式(5.5.12)、式(5.5.15)可以推广到复杂应力状态。

岩土工程实践表明,一种实用性本构模型应该能突出土的主要特性,力学概念简单,参数物理意义明确,且不同土体的参数具有可比性。本节根据组构试验和真三轴试验建立的理论基础,完整地建立了三参量 K_p、K_q、G 与应力的关系式。试验表明,该模型能够较好地模拟三轴试验和平面应变试验的应力应变关系,更加重要的是,同一组参数可以模拟相同粗粒料不同受力过程的应力应变关系。大量工程实践表明,K-K-G 本构模型可以很好地反映土石坝的应力和变形。

参 考 文 献

程展林, 潘家军, 2021. 土石坝工程领域的若干创新与发展[J]. 长江科学院院报, 38(5): 1-10.

程展林, 吴良平, 丁红顺, 2007. 粗粒土组构之颗粒运动研究[J]. 岩土力学, 28(S1): 29-33.

程展林, 姜景山, 丁红顺, 等, 2010. 粗粒土非线性剪胀模型研究[J]. 岩土工程学报, 32(3): 460-467.

程展林, 陈鸥, 左永振, 等, 2011. 再论粗粒土剪胀性模型[J]. 长江科学院院报, 28(6): 39-44, 49.

姜景山, 程展林, 姜小兰, 2008. 粗粒土二维模型试验研究[J]. 长江科学院院报, 25(2): 38-41.

姜景山, 程展林, 刘汉龙, 等, 2009. 粗粒土二维模型试验的组构分析[J]. 岩土工程学报, 31(5): 811-816.

李广信, 2006. 土的清华弹塑性模型及其发展[J]. 岩土工程学报, 28(1): 1-10.

石根华, 1997. 数值流形方法与非连续变形分析[M]. 北京: 清华大学出版社.

周跃峰, 潘家军, 程展林, 等, 2017. 基于大型真三轴试验的砂砾石料强度-剪胀特性研究[J]. 岩石力学与工程学报, 36(11): 2818-2825.

周跃峰, 潘家军, 程展林, 等, 2020. 应力洛德角旋转路径下粗粒土的力学行为[J]. 岩土工程学报, 42(S1): 55-59.

左永振, 程展林, 丁红顺, 2010. CT 技术在粗粒土组构研究中的应用[J]. 人民黄河, 32(7): 109-111.

CUNDALL P A, HART R D, 1992. Numerical modelling of discontinua[J]. Engineering computations, 9(2): 101-113.

LIN S Z, XU D D, CHENG Z L, 2024. A continuous-discontinuous deformation analysis method for research on the mechanical properties of coarse granular materials[J]. Computers and geotechnics, 168: 106152.

6

第 6 章　粗粒料蠕变特性

6.1　概　　述

笔者对粗粒料蠕变特性的研究是随水布垭面板坝研究展开的，准确地讲，系统试验始于 2001 年，并提出了蠕变模型（程展林和丁红顺，2004）。但时至今日，笔者对粗粒料蠕变机理、试验方法、堆石坝蠕变变形分析方法等仍存困惑。尽管如此，笔者认为研究粗粒料变形与时间的关系总是有必要的，故将有关试验成果介绍给大家，也许可以帮助大家理解粗粒料的应力应变关系。

当谈到蠕变时，很多人将其称为流变，其实流变的意义更宽泛。土的流变特性研究主要包括四个方面：①蠕变特性，研究在荷载作用下，应变随时间延长而逐渐增大的现象；②松弛特性，研究当应变一定时，应力随时间延长而逐渐减小的现象；③流动特性，研究当时间一定时，应变速率与应力的关系；④长期强度，研究在一定时间内，强度与时间的关系。对于土石坝，只研究了粗粒料蠕变特性。

按照米切尔（Mitchell）给出的定义，土的蠕变是"剪应变和体积应变随时间而变"的现象，且"其应变速率取决于土体结构的黏滞阻力的大小"。同时，由于应力水平不同，蠕变由阻尼蠕变变为非阻尼蠕变。麦钱特（Merchant）认为，土体沉降中的次固结现象是由土颗粒间的内部摩擦阻力延滞导致的。也可以认为，堆石料在受到外力作用时，总会有颗粒的破碎和位置调整，必然伴随着内应力的调整。在一定的条件下，这些内应力的调整与时间相关，就会产生蠕变现象（傅志安和凤家骥，1993）。

坝工界常常将堆石坝的后期变形统称为蠕变，但从试验研究的角度出发还是应该根据后期变形产生的原因，区别对待不同的变形，否则无法建立堆石坝后期变形的仿真方法。堆石坝后期变形的产生至少有以下若干因素：其一，堆石体内颗粒破碎和位置调整引起的蠕变，其特性是本章将要介绍的内容；其二，降雨引起的堆石体的湿化变形，从堆石坝变形来看，其也表现出与时间的关联性，但其内在原因是降雨逐渐引起不同区域坝体的湿化（程展林 等，2010），与时间的关系显然与堆石体的蠕变是不同的，蠕变是应力持续作用下的一种随时间而变的过程；其三，库水位往复升降作用产生的在面板上的低频周期性荷载引起的变形，荷载的每一次往复作用，将引起堆石坝的弹性变形，也会引起残余变形（杨启贵 等，2023），与动力周期性荷载作用响应相似，这种残余变形的累加过程也就是堆石坝后期变形的增加过程，其大小与库水位变幅和循环次数相关，其变形机理与蠕变不同；其四，其他因素，如堆石料的劣化（石北啸 等，2016）等。

在堆石坝实测资料分析和预测中，是很难厘清各种变形的，但不应称之为或仅理解为蠕变。弄清堆石坝后期变形与蠕变的关系，有利于理解实测资料的合理性，也有利于理解后期变形与蠕变持续时间的差异。

蠕变研究是困难的，其难点在于：其一，蠕变是变形随时间的变化过程，但室内试验很难持续较长时间，笔者及其研究团队进行过一级荷载持续 70 多天的试验，但相对于堆石料的蠕变过程，70 多天的时间仍然是非常短的；其二，采用短时间的试验成果揭示长时间的变形演化规律也是困难的；其三，一个单元体的蠕变量是非常小的，试验误差容易掩盖其变形规律；其四，堆石料应变控制式试验成果与应力控制式试验成果之间的差异性难以自圆其说，这关系到对堆石料变形机理的理解；其五，土石坝坝体蠕变变形的计算方法也存在差异，这也关系到对堆石料变形机理的理解。

为了方便介绍堆石料的蠕变规律性，本章以某一次比较系统的蠕变试验的成果为基础，穿插引用其他相关试验的成果，介绍堆石料蠕变与各因素的相关关系、笔者提出的蠕变模型及堆石坝变形分析方法。

研究中提出的一些观点仍然需要进一步推敲，如应力控制式试验成果的不确定性、堆石料的变形与应力路径无关、堆石料的蠕变只与最终的应力状态相关而与应力增量大小无关等。这些观点需要通过试验进一步论证。

采用幂函数拟合蠕变试验时间内的成果是可行的，由此外推至几十年的结果是否合理是值得深入探讨的。同时，试验料是经过缩尺的，缩尺对蠕变参数有多大的影响仍然是一个未知数。然而，蠕变试验研究建立起来的架构仍然具有参考意义。

6.2　室内蠕变试验

6.2.1　试验方法

堆石料的蠕变试验是在应力控制式大型三轴仪上进行的，试样直径为 300 mm，高度为 600 mm。为模拟高坝的应力状态，最大围压达 3.0 MPa。蠕变试验的最大困难在于长时间维持应力稳定，最理想的情况是在一级荷载下的蠕变过程中不做应力调整，否则，蠕变曲线将出现波动。经多种方案比较，将大体积高压蓄能罐作为稳压器是比较好的选择，可以保持应力长时间的稳定。

为了避免温度变化对试验成果的影响，实验室采用空调进行温度控制，试验过程中温度控制在 14～16 ℃。

蠕变特性研究的难点在于对堆石料蠕变机理的分析，其实质是堆石料变形与应力过程的关系，具体来讲，是前期蠕变对堆石料后期变形特性或变形量的影响及其影响规律。

假设某一应力状态下的堆石料变形量与加载过程中是否发生蠕变无关，分析堆石坝填筑过程中的蠕变就可能失去意义，只研究某特定时段的蠕变量和蠕变过程即可，如工后沉降。也可以想象，堆石料应力应变关系的增量形式会因前期是否存在蠕变过程而不同，但蠕变过程对堆石料变形特性的影响是个变数，也没有必要严格仿真。如果是这样，某一应力状态下的蠕变量是与应力增量有关还是与应力全量有关的争论也没有意义。如果堆石料的蠕变特性与假设相同，堆石料的蠕变研究就变得相对简单了。

假设某一应力状态下的堆石料变形特性与加载过程中是否发生蠕变有关，堆石料的变形就会因填筑过程中发生的蠕变而增大。如果堆石料的蠕变特性只与应力全量有关，数值分析得到的蠕变量也会因荷载增量步取值的不同而不同，建立蠕变与应力增量相关的数学模型可能更让人信服。

笔者长期进行粗粒料试验，常常因平行试验的成果不一致而痛苦。要依据不同试验探求蠕变机理同样是困难的，其原因在于堆石料的蠕变量本身不大，其差值规律的研究往往被试验误差所干扰。这就要求试验认真而细致，并从多组平行试验中寻找它们的异同。

堆石坝的变形是复杂的，有荷载作用下的变形、水作用下的湿化变形、由材料劣化引起的劣化变形等。其中，荷载作用下的变形包括：荷载初次作用下短时间内发生的弹性变形和塑性变形，这是堆石坝变形的主要部分，建议给其一个专有名称，暂称为瞬时变形；长期荷载作用下的蠕变变形；库水位往复升降产生的低频周期性荷载引起的变形，该变形也包括弹性变形和塑性变形，弹性变形量值小，可恢复，塑性变形将随荷载的每一次往复作用逐渐累加，是堆石坝后期变形的重要组成部分，对堆石坝安全将产生影响，持续增长时间较长，称为残余变形。

堆石料变形机理的复杂性决定了堆石坝变形的复杂性，也决定了堆石料本构模型构建、堆石坝应力变形仿真等工作的难度。需要强调的是：其一，总变形应该不能通过各种变形的简单求和得到；其二，关键问题在于找到影响工程安全的堆石坝变形规律。

6.2.2　试样及试验条件

在堆石料蠕变特性研究的历程中，始终关注荷载作用下堆石料总变形与加载过程的关系，以阐述堆石料的变形特性。下面比较详细地介绍笔者针对水布垭面板坝填料进行的蠕变试验。

水布垭面板坝茅口组灰岩料的相对密度为 2.73。蠕变试验共进行了 7 组，除 1 组试验为单级配（直径为 10～20 mm，干密度为 1.63 t/m³，初始孔隙率 n=29.1%）外，其余 6 组试验控制干密度均为 2.16 t/m³，初始孔隙率 n=20.9%，试验级配是水布垭面板坝主堆石料平均级配缩尺后的级配。试样级配曲线如图 6.2.1 所示。

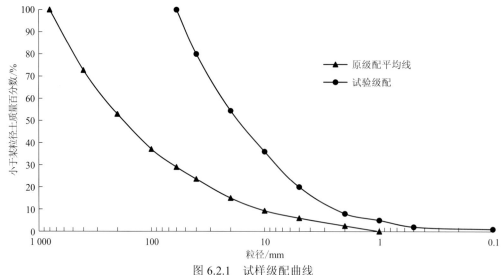

图 6.2.1　试样级配曲线

蠕变试验为应力控制式试验，试验方案如表 6.2.1 所示。蠕变试验在已知三轴应力条件下，每一级荷载稳定应力状态若干时间（3～69 天），记录不同时刻的试样变形，当达到预定时间时加下一级荷载。

表 6.2.1　蠕变试验方案

试验编号	试样干密度 /(t/m³)	级配	试验条件		
			围压 σ_3/MPa	应力水平	稳定时间/天
MKP01	2.16	平均	0.9	0.2/0.4/0.6/0.8	6/7/8/13
			1.8	0.2/0.4/0.6/0.8	6/7/8/13
			2.7	0.2/0.4/0.6/0.8	6/7/8/13
MKP02	2.16	平均	0.9	0.2/0.4/0.6/0.8	6/9/11/11
			1.8	0.2/0.4/0.6/0.8	6/9/11/11
			2.7	0.2/0.4/0.6/0.8	6/10/11/11
MKP03	2.16	平均	0.9	0.8	69
			1.8	0.8	69
			2.7	0.8	69
MKP04	2.16	平均	0.9	0.60/0.65/0.7/0.75/0.80	7/6/9/11/22
			1.8	0.60/0.65/0.70/0.75/0.80	7/6/9/11/22
			2.7	0.60/0.65/0.70/0.75/0.80	9/11/10/12/23
MKP05	2.16	平均	1.8	0.60/0.65/0.80	3/14/15
			2.7	0.60/0.65/0.80	3/14/15
MKP06	2.16	平均	1.8	0.600/0.625/0.650/0.675/0.700/ 0.725/0.750/0.775/0.800	1/1/1/1/1/1/1/8
MKP07	1.63	单级配	0.9	0.2/0.4/0.6	7/7/13
			1.8	0.2/0.4/0.6	7/7/7
			2.7	0.2/0.4/0.6	7/7/7

为了确定试样的强度指标，并由此计算各级应力水平下的竖向荷载，也为了比较不同加荷方式对堆石料变形的影响，对相同试样进行了应变控制式试验，为便于介绍，试验编号定为 MKP08，该试验围压分别为 0.9 MPa、1.8 MPa、2.7 MPa。

试验 MKP01 与 MKP02 为平行试验，目的在于比较蠕变试验的稳定性；试验 MKP03 的目的在于比较一级加荷与多级加荷之间的差别，同时探讨较长时间下的蠕变规律；试验 MKP04、MKP05 和 MKP06 的目的在于比较小应力增量与大应力增量下蠕变规律的差异；试验 MKP07 的目的在于比较试样级配对其蠕变的影响；试验 MKP08 的目的在于比较加载方式对堆石料变形的影响，探讨加载过程对堆石料变形及蠕变的影响规律。

试验的目的在于得到如下内容：

（1）堆石料蠕变与时间的关系；

（2）堆石料变形与应力状态的关系；

（3）堆石料蠕变与应力增量及增量过程的关系；

（4）堆石料蠕变与材料级配的关系；

（5）堆石料蠕变模型及参数；

（6）应变控制式试验成果与应力控制式试验成果的关系；

（7）土石坝蠕变变形计算方法。

6.3 蠕变与时间的关系

确定蠕变与时间的关系是堆石料蠕变研究的首要任务。以往有学者（程展林和丁红顺，2004；梁军和刘汉龙，2002；王勇和殷宗泽，2000；沈珠江和赵魁芝，1998；沈珠江和左元明，1991）针对堆石体蠕变量与时间的关系进行过三种函数曲线的比较，即对数型曲线、指数型曲线、双曲线，并最终认为指数型曲线比较合理，但该结论多依据的是 10 cm 直径试样的三轴试验且时间较短。为此，笔者及其研究团队在 2000 年前后采用直径为 30 cm 的试样利用三轴仪进行了较长时间的蠕变试验，并对堆石料蠕变量与时间的关系进行了细致的分析。

经过比较发现，堆石料蠕变量与时间的关系曲线在双对数坐标系下呈现出了很好的线性关系。图 6.3.1 为试验 MKP03 单级加载至应力水平 0.8 时应变与时间的关系曲线，试验 MKP03 是室内蠕变时间最长的试验，可以说堆石料的变形过程随时间增长具有较好的规律性，常规坐标系下轴向应变与时间的关系曲线如图 6.3.2 所示。同时，也可以想到，仅依据 69 天的试验成果确定可能持续几年甚至几十年的变形规律是一件很困难的事。

图 6.3.3 尽可能地夸大蠕变与时间的关系，时间因素采用对数坐标，充分提升前期变形对变形规律的约束作用，变形采用常规坐标，并尽可能地放大变形的显示比例，采用 69 天的试验成果预测 50 年时的变形仍然具有不确定性，这与人为采用的趋势函数有极大的关系。

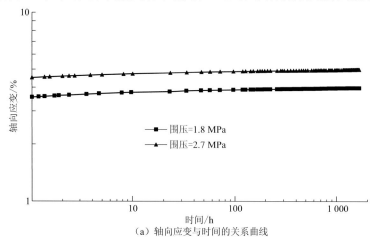

（a）轴向应变与时间的关系曲线

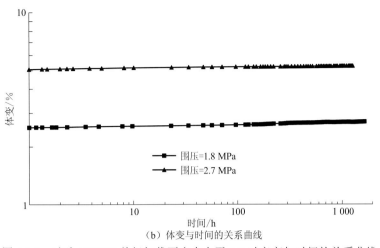

（b）体变与时间的关系曲线

图 6.3.1　试验 MKP03 单级加载至应力水平 0.8 时应变与时间的关系曲线

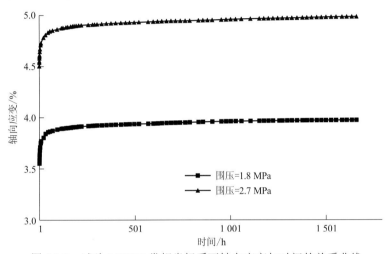

图 6.3.2　试验 MKP03 常规坐标系下轴向应变与时间的关系曲线

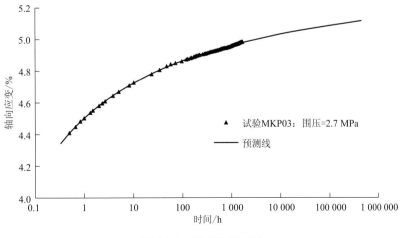

图 6.3.3　蠕变趋势预测

图 6.3.4 为试验 MKP02 不同应力状态下的蠕变曲线（部分成果）。当围压一定，采用多级加载，应力水平增量为 0.2 时，与图 6.3.1 相比可以发现，与一次性加载相比，应变随时间的变化曲线具有相似的增长规律。

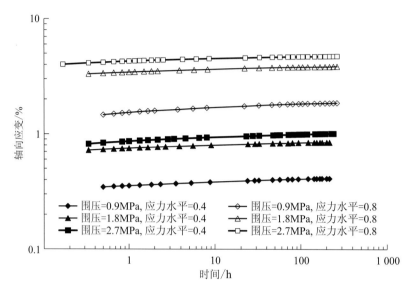

图 6.3.4　试验 MKP02 不同应力状态下的蠕变曲线

图 6.3.5 为试验 MKP07 单级配堆石料与试验 MKP02 连续级配堆石料蠕变曲线的比较，可以看出，不同材料的变形大小不同，但蠕变与时间的相关关系相似。因此，可以认为，堆石料蠕变与时间的关系在双对数坐标系下呈现出近似线性规律，这种规律具有普适性。

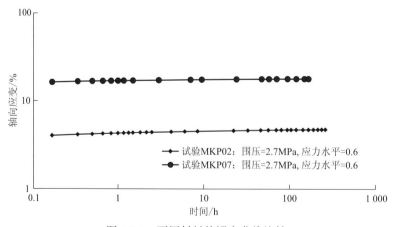

图 6.3.5　不同材料的蠕变曲线比较

6.4　蠕变与加载过程的关系

6.4.1　应力增量较大时的蠕变过程

图 6.4.1 为不同应力增量时的蠕变曲线。其中，试验 MKP01 和 MKP02 为应力水平由 0.6 增至 0.8 时的蠕变增长过程，试验 MKP03 为应力水平由 0.0 增至 0.8 时的蠕变增长过程。三组试验发生蠕变时的应力状态相同，但应力增量不同，然而其蠕变量大小及蠕变与时间的关系几乎相同。三组试验的结果略有差别，可以理解为试验间的误差，试验 MKP01 和 MKP02 为平行试验，结果也存在差异，因此将其视为试验间的误差是可以接受的。由此，暂时得出如下结论：当应力增量较大时，堆石料的蠕变与应力增量大小无关，只与发生蠕变时的应力总量有关。

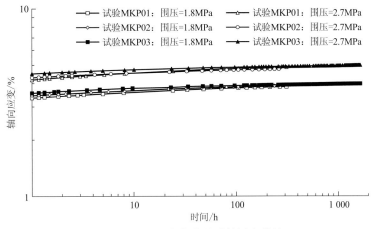

图 6.4.1　不同应力增量时的蠕变曲线

这个结论初看起来是难以让人接受的，根据非线性理论，应力状态决定变形模量，应力增量决定应变增量。"蠕变与应力增量大小无关"显然与非线性理论不符，若结论成立，只表明堆石料蠕变的特殊性。不过，事物总存在其必然规律，根据弹塑性理论，塑性应变增量方向与应力增量方向无关，而只与应力状态有关，这似乎表明了"蠕变与应力增量大小无关"的可能性。

为了进一步说明这个问题，将围压同为 1.8 MPa 的三种试验的成果同时展示在图 6.4.2 中。单级加载试验 MKP03 与多级加载试验 MKP01 两组试验，不仅蠕变量大小几乎相同，而且瞬时应变也几乎相同，这似乎表明在围压为 1.8 MPa、应力水平为 0.8 的应力状态下，堆石料蠕变与加载过程及加载过程中是否发生蠕变无关。

进一步与应变控制式试验的成果进行比较，可以发现如下很有意思的现象：相同应力下，应力控制式试验得到的瞬时应变加蠕变几乎与应变控制式试验得到的应变相同，且前者往往略小于后者。前者历时分别为 34 天和 69 天，而后者历时约 4 h。由此可以得到一个重要结论：应力控制式试验某一应力状态下的堆石料变形总量与加载过程中是否发生蠕变无关，且变形总量与应变控制式试验得到的应变近似。

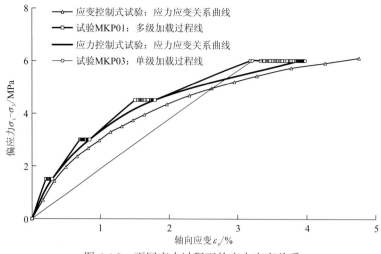

图 6.4.2　不同应力过程下的应力应变关系

蠕变试验表明，分析堆石坝的变形并不需要计算每一个荷载增量下的蠕变，堆石坝的总变形并不是荷载作用下的瞬时变形加蠕变，只需依据应变控制式试验得到的模型参数计算即可。只有需要研究变形与时间的关系，如分析工后变形对防渗系统安全的影响、分析堆石坝后期变形发展规律时才有必要分析蠕变。

厘清堆石料的总变形、荷载初次作用下的短期弹塑性变形（瞬时变形）与蠕变之间的关系，对堆石坝变形分析具有重要意义。

6.4.2　应力增量较小时的应力应变不确定性

对于应力控制式试验，当应力增量较大时，试验得到的应力应变关系、蠕变过程规律性是很好的。当应力增量较小时，试验成果出现无规律现象，即不确定性现象。下面通过比较两组试验（试验 MKP02 和 MKP04）的成果介绍这种不确定性现象。

试验仅应力水平增量过程不同，其他条件一致，试样均为茅口组灰岩料，级配相同，干密度均为 2.16 g/cm^3，各级荷载的稳定时间在 10 天左右。其中，试验 MKP02 应力水平增量为 0.2，而试验 MKP04 先施加轴向应力至应力水平 0.60，再按应力水平增量 0.05 分级施加荷载。

图 6.4.3 为试验 MKP04 部分蠕变曲线，可以看出，除第一级应力水平增量为 0.6 的蠕变曲线正常之外，其余各级应力水平增量为 0.05 的蠕变曲线均呈无规律特征，而且这种无规律特征具有普遍性。笔者最初看到这种试验结果时，认为是试验的问题，经反复论证，才明白这是堆石料的固有特性。

图 6.4.4 为两组试验的应力应变关系曲线比较，可以看出，应力水平增量为 0.2 的试验 MKP02，各级应变基本稳定后的应力应变关系曲线具有明显的双曲线特征。试验 MKP04 初级应力水平增量 0.6 下与试验 MKP02 有很好的可比性，应力水平增量为 0.05 时，应力应变关系曲线似乎有"硬化"现象，且各级应力水平增量下的应变增量具有明显的不确定性。

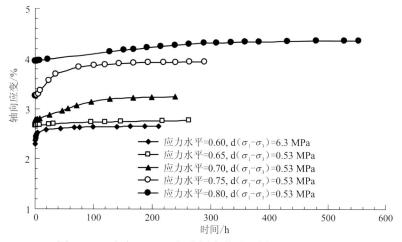

图 6.4.3 试验 MKP04 部分蠕变曲线（围压 = 2.7 MPa）

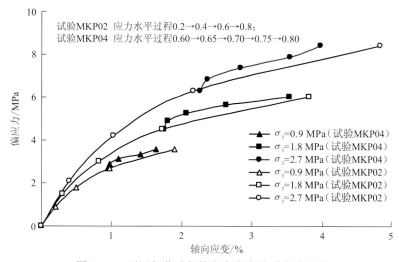

图 6.4.4 不同加荷过程的应力应变关系曲线比较

对于应力增量较小的应力控制式试验，当每级荷载稳定较长时间时，不仅各级应力增量下的应变大小无规律，而且各级应力增量下的应变过程也无规律。这种现象与人们的固有概念存在明显不同，可能只有通过堆石料的组构研究才能合理诠释这种现象的原因。

图 6.4.5 为试验 MKP05 与 MKP02 轴向应变增量的比较，试验 MKP05 在应力水平为 0.6 这一级稳压蠕变后，再增加应力水平 0.05，不仅应变量很小，而且其变形规律也不同于试验 MKP02 的成果（应力水平增量为 0.2）。两者间应力增量之比为 25%，总的应变增量之比不到 3%，且瞬时应变极小。只能做如下猜测：堆石料经过应力水平 0.6 对应荷载的稳压蠕变后，内部结构达到某种平衡，处于稳定状态，相对于该荷载而言，再施加一个小的荷载增量，不足以打破这种平衡，其变形为结构变形，如果再施加一个足够大的荷载增量，这种平衡就可以被打破，其变形主要为颗粒间的错动引起的变形。

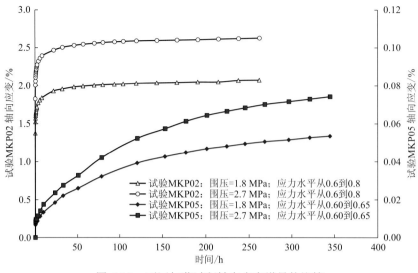

图 6.4.5 不同加荷过程轴向应变增量的比较

为了进一步探讨堆石料的变形机理，研究小应力增量下的变形过程，进一步减小每级的应力增量值，试验 MKP06 按应力水平 0.000→0.600→0.625→0.650→0.675→0.700→0.725→0.750→0.775→0.800 进行加荷，其应力应变关系曲线（围压=1.8 MPa）如图 6.4.6 所示。可以看出：应力水平为 0.600 时，充分变形，之后在 0.600～0.700 范围内，每级荷载下的应变极小，应变增量仅为 0.023%；应力水平再增大 0.025 至 0.725，10 min 内应变增量达 0.19%。稳压蠕变 1 天，充分变形后，再按应力水平增量 0.025 继续加载，得到同样的规律。也就是说，前期荷载增量下试样变形极小，当累计荷载增量达到一定数量时，试样进入正常变形阶段。

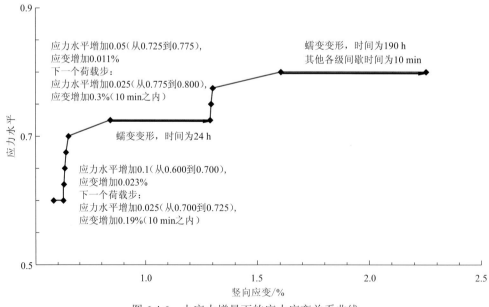

图 6.4.6 小应力增量下的应力应变关系曲线

图 6.4.6 给出以下启示：在应力控制式试验中，加载后的稳压过程是堆石料颗粒位置逐渐调整的过程，也是颗粒间接触应力过大处颗粒破碎后应力及位置调整的过程，即堆石料的蠕变过程。这种调整完成后，颗粒集合体将形成新的结构，颗粒间的接触应力相对于颗粒强度而言达到一种新的平衡。若再施加量值足够大的下一级应力，重复以上过程，得到的应变将是各级应力下充分变形后的应变。试验成果表明，由此建立的材料的应力应变关系具有可重复性和唯一性；若下一级应力增量较小，不足以改变上一级应力形成的平衡，变形将是颗粒集合体结构的变形，这种变形是非常小的，随着应力的增大，可能引起局部颗粒的破碎及位置调整，不同应力下的变形或应变及其过程表现出随机性，即不确定性；当累计应力增量达到一定数量，足以打破前一级应力形成的平衡时，将进入颗粒集合体的正常变形状态。

小应力增量下的变形出现不确定性现象应该具备两个条件，即前一级应力作用下充分变形和本级应力增量足够小。这种现象既说明了堆石料变形过程的复杂性，又表明了这种不确定性是局部的、暂时的，在模拟堆石坝工程变形时，既不可能也没有必要模拟小应力增量下的变形特性，但将其用于分析实际工程变形的不连续性和室内试验初始切线模量偏高可能是有意义的。

综上，对于应力增量较小条件下出现的试验成果不确定性现象，笔者认为只有进行组构分析才能得到合理的解释。颗粒集合体的宏观应变是通过颗粒间的位置调整实现的。也就是说，颗粒集合体的变形或应变是通过颗粒占据的空间位置的改变及颗粒间相互作用的改变来实现的。变形过程必然伴随着颗粒的破碎、滑移、转动过程。本章所指的不确定性现象与颗粒集合体中颗粒空间分布状况的随机性引起的宏观应变差异是不同的。大应力增量下平行试验成果间的差异与小应力增量下试验成果的无规律性反映出了堆石料何种组构特性的变化是值得深入研究的。大应力增量下平行试验成果间的差异取决于"宏观相同试样"初始细观组构的差异，小应力增量下试验成果的无规律性表明堆石料的变形源于其组构的变化，也可以理解为颗粒集合体结构的变化。有一点是可以肯定的，堆石料大应力增量下应力控制式平行试验成果间的差异是不大的，即当应力路径确定后，应力应变关系不仅在规律上而且在数值上具有较好的唯一性。

试验也告诉我们，应力控制式试验与应变控制式试验的成果是存在差异的。应力控制式试验的成果是间歇加载下产生的应变，应变控制式试验的成果是持续变形下能承受的应力。对于其他材料，两者间可能没有不同，但对于堆石料，基于其变形机理，两者存在差异是可以理解的。应变控制式试验是持续加载，应力应变关系曲线为光滑曲线，而应力控制式试验是间歇加载，当应力增量较小时，变形不充分，应力应变关系曲线为非光滑曲线，这应该是堆石料的固有特征。其内因在于堆石料颗粒形态的非规则性及受力过程中的可破碎性。由此看来，对于堆石料的力学试验，保证某一应力状态下变形充分是试验的必要要求。应变控制式试验过程中颗粒结构始终处于非稳定状态，变形相对充分，这也许是应变控制式试验相同应力对应的应变大于应力控制式试验的重要原因。

总之，堆石料的变形特性与应力加载过程、应力路径密切相关，不同的应力路径会使堆石料表现出不同的变形行为。

6.5 蠕变模型及模型参数

6.5.1 蠕变量的确定

按照滞后变形理论，总应变可以分为瞬时产生的弹塑性应变 ε_{ep} 和滞后产生的蠕变 ε_{L} 两部分，即

$$\varepsilon = \varepsilon_{ep} + \varepsilon_{L} \qquad (6.5.1)$$

为了统一，整理室内试验成果时，两部分应变以时间 1 h 为界，1 h 以前的应变为瞬时弹塑性应变。

堆石料的蠕变具有两个特性：其一，堆石料蠕变量与时间的关系曲线在双对数坐标系下呈现很好的线性关系；其二，堆石料的蠕变与应力增量大小无关，只与发生蠕变时的应力总量有关。这两大特性成为构建堆石料蠕变模型的基础。

为了成果整理上的便利性，将蠕变量与时间的关系曲线变换成剩余蠕变量与时间的关系曲线，剩余蠕变量为某一应力状态下的最终蠕变量 ε_{f} 与某一时间 t 的蠕变 ε_{L} 之差。堆石料典型剩余蠕变量与时间的关系曲线如图 6.5.1 所示，两者在双对数坐标系下仍呈现很好的线性关系。堆石料蠕变量与时间的关系可以采用幂函数表达：

$$\varepsilon_{f} - \varepsilon_{L} = \varepsilon_{f} \cdot t^{-\lambda} \qquad (6.5.2)$$

式中：ε_{f} 为某一应力状态下的最终蠕变量，也可理解为蠕变曲线的拟合参数，它与工程运行时间内将要发生的最终蠕变量可能是不同的；λ 为蠕变速率拟合参数。

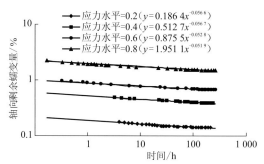

图 6.5.1　轴向剩余蠕变量与时间的关系曲线

6.5.2 轴向蠕变

结合式（6.5.1），变换式（6.5.2）为

$$(\varepsilon_{f} + \varepsilon_{ep}) - \varepsilon = \varepsilon_{f} \cdot t^{-\lambda} \qquad (6.5.3)$$

其中，$\varepsilon_{f} + \varepsilon_{ep}$ 为某级荷载下的应变极值，可利用图 6.5.1 中曲线拟合求得，$(\varepsilon_{f} + \varepsilon_{ep}) - \varepsilon = \varepsilon_{f} - \varepsilon_{L}$ 为剩余蠕变量。根据不同时间 t 的试验应变 ε 可拟合得到 ε_{f}、λ，如图 6.5.1 所示，且 ε_{f}、λ 为应力状态的函数。

1）ε_f 与应力状态的关系

图 6.5.2 为不同应力水平的 ε_f 与围压 σ_3 的关系曲线，在本次试验的围压范围内，ε_f 与围压有很好的线性关系，且 ε_f 与围压近似成正比：

$$\varepsilon_f = \beta \cdot \sigma_3 \tag{6.5.4}$$

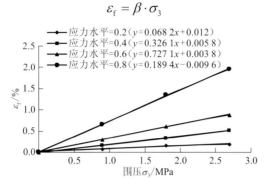

图 6.5.2 不同应力水平的 ε_f 与围压 σ_3 的关系曲线

图 6.5.3 给出了系数 β 与应力水平 s_L 之间的相互关系，两者的关系可以采用双曲线函数表达，试验成果与拟合曲线有很好的一致性。

$$\beta = \frac{c \cdot s_L}{1 - d \cdot s_L} \tag{6.5.5}$$

式中：c、d 为拟合参数。

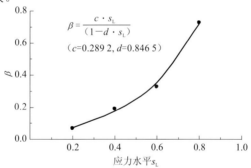

图 6.5.3 β 与应力水平的关系曲线

将式（6.5.5）代入式（6.5.4）可以得到 ε_f 与应力状态的函数表达式：

$$\varepsilon_f = \frac{c \cdot s_L}{1 - d \cdot s_L} \sigma_3 \tag{6.5.6}$$

2）λ 与应力状态的关系

图 6.5.4 为 λ 与 σ_3 的试验曲线，由图 6.5.4 可见，不同应力水平下的 λ 变化幅度很小，λ 仅与围压相关，且 λ 与 σ_3 服从幂函数关系：

$$\lambda = \eta \cdot \sigma_3^{-m} \tag{6.5.7}$$

式中：η、m 为拟合参数。

综上所述，式（6.5.2）、式（6.5.6）、式（6.5.7）及参数 c、d、η、m 完整地给出了堆石料的轴向蠕变特征。

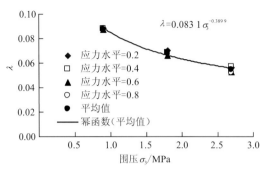

图 6.5.4 λ 与围压 σ_3 的关系曲线

6.5.3 体积蠕变

剪切过程中的堆石料体积蠕变较为复杂，目前，未见国内外学者根据三轴试验成果分析堆石料体积蠕变过程。

图 6.5.5 为体积蠕变余量（$\varepsilon_{fV} - \varepsilon_{LV}$）与时间关系曲线的典型试验成果，由图 6.5.5 可见，体积蠕变量与时间的关系可以采用幂函数表达：

$$\varepsilon_{LV} = \varepsilon_{fV} \cdot (1 - t^{-\lambda_V}) \tag{6.5.8}$$

式中：ε_{fV} 为某一应力状态下的最终体积蠕变量；ε_{LV} 为某一时间 t 的体积蠕变；λ_V 为体积蠕变速率拟合参数。

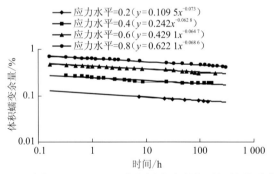

图 6.5.5 围压 = 0.9 MPa 下体积蠕变余量与时间的关系曲线

图 6.5.6 为不同应力水平下最终体积蠕变量 ε_{fV} 与围压的关系曲线，在本次试验的应力范围内，ε_{fV} 与围压有很好的线性关系，可以采用线性函数拟合：

$$\varepsilon_{fV} = \alpha_V + \beta_V \cdot \sigma_3 \tag{6.5.9}$$

式中：α_V、β_V 为过程拟合参数。

图 6.5.7 给出了 α_V、β_V 与应力水平 s_L 之间的相互关系，两者的关系可以采用幂函数表达：

$$\begin{cases} \alpha_V = c_\alpha \cdot s_L^{d_\alpha} \\ \beta_V = c_\beta \cdot s_L^{d_\beta} \end{cases} \tag{6.5.10}$$

式中：c_α、d_α、c_β、d_β 为体积蠕变拟合参数。

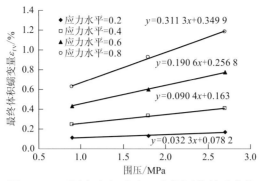

图 6.5.6　不同应力水平下 ε_{fV} 与围压的关系曲线

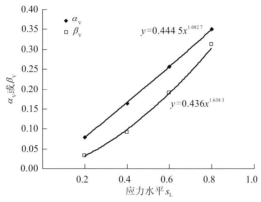

图 6.5.7　α_V、β_V 与应力水平的关系曲线

将式（6.5.10）代入式（6.5.9）可以得到最终体积蠕变量 ε_{fV} 与应力状态的函数表达式：

$$\varepsilon_{fV} = c_\alpha s_L^{d_\alpha} + c_\beta s_L^{d_\beta} \cdot \sigma_3 \tag{6.5.11}$$

图 6.5.8 为 λ_V 与应力状态的试验曲线，λ_V 与应力状态的关系不明显，稍有波动，可以假定 λ_V 为常数：

$$\lambda_V = 常数 \tag{6.5.12}$$

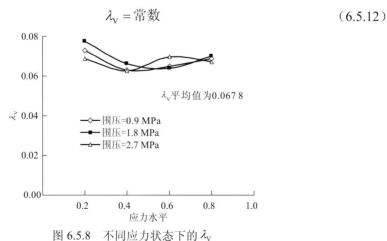

图 6.5.8　不同应力状态下的 λ_V

综上所述，式（6.5.8）、式（6.5.11）、式（6.5.12）及参数 c_α、d_α、c_β、d_β、λ_V 可以表达堆石料的体积蠕变特性。

6.5.4　模型参数

以上建议的堆石料蠕变表达式共有 9 个参数，即 c、d、η、m、c_α、d_α、c_β、d_β、λ_V。对于水布垭面板坝干密度为 2.16 t/m³ 的平均级配的茅口组灰岩主堆石料，其蠕变参数见表 6.5.1。该参数对应的时间单位为 h，应力单位为 MPa。

表 6.5.1　堆石料蠕变参数

参数	c	d	η	m	c_α	d_α	c_β	d_β	λ_V
值	0.289 2	0.846 5	0.083 1	0.389 9	0.444 5	2.082 7	0.436	1.638 3	0.067 8

参 考 文 献

程展林, 丁红顺, 2004. 堆石料蠕变特性试验研究[J]. 岩土工程学报, 26(4): 473-476.

程展林, 左永振, 丁红顺, 等, 2010. 堆石料湿化特性试验研究[J]. 岩土工程学报, 32(2): 243-247.

傅志安, 凤家骥, 1993. 混凝土面板堆石坝[M]. 武汉: 华中理工大学出版社.

梁军, 刘汉龙, 2002. 面板坝堆石料的蠕变试验研究[J]. 岩土工程学报, 24(2): 257-259.

沈珠江, 左元明, 1991. 堆石料的流变特性试验研究[C]// 中国土木工程学会第六届土力学及基础工程学术会议论文集. 上海: 同济大学出版社; 北京: 中国建筑工业出版社: 443-446.

沈珠江, 赵魁芝, 1998. 堆石坝流变变形的反馈分析[J]. 水利学报(6): 1-6.

石北啸, 蔡正银, 陈生水, 2016. 温度变化对堆石料变形影响的试验研究[J]. 岩土工程学报, 38(S2): 299-305.

王勇, 殷宗泽, 2000. 一个用于面板坝流变分析的堆石流变模型[J]. 岩土力学, 21(3): 227-230.

杨启贵, 王艳丽, 左永振, 2023. 水循环荷载作用下高面板堆石坝长期变形特性研究[J]. 岩土工程学报, 46(6): 1339-1346.

第 7 章　粗粒料湿化特性

7.1 概　　述

粗粒料的湿化变形，是指粗粒料在一定的应力状态下浸水，由于颗粒之间被水润滑及颗粒矿物浸水软化等，颗粒发生相互滑移、破碎和重新排列，从而发生变形的现象。对于由粗粒料填筑形成的土石坝，水库蓄水、雨水浸入等均将引起土石坝湿化变形，该变形属工后变形，对土石坝的安全将起到重要作用，甚至会使土石坝出现破坏现象。土石坝粗粒料的湿化变形研究一直备受重视。

关于土的湿化特性的研究成果十分丰富，多数成果重复讨论湿化与各种因素如母岩的岩性、矿物成分、颗粒形状、密度、细料含量、初始含水量、应力状态的关系，还有一些成果关于试验方法，如单线法与双线法、压缩试验与三轴试验、试样尺寸等。比较合理地解决土石坝湿化问题的研究成果并不多。

岩土工程的重要特征是影响因素多、变量间的关系复杂、理论落后于实践。岩土工程科研的一个重要属性是源于工程又服务于工程，即科研的工程理念。

当一个物理量与多因素有关时，对待这些因素的方式应该有所侧重，也就是要分清主要因素和次要因素，因素的主次也会因研究问题的不同而发生变化。例如，土的变形模量与土的应力、级配、密度、颗粒强度、含水率等多种因素有关，在研究土的本构模型时，应该主要关心的是变形模量与应力的关系，而把级配、密度、颗粒强度、含水率视为某一种土的基本属性。其原因在于，一方面，对于一个坝体分区，应力是一个场，变形模量因每一处单元体应力的不同而不同，同时，每一处单元体的应力可知，必须确定变形模量与应力的关系，以确定应力场相应的变形模量；另一方面，坝体分区中，每一小区域内土的级配、密度、颗粒强度、含水率有可能不一样，且具有较强的随机性，填筑施工中各指标往往受控，力学分析时也只能将该区域内的土视为同一种材料，其变形模量只能通过选择代表性试样进行试验确定。

当然，这并不意味变形模量与密度等因素的关系研究不重要，当研究土的缩尺问题和压实性时，土的变形模量与级配、密度、颗粒强度、含水率的相关关系就变为主要研究内容。

工程性应该还包括试验方式与工程中单元体作用过程的一致性。在土的湿化研究中，常见到对单线法与双线法的讨论，事实上，只有单线法才能模拟土的湿化过程，双线法作为一种简化方法，不仅概念上牵强，成果也差别较大，实际上没有讨论的必要。

科研的工程性还体现在对工程现象力学特性的深刻理解。工程表现出的现象是复杂的，只有深刻理解到问题的实质，才可能得到合理的结论。例如，"高坝位移算不大"实质上是室内试验如何控制密度的问题；"堆石坝工后沉降持续时间达几十年"本以为是堆石料蠕变问题，实质上是库水位每年周期性变化引起的残余变形问题；"混凝土防渗墙应力过大"实质上是小应变有限元法不能模拟墙端刺入破坏引起的计算结果的错误；"黏土心墙堆石坝水力劈裂"实际上是对水力劈裂原理的误解和对大坝应力变形时空演化认知的缺失；等等。如果对工程现象的力学特性没有深刻理解，科研可能出现方向性错误，科研方向性错误才是本质上的错误。

本章介绍粗粒料湿化特性，粗粒料包括堆石料和砾石土心墙料。相对而言，堆石料的湿化研究比砾石土心墙料的湿化研究简单。堆石料湿化研究的难点在于一组试验需要20个试样，由于制样很难保证试样的一致性，试验成果的规律性往往较差，对于同一应力状态，不得不进行多个试样的平行试验，工作量是繁重的；而砾石土心墙料湿化研究除了以上难点之外，最大的问题是砾石土渗流系数小，湿化过程非常漫长，同时，砾石土心墙料湿化与应力的关系也远比堆石料复杂。

7.2 堆石料的湿化特性

7.2.1 试验材料

试验材料选取大渡河双江口水电站 300 m 级土质心墙堆石坝的花岗岩和变质岩两种坝壳料，根据土工试验方法标准，采用混合级配法对原始级配进行缩尺以确定试验级配，堆石料的原始级配和试验级配曲线见图 7.2.1。湿化试验重在探讨堆石料的湿化变形规律，试验密度按一般经验确定。

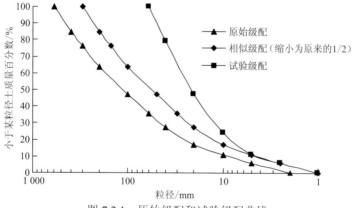

图 7.2.1　原始级配和试验级配曲线

花岗岩堆石料的最大干密度为 2.187 g/cm³，最优含水率为 5%，试样的干密度为 2.078 g/cm³，相应的压实度为 0.95；变质岩堆石料的最大干密度为 2.273 g/cm³，最优含水率为 6%，试样干密度为 2.159 g/cm³。

7.2.2 试验设备与试验方法

试验采用 YLSZ30-3 型高压三轴仪进行，最大围压为 3.0 MPa，最大竖向荷载为 1 500 kN。试样尺寸为 ϕ300 mm×600 mm，试样最大粒径为 60 mm。

　　试验方法通常分单线法和双线法两种。单线法是在控制应力状态不变的条件下将试样由填筑含水率状态（干态）加水至饱和状态（湿态），将在该过程中所发生的变形作为堆石料在该应力状态下的湿化变形（程展林 等，2010a）。双线法是分别在填筑含水率状态（干态）和饱和状态（湿态）两种状态下进行试验，将同一应力状态下干湿两态试验所得应变之差作为该应力状态下的湿化变形。

　　本次单线法三轴湿化试验采用风干样按应变控制剪切至设定应力状态，剪切速率为 0.4 mm/min；保持应力不变，直至试样变形达到稳定标准，即每小时的轴向变形不大于 0.02 mm，试验中发现保持应力不变约 24 h，试样变形可达到稳定标准；试样变形稳定后，从底孔充水湿化，湿化水头为 1 m，充水时间为 30～40 min，直至试样湿化变形稳定，稳定标准同样为每小时的轴向变形不大于 0.02 mm，一般稳定约 24 h 后，试样湿化变形可达到稳定标准；待湿化变形稳定后，再剪切至峰值应力或达到轴向应变的 15%～20%。试样变形稳定标准为轴向应变率为 0.000 056%/min，即每小时轴向变形不大于 0.02 mm。一组试验选取三个围压（0.8 MPa、1.6 MPa、2.4 MPa）、五个应力水平（0.0、0.2、0.4、0.6、0.8），以研究堆石料湿化变形与应力状态的关系。

7.2.3　试验成果分析

1. 单线法湿化变形取值

　　图 7.2.2 为典型堆石料湿化试验过程中变形与时间的关系曲线。图 7.2.2 中反映出了湿化试验过程中四个阶段的变形，即干态剪切、应力不变条件下的干态蠕变、湿化变形、湿态蠕变。为了合理地分离湿化变形与蠕变，同时与堆石料的蠕变取值原则相匹配，本节取开始充水时至充水完成后（1 h）的变形为堆石料的湿化变形。

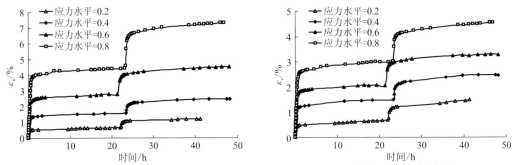

（a）变质岩堆石料轴向应变与时间的关系曲线（围压 σ_3=2.4 MPa）　（b）变质岩堆石料体变与时间的关系曲线（围压 σ_3=2.4 MPa）

图 7.2.2　变质岩堆石料轴向应变、体变与时间的关系曲线（左永振，2008）

2. 单线法湿化试验的湿化变形

　　图 7.2.3 完整地给出了花岗岩堆石料湿化应变（湿化轴向应变和湿化体变）与应力状态（围压和湿化应力水平）的关系。试验成果表明，花岗岩堆石料的湿化变形与其所

受的应力状态关系密切，且规律性强。值得强调的是，一组试验成果最少由 15 个试样的试验成果组成，且应变量小，试验中各环节造成的误差相对明显，往往容易造成试验成果离散，规律性不强，影响研究者对堆石料湿化应变与应力状态关系的确定，堆石料单线法湿化试验的难度大主要体现在该方面。从图 7.2.3 可以看出：

（1）花岗岩堆石料湿化轴向应变主要与湿化时的应力水平相关，而与湿化时的围压关系不大，当湿化应力水平达 0.6 后，湿化轴向应变随湿化应力水平的增加而急剧增加；

（2）花岗岩堆石料湿化体变不仅与湿化时的应力水平有关，而且与湿化时的围压有关，并且湿化体变与湿化应力水平和围压均呈线性增长关系。

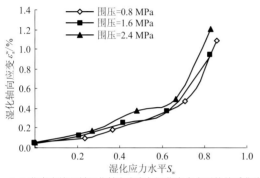
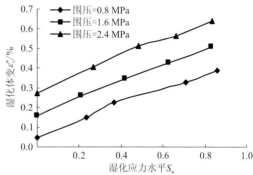

（a）花岗岩堆石料湿化轴向应变与湿化应力水平的关系曲线　　（b）花岗岩堆石料湿化体变与湿化应力水平的关系曲线

图 7.2.3　花岗岩堆石料湿化轴向应变、湿化体变与湿化应力水平的关系曲线

为了验证上述由花岗岩堆石料湿化试验得到的规律是否具有普遍性，本节针对变质岩堆石料同时进行了湿化试验，试验成果如图 7.2.4 所示。比较图 7.2.3 与图 7.2.4 可以看出，变质岩堆石料湿化应变与应力状态关系的规律性与花岗岩堆石料相同，该试验成果为建立堆石料湿化模型提供了支撑。同时，可以看出，不同堆石料在相同应力条件下，湿化变形量差别较大，变质岩堆石料的湿化应变约为花岗岩堆石料的 2 倍。

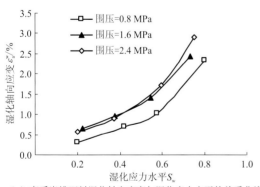
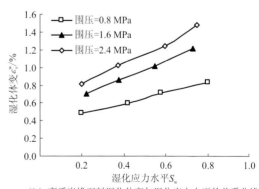

（a）变质岩堆石料湿化轴向应变与湿化应力水平的关系曲线　　（b）变质岩堆石料湿化体变与湿化应力水平的关系曲线

图 7.2.4　变质岩堆石料湿化轴向应变、湿化体变与湿化应力水平的关系曲线

3. 单线法和双线法试验成果间的比较

由于单线法湿化试验工作量大，试验成果容易离散，试验难度大，人们期望采用简

便的双线法进行湿化试验。人们对两种方法试验成果间差异的认识往往有所不同，为此，针对花岗岩堆石料分别进行了单线法和双线法湿化试验。图 7.2.5 给出了两种方法的典型试验成果。单线法和双线法得到的堆石料湿化变形趋势相同，但湿化变形量差别较大。由于单线法接近堆石坝实际浸水饱和过程，所以用单线法较为符合实际。

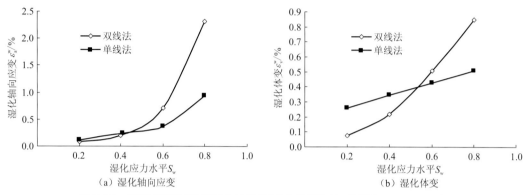

图 7.2.5　花岗岩堆石料不同方法湿化试验成果比较（围压 $\sigma_3 = 1.6\,\text{MPa}$）

7.2.4　湿化模型及模型参数

湿化变形是在水的作用下，由材料软化和水的润滑作用造成的堆石料颗粒的破碎和重新排列产生的变形（李广信，1990）。基于三轴试验方法对两种堆石料进行了湿化试验，初步揭示出不同堆石料的湿化应变与应力状态的关系具有相同的规律性，论证了单线法与双线法成果间的差异，单线法成果更加符合实际工程的湿化过程。下面将利用花岗岩堆石料单线法试验成果推导出堆石料湿化模型及相应的模型参数。

1. 湿化轴向应变

依据湿化试验揭示的堆石料湿化特性，湿化轴向应变主要与湿化时的应力水平相关，而与湿化时的围压关系不大。因此，假定湿化轴向应变只与湿化应力水平有关，而与湿化时的围压无关。由不同围压下相应的湿化轴向应变平均值确立湿化轴向应变与湿化应力水平的关系，如图 7.2.6 所示。可以看出，湿化轴向应变与湿化应力水平较好地符合指数函数关系，其关系可以表示为

$$\varepsilon_a^w = a \cdot e^{b \cdot S_w} \tag{7.2.1}$$

式中：a 和 b 为拟合参数；S_w 为湿化应力水平。

2. 湿化体变

采用线性方程拟合湿化体变与湿化应力水平间的关系，如图 7.2.7 所示，其关系可以表示为

$$\varepsilon_v^w = c \cdot S_w + d \tag{7.2.2}$$

式中：c 和 d 为拟合参数；S_w 为湿化应力水平。

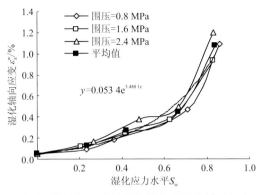

图 7.2.6 湿化轴向应变与湿化应力水平关系的拟合曲线

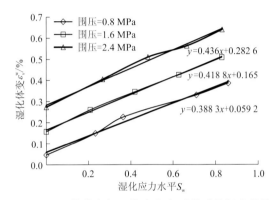

图 7.2.7 湿化体变与湿化应力水平关系的拟合曲线

参数 c 和 d 与围压符合线性关系，如图 7.2.8 和图 7.2.9 所示，其关系式为

$$c = f \cdot \sigma_3 + g \quad (7.2.3)$$
$$d = k \cdot \sigma_3 + h \quad (7.2.4)$$

式中：f、g、k 和 h 为拟合参数；σ_3 为湿化时的围压。

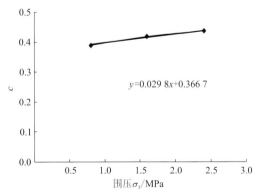

图 7.2.8 参数 c 与围压的关系曲线

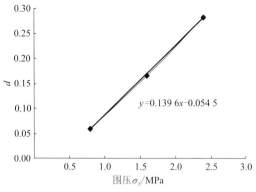

图 7.2.9　参数 d 与围压的关系曲线

将式（7.2.3）、式（7.2.4）代入式（7.2.2）中，可以得到湿化体变与湿化应力水平间的关系式：

$$\varepsilon_{\mathrm{v}}^{\mathrm{w}} = (f \cdot \sigma_3 + g) \cdot S_{\mathrm{w}} + (k \cdot \sigma_3 + h) \tag{7.2.5}$$

式（7.2.1）和式（7.2.5）为堆石料的湿化模型。从图 7.2.6～图 7.2.9 可以看出，拟合曲线与试验点之间是非常吻合的。

3. 湿化模型参数

堆石料的湿化模型共有 6 个参数，即 a、b、f、g、k、h。花岗岩堆石料和变质岩堆石料的湿化模型参数如表 7.2.1 所示，相应的应变单位为%，应力单位为 MPa。

表 7.2.1　花岗岩堆石料和变质岩堆石料的湿化模型参数

材料	参数					
	a	b	f	g	k	h
花岗岩堆石料	0.053	3.48	0.030	0.367	0.140	0.000
变质岩堆石料	0.275	2.90	0.369	0.315	0.132	0.264

针对两种堆石料，比较系统地进行了单线法和双线法大型三轴湿化试验，得到了堆石料湿化轴向应变和湿化体变随应力状态的变化规律，在此基础上，依据单线法试验成果，初步提出了堆石料湿化模型及模型参数，试验成果表明：

（1）不同堆石料在相同应力条件下，湿化变形量存在差别，但湿化应变与应力状态关系的规律性相同。

（2）单线法和双线法得到的堆石料湿化变形成果差别较大，堆石料湿化特性试验研究宜采用单线法。

（3）湿化轴向应变主要与湿化时的应力水平相关，而与湿化时的围压关系不大。堆石料湿化轴向应变与湿化应力水平的关系可采用指数函数表示。

（4）湿化体变与湿化应力水平、围压均呈线性关系。

（5）堆石料湿化模型是在两种堆石料试验成果的基础上提出的经验关系式，期望得到多种堆石料试验成果的进一步验证。

7.3　砾石土心墙料的湿化特性

7.3.1　试验难点及方法

砾石土心墙料湿化特性研究的难点有三个。

一是无法试验。对于高坝心墙料，既希望其渗透性小，又希望其变形模量高，往往采用砾石土作为心墙料。当当地缺乏砾石土时，通常采用人工掺配的方法配制砾石土。砾石土中含有大量粗颗粒，试样尺寸不宜太小，要求采用大型三轴试验研究其力学特性。同时，由于砾石土渗透性小，大型三轴试验的饱和、固结、湿化变得异常困难（左永振 等，2020a；朱俊高 等，2014）。这也许是砾石土心墙料湿化特性研究缺失的根本原因。

二是规律复杂。在笔者开展非饱和砾石土湿化试验之初，有一个问题困惑了笔者近十年。当围压较小时，砾石土湿化变形明显，当围压较大时，砾石土不发生湿化变形，水也无法进入试样。很长时间笔者对这种现象不能理解，只认为这种现象是由砾石土的渗透系数随应力增加而减小导致的。经过反复试验探讨，笔者终于明白了其内在原因，砾石土随围压增大，体变增大，饱和度增大，在正常初始饱和度下，围压增大到一定值时，试样饱和度达到 1.0，试样不再发生湿化变形，笔者将其称为"应力饱和现象"。这一特性也导致砾石土湿化变形与应力的关系出现"分叉"现象。

三是试验成果离散性大。与堆石料湿化试验一样，湿化试验只能采用单线法，一组试验试样数量多，很难保证试样的一致性，试验成果的离散性大，规律性不强。某一应力下的湿化变形大小只能依靠平行试验确定。一组试验几十个试样的试验给湿化研究无疑增加了难度。

以上难点中，第一个难点是根本性的。经反复实践，发明了砂芯试验技术（程展林 等，2010b）。其必须具备完善的工具，方便在试样中形成排列有序、纵向平行、孔径均匀、上下贯通的砂芯；实现不改变试样的力学特性，只改变试样的渗透性，加速试验的饱和、固结、湿化等水过程的目标。

研发的砂芯试样制样器如图 7.3.1 所示。其方法是在制样过程中，由有序排列的导杆形成排水孔，之后灌砂形成砂芯，具体操作流程如下。

将导杆升至预定位置，将砾石土倒入成模筒，导杆端部露出土体上表面，安装定位板，导杆端部与定位板连接，采用击实器在定位板上表面击振，直至砾石土达到预定密度；取出定位板，升导杆至下一级预定位置，重复上述流程，形成分层填筑击实样。抽出导杆，试样中将形成排列有序、纵向平行、孔径均匀、上下贯通的排水孔。将排水孔内壁适当刷毛，灌入标准砂并压实，形成具有砂芯排水通道的砾石土试样。

经过反复试验论证，对于 $\phi 300 \text{ mm} \times 610 \text{ mm}$ 的大型三轴试验试样，宜设置 13 孔 $\phi 6 \text{ mm}$ 砂芯或 13 孔 $\phi 8 \text{ mm}$ 砂芯，具体视砾石土渗透性而定，砂芯面积分别占试样截面积的 0.52% 和 0.92%。

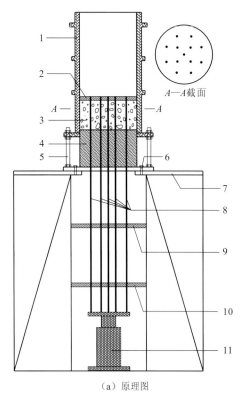

（a）原理图　　　　　　　　　（b）实物照片

图 7.3.1　砂芯试样制样器

1—成模筒；2—导杆定位板；3—砾石土；4—底盘；5、6—固定螺杆；

7—制样平台；8—导杆；9、10—导杆导向板；11—导杆顶升装置

初始含水率极低的有砂芯和无砂芯试样的砾石土三轴试验成果比较，如图 7.3.2 所示。由此可见，砂芯的设置对试样力学特性的影响可以忽略，对饱和、固结、湿化等过程速度的影响无疑是非常明显的，使砾石土三轴试验中的饱和、固结等过程成为可能。从土的固结与排水距离的平方成反比的理论关系也可以比较容易地理解砂芯的作用。

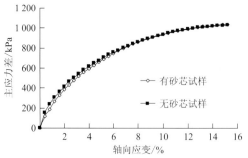

图 7.3.2　砂芯的影响（围压 $\sigma_3 = 0.5$ MPa）

砂芯不仅解决了饱和、固结速率的问题，而且使试样的饱和、固结过程更加均匀，这在砾石土湿化试验中也是一个不可小视的优点。

7.3.2 外体变测量与修正

对于湿化试验，外体变测量存在如下两个难点。

（1）外体变测量。湿化前的试样是非饱和试样，无法通过试样内体变测量体积变形，只能通过外体变测量体积变形，即通过测量三轴仪压力室中试样之外水的体积变化计算试样体变。在三轴试验中，压力室中的水是施加围压的载体，往往通过气水转换室提供稳定的围压，压力室中水的体积变化与气水转换室中水的体积变化完全相同，外体变测量就转化为气水转换室中水的体积变化的测量。因气水转换室中水的体积变化的测量难度大，常用方式是测量气水转换室的重量变化。根据需求，气水转换室的容量最低为 20 L，同时需要承受最大 3 MPa 的高压水压力，估算气水转换室的重量约为 30 kg，难以找到大量程、高精度的称重传感器，气水转换室的称重传感器的称量与感量存在矛盾，最大称量为 30 kg 的天平，最小感量一般为 10 g，而外体变测量要求感量不超过 0.10 g。为此，研发了获有专利的"外体变高精度测量装置"（程展林 等，2010c）。其原理示意图及实物照片如图 7.3.3 所示，测量装置的目标在于准确测量气水转换室的重量变化，而不是准确测量气水转换室的总重量。基于该原理，可以先采用砝码平衡气水转换室的重量，再采用小称量的天平（感量<0.10 g）测量气水转换室的重量变化，从而测量试样的外体变。

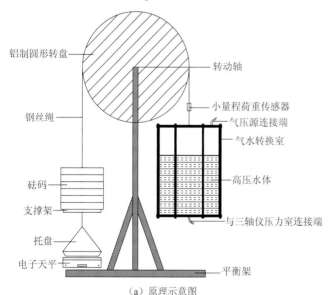

（a）原理示意图　　　　　　　　　　（b）实物照片

图 7.3.3　外体变高精度测量装置

为确认试验装置的精确度，对装置进行验证性试验。采用透水性较好的堆石料进行一组饱和固结排水剪试验，同时记录剪切过程中试样的内体变和外体变，体变曲线如图 7.3.4 所示。可以看出，外体变高精度测量装置的精度良好。

（2）外体变测量修正。自主研发的外体变高精度测量装置，试验验证其精度良好，但这只代表压力室进出水量的测量是准确的。当压力室内水压力变化时，压力室及试样

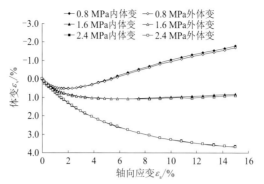

图 7.3.4　外体变高精度测量装置精度验证

外乳胶膜的体积均要发生变化，压力室进出水量并不完全代表试样的体变。这对于常规三轴试验而言并不重要，但对于砾石土的湿化试验而言非常重要，如果不进行修正，由试验数据计算得到的试样饱和度将出现极大偏差，偏差高达百分之几百。试验表明，如果将内水压力引起的压力室及乳胶膜的体积变化计入试样的体积变化，引起的试验误差是不可忽视的（左永振 等，2023）。

为此，对三轴仪进行了两种标定：一是直接在压力室内灌满水后施加压力，通过外体变高精度测量装置量测不同压力下的体积变形；二是加工一个尺寸为 ϕ300 mm×610 mm 的铁质圆柱体来模拟试样，在铁质圆柱体试样外套一层乳胶膜，压力室内灌满水后施加围压，通过外体变高精度测量装置量测不同围压下的体积变形。针对四台三轴仪进行多次重复标定试验，标定曲线见图 7.3.5。

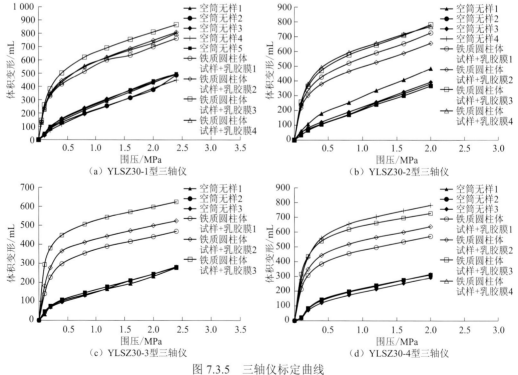

图 7.3.5　三轴仪标定曲线

当围压大于 0.5 MPa 时，多次标定试验的标定曲线大致为平行直线，反映的应该是压力室的弹性体积变形。

无试样标定曲线起始曲线段可能与螺栓变形有关，也可能与压力室存有少量气体有关，总体重复性较好。

对于铁质圆柱体试样的标定曲线，起始曲线段的体积变形只能理解为乳胶膜及乳胶膜与试样间的间隙引起的变形，这种变形重复性差，给试验成果的修正带来了不确定性。

7.3.3　砾石土的基本特性

开展湿化研究的砾石土取自两河口水电站心墙料掺配料场，掺合比为土料占 60%，为纯黏土，砾石料占 40%，为板岩。

砾石料各粒组的实物照片见图 7.3.6。掺配后的砾石土心墙料级配曲线见图 7.3.7，实物照片见图 7.3.8。

　（a）粒径 40～60 mm　　　（b）粒径 20～40 mm　　　（c）粒径 10～20 mm　　　（d）粒径 5～10 mm

图 7.3.6　砾石料各粒组实物照片

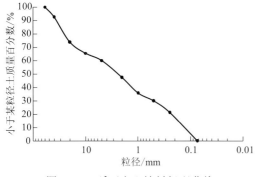 

图 7.3.7　砾石土心墙料级配曲线　　　　　图 7.3.8　砾石土心墙料实物照片

针对上述砾石土，开展击实试验和饱和固结排水剪试验。击实试验分为轻型击实试验和重型击实试验。

轻型击实试验：击实筒尺寸为 ϕ300 mm×288 mm，击实锤质量为 15.5 kg，落高为 60 cm，试样分 3 层填装，每层击数为 44 次，单位体积功为 591.9 kJ/m^3。重型击实试验：击实筒尺寸为 $\phi 300 \text{ mm} \times 288 \text{ mm}$，击实锤质量为 35.2 kg，落高为 60 cm，试样分 3 层填装，每层击数为 88 次，单位体积功能为 2 688.2 kJ/m^3。击实试验成果见表 7.3.1。

表 7.3.1 击实试验成果表

级配	试验类型	最优含水率/%	最大干密度/(g/cm^3)
土料掺砾石料	轻型击实试验	11.6	2.00
	重型击实试验	10.1	2.10

三轴试验密度按重型击实试验压实度 95% 控制，试样干密度为 2.00 g/cm^3。两组大型三轴饱和固结排水剪试验成果见表 7.3.2。其强度将作为湿化试验应力水平的控制依据。

表 7.3.2 砾石土心墙料大型三轴饱和固结排水剪试验成果表

试样干密度 /(g/cm^3)	抗剪强度指标				$E\text{-}\mu$（B）模型参数							
	c/kPa	φ /(°)	φ_0 /(°)	$\Delta\varphi$ /(°)	K	n	R_f	G	F	D	K_b	m
2.00	65	26.3	34.7	5.8	421	0.34	0.80	0.40	0.12	2.60	172	0.34
2.00	62	26.6	34.0	5.0	458	0.40	0.85	0.35	0.08	3.10	213	0.31

注：c 为黏聚力；φ 为内摩擦角；φ_0 为当小主应力与标准大气压之比为 1 时的剪切角；$\Delta\varphi$ 为小主应力增加 10 倍时剪切角的减小量；K、n 为切线弹性模量试验常数；R_f 为破坏比；G、F、D 为切线泊松比的试验常数；K_b、m 为切线体积模量试验常数。

7.3.4 湿化试验步骤与过程控制

砾石土湿化试验就是在一定的应力状态下，将非饱和土进行饱和的过程。在砂芯解决了饱和时间问题之后，要想土体充分饱和仍然是一件富有技术和经验的工作。

砾石土湿化试验的实现流程如图 7.3.9 所示，饱和方法采用 CO_2 置换结合真空饱和法，试验过程如下。

（1）制样及 CO_2 置换。按照设定的含水率制备试样，试样尺寸为 $\phi 300 \text{ mm} \times 610 \text{ mm}$，设置 13 孔 $\phi 8 \text{ mm}$ 砂芯，试样制备完成后，采用 CO_2 置换试样中的空气，试验操作方法见《土工试验方法标准》（GB/T 50123—2019）。

（2）抽真空。因试样尺寸较大，抽气过程应至少持续 48 h。对试样真空抽气，相当于对试样施加了 100 kPa 的围压，试样会产生体积变形，因此，将真空抽气前作为起点，记录不同时刻试样的轴向变形和体积变形。

（3）施加围压。进行等压固结，固结时间约为 24 h，固结过程中持续真空抽气。

（4）按设定的应力水平施加轴向压力。进行偏压固结，固结过程中持续真空抽气。当每小时的轴向变形小于 0.03 mm（应变率为 0.05‰）时，认为变形稳定。偏压固结时间一般约为 36 h。

（5）充水饱和。从试样底孔对试样进行低水头充水饱和，利用毛细水作用力和真空形成的负压力对试样进行饱和，充水饱和一段时间后逐步提高进水水头差，最终保持水头差为 1 m。记录不同时刻的轴向变形、体积变形、进水量，并按式（7.3.1）～式（7.3.4）计算试样饱和度：

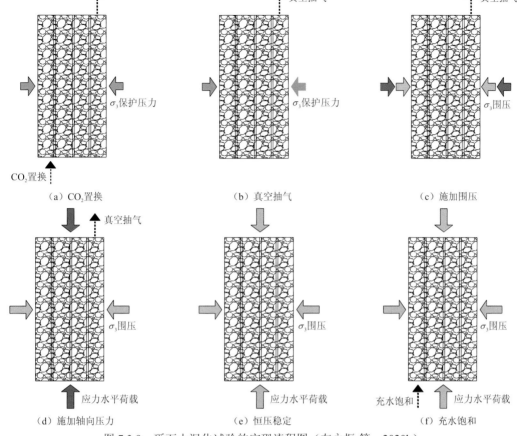

图 7.3.9 砾石土湿化试验的实现流程图（左永振 等，2020b）

$$\rho_{d} = \frac{\rho_{d0}}{1 - \varepsilon_{v}} \qquad (7.3.1)$$

$$\omega = \omega_{0} + \frac{\mu}{m_{0}} \qquad (7.3.2)$$

$$\rho = \rho_{d} \cdot (1 + \omega) \qquad (7.3.3)$$

$$S_{r} = \frac{(\rho - \rho_{d}) \cdot d_{s}}{d_{s} - \rho_{d}} \qquad (7.3.4)$$

式中：S_{r} 为饱和度（%）；ρ_{d0} 为初始干密度（g/cm³）；ω_{0} 为初始含水率（%）；m_{0} 为试样干质量（g）；ρ_{d}、ρ 为变形后的干、湿密度（g/cm³）；ω 为充水后的含水率（%）；μ 为充水量（g）；ε_{v} 为体变（%）；d_{s} 为相对密度。

（6）当计算饱和度达到 95% 以上时，根据《土工试验方法标准》（GB/T 50123—2019），认为试样已经达到饱和。如果计算饱和度达不到 95%，且进水量和饱和度随时间不再增长，则对试样进行反压饱和，方法见《土工试验方法标准》（GB/T 50123—2019），直至计算饱和度达到 95% 以上。

（7）试验完成后，选择不同位置，测量含水率，验证步骤（5）中计算的饱和度的准确性。

7.3.5　湿化试验及成果

针对两河口水电站砾石土，共进行了多组湿化试验，由于初始试验条件控制不严，成果规律性差，在很大程度上误导了对砾石土湿化特性的认识。这里仅介绍比较合理的典型试验成果。

湿化试验干密度为 2.00 g/cm^3，初始含水率为 9%，围压为 0.2 MPa、0.4 MPa、0.8 MPa、1.2 MPa、1.6 MPa，应力水平为 0.0、0.2、0.4、0.6、0.8。湿化应变与应力状态的关系曲线如图 7.3.10 所示。

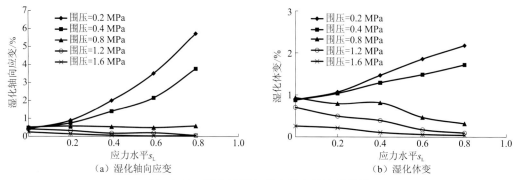

图 7.3.10　湿化应变与应力状态的关系曲线

从成果曲线可以看出以下规律。

（1）砾石土的湿化应变是明显的，且与应力状态密切相关。

（2）当围压较小时，湿化应变随应力水平的增大而增大，当围压达到一定数值后，湿化应变随应力水平的增大而减小。这种现象在应力应变关系研究中是比较少见的，特殊的现象一定包含特殊的原因。

（3）对于本次试验的砾石土，当围压 σ_3 =1.6 MPa，s_L >0.6 时，几乎不产生湿化应变。试验中面对这种情况，最直接的认识是试验"失败"，从而误认为是应力增大，土的渗透性减小，没有完成湿化。经反复试验分析，最终找到了其客观原因，即非饱和土的应力饱和现象（左永振 等，2023）。对于非饱和土，当受到应力作用后，不仅会产生超孔压，而且饱和度会随体变增大而增大。

7.3.6　湿化试验成果的离散性

图 7.3.10 展示的砾石土湿化应变与应力状态的关系曲线是光滑、连续的，相关规律是明确的。本节将要介绍的是砾石土湿化试验的离散性，几乎不可能一次由 25 个试样得到一组规律性成果。图 7.3.10 中的一个试验点往往是多个试样结果的平均值。为了说明这个现象，图 7.3.11 给出了 σ_3 =0.2 MPa 和 σ_3 =0.4 MPa 两种条件下的实际试验情况，图中每一个点代表一个试样的湿化试验结果，应力水平相同的点代表平行试验的结果，可见砾石土湿化试验的离散性是非常大的。

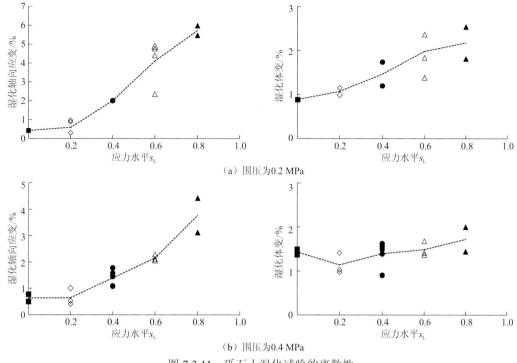

（a）围压为0.2 MPa

（b）围压为0.4 MPa

图 7.3.11　砾石土湿化试验的离散性

　　湿化试验有如此之大的离散性，应该不是试验能力问题，而是湿化试验具有的特性。产生这种现象的原因是值得探讨的。客观地讲，分析其离散性的原因的确没有什么好方法。可能的原因如下：一是平行试验的试样本身存在差异性，粗颗粒在人工掺配后的砾石土中的分布状态很难保证一致性，但反过来看，同样砾石土的强度包线的离散性很小；二是含水率分布不均，要想 9%含水率的水十分均匀地分布，是一件困难的事，从一般概念判断，含水率越不均匀，湿化应变越大。

7.3.7　湿化试验的应力饱和现象

　　为了理解图 7.3.10 给出的湿化应变与应力水平关系的"分叉"现象，即当围压较小时，湿化应变随应力水平的增大而增大，当围压达到一定数值后，湿化应变随应力水平的增大而减小，选择两个试样的结果进行分析，其一，σ_3=0.4 MPa、s_L=0.6，其二，σ_3=1.6 MPa、s_L=0.8。湿化试验中各阶段湿化应变、饱和度及干密度的演化过程如图 7.3.12 所示。

　　对于试样一，围压为 0.4 MPa，围压及偏应力引起的试样体变较小，试样干密度由 2.00 g/cm³ 增至 2.057 g/cm³，变化也很小，最为关键的是应力作用后试样的饱和度为 78%。在这种情况下，充分饱和，进水量较大，饱和度近 100%，试样湿化变形明显。

　　对于试样二，围压为 1.6 MPa，围压及偏应力引起的试样体变较大，试样干密度达 2.148 g/cm³，饱和度达到 95%。在这种状态下，充分饱和，只有少量进水，试样几乎不发生湿化变形。

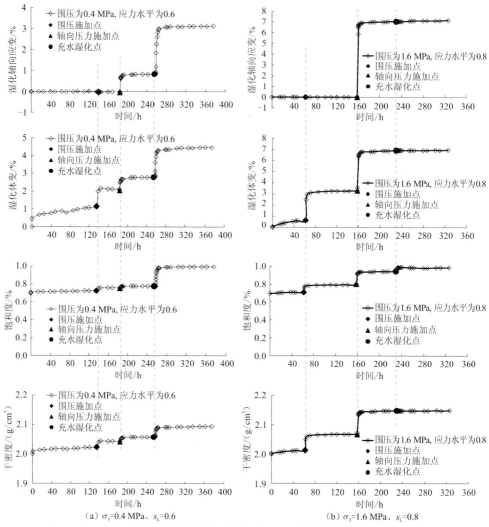

（a）$\sigma_3 = 0.4$ MPa、$s_L = 0.6$ （b）$\sigma_3 = 1.6$ MPa、$s_L = 0.8$

图 7.3.12   砾石土湿化试验各变量（湿化应变、饱和度及干密度）的时程曲线

对于砾石土，外部应力不仅会引起土体应变，而且会改变土体的干密度及饱和度，湿化前的饱和度决定了土体的湿化变形。这就是本节要介绍的应力饱和现象。

砾石土的湿化变形与土体的初始物理状态密切相关，当土体的初始含水率较低时，未必出现"分叉"现象。即使是这样，也只能将坝体的一个分区视为同一种材料，没有可能考虑土体的初始物理状态对湿化变形的影响。

对于土石坝心墙料的湿化试验，当初始含水率较小时，可能会夸大湿化变形，当初始含水率偏大时，预测的湿化变形可能偏小，这也是土石坝湿化变形不易预测的主要原因。依据以往经验，选择比其最优含水率略小一点的初始含水率进行湿化试验是合适的。

7.3.8   砾石土湿化模型与参数

砾石土的湿化特性相对于堆石料而言，无论是试验方法还是成果规律都要更复杂，正是其复杂性导致了砾石土湿化研究成果的缺失。针对图 7.3.10 湿化应变与应力状态的关系，选择合适的数学表达式还是比较困难的，经反复试验拟合，采用指数函数结合二次多项式来表达湿化应变与应力状态的关系。从严格意义上讲，这种湿化应变与应力状态关系的表达式算不上湿化模型，称之为湿化关系表达式可能更为合适，有了湿化关系表达式就可以采用初始应变法分析土石坝的湿化变形及湿化后的应力重分布情况。从其功能上看，称之为湿化模型也未尝不可。

1. 湿化轴向应变

湿化轴向应变 $\varepsilon_\mathrm{a}^\mathrm{w}$ 显然是围压 σ_3 和应力水平 s_L 的函数。先采用指数函数拟合 $\varepsilon_\mathrm{a}^\mathrm{w}$ 与 s_L 间的关系，如图 7.3.13 所示，其关系表达式为

$$\varepsilon_\mathrm{a}^\mathrm{w} = \alpha_1 \cdot e^{\beta_1 \cdot s_\mathrm{L}} \tag{7.3.5}$$

式中：α_1 和 β_1 为拟合参数，显然，α_1 和 β_1 是 σ_3 的函数。

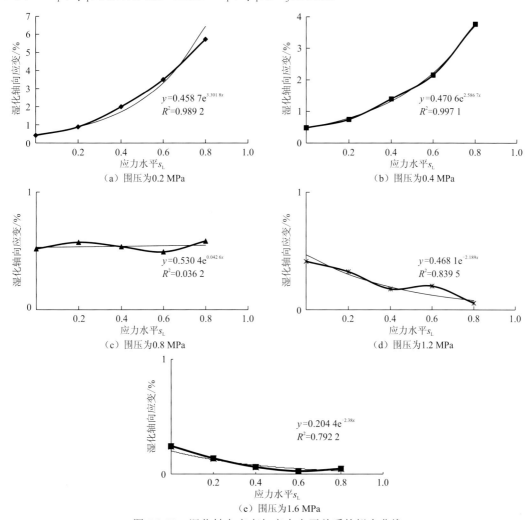

图 7.3.13　湿化轴向应变与应力水平关系的拟合曲线

图 7.3.14 为 α_1 与 σ_3 的关系曲线，采用多项式进行拟合，数学表达式为

$$\alpha_1 = a_1 \cdot \sigma_3^2 + b_1 \cdot \sigma_3 + c_1 \tag{7.3.6}$$

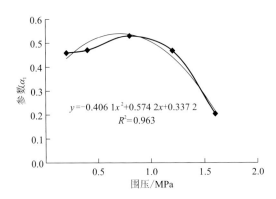

图 7.3.14　参数 α_1 与围压的关系曲线

图 7.3.15 为 β_1 与 σ_3 的关系曲线，采用多项式进行拟合，数学表达式为

$$\beta_1 = d_1 \cdot \sigma_3^2 + f_1 \cdot \sigma_3 + g_1 \tag{7.3.7}$$

式（7.3.6）和式（7.3.7）中，a_1、b_1、c_1、d_1、f_1、g_1 为模型参数。

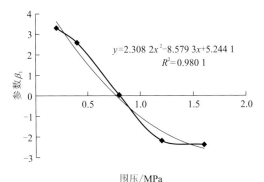

图 7.3.15　参数 β_1 与围压的关系曲线

2. 湿化体变

湿化体变 ε_v^w 显然也是围压 σ_3 和应力水平 s_L 的函数。先采用指数函数拟合 ε_v^w 与 s_L 间的关系，如图 7.3.16 所示，其关系表达式为

$$\varepsilon_v^w = \alpha_v \cdot e^{\beta_v \cdot s_L} \tag{7.3.8}$$

式中：α_v 和 β_v 为拟合参数，显然，α_v 和 β_v 是 σ_3 的函数。

图 7.3.17 为 α_v 与 σ_3 的关系曲线，采用多项式进行拟合，数学表达式为

$$\alpha_v = a_v \cdot \sigma_3^2 + b_v \cdot \sigma_3 + c_v \tag{7.3.9}$$

图 7.3.18 为 β_v 与 σ_3 的关系曲线，采用多项式进行拟合，数学表达式为

$$\beta_v = d_v \cdot \sigma_3^2 + f_v \cdot \sigma_3 + g_v \tag{7.3.10}$$

式（7.3.9）和式（7.3.10）中，a_v、b_v、c_v、d_v、f_v、g_v 为模型参数。

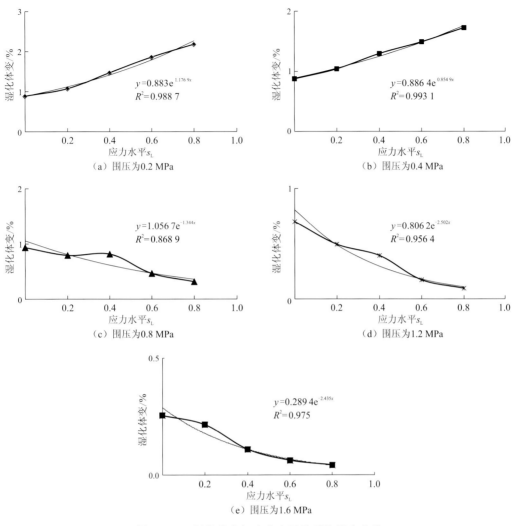

图 7.3.16　湿化体变与应力水平关系的拟合曲线

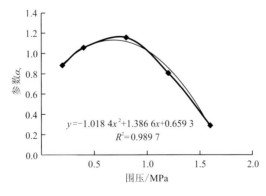

图 7.3.17　参数 α_v 与围压的关系曲线

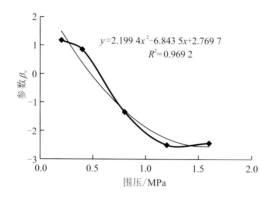

图 7.3.18　参数 β_{v} 与围压的关系曲线

3. 湿化模型参数

从图 7.3.13～图 7.3.18 可以看出，采用指数函数结合二次多项式是可以很好地拟合砾石土湿化应变与应力关系的。式（7.3.5）～式（7.3.10）构成砾石土湿化模型，模型参数共 12 个。两河口水电站砾石土心墙料湿化模型参数列于表 7.3.3 中。

表 7.3.3　两河口水电站砾石土心墙料湿化模型参数

参数	湿化轴向应变						湿化体变					
---	a_1	b_1	c_1	d_1	f_1	g_1	a_v	b_v	c_v	d_v	f_v	g_v
值	−0.406 1	0.574 2	0.337 2	2.308 2	−8.579 3	5.244 1	−1.018 4	1.386 6	0.659 3	2.199 4	−6.843 5	2.769 7

7.4　湿化变形的局部硬化

1. 硬化现象

依据一般力学概念，土体经过湿化过程后，土体总变形为应力作用下的变形与湿化作用下的变形之和。但湿化作用下的应力应变关系试验成果表明，不同因素作用下的土体的变形并不是简单的累加关系，如图 7.4.1 所示。如果作用过程是应力加湿化，总变形为两者作用下的变形之和是合适的；如果作用过程是应力加湿化再加应力，总变形为两者作用下的变形之和可能就不合适了。

从整个应力应变关系曲线看，湿化过程似乎并不影响后期的应力应变关系，湿化变形似乎类同于局部硬化。由此想到本书第 6 章蠕变试验得到的结论："应力控制式试验某一应力状态下的堆石料变形总量与加载过程中是否发生蠕变无关，且变形总量与应变控制式试验得到的应变近似"，虽然湿化与蠕变作用机理不同，但揭示出的不同作用下的变形存在耦合作用有相似之处。

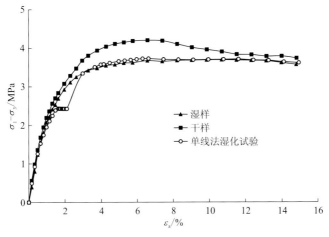

图 7.4.1　湿化作用下的应力应变关系

$\sigma_1 - \sigma_3$ 为偏应力；ε_a 为轴向应变

从土体整个应力应变关系来看，在土体承受应力增量过程中，土体受到的湿化作用和蠕变过程，都不改变土体的后期应力应变关系，这也许是土体的一个重要力学特性，其力学意义值得深入探讨。为便于介绍，暂且称之为"硬化规律"。关于其与弹塑性理论中的硬化规律是否相通，这里暂且不论。

2. 变形分析

硬化规律给土石坝应力变形数值分析提出了新的思路。瞬时变形、蠕变、湿化变形耦合作用下的变形分析思路就完全得以厘清。在土石坝填筑过程中，坝体经受湿化和蠕变作用，没有必要模拟湿化和蠕变过程；土石坝填筑完成后，坝体经受湿化和蠕变作用，模拟湿化和蠕变过程引起的变形才具有工程意义。

土石坝填筑往往是间歇性的，以往认为必须模拟间歇期的湿化和蠕变变形，但又不考虑湿化和蠕变硬化作用引起的变形模量变化，实际上是偏离了土石坝的变形规律。如果试验揭示的"湿化过程并不影响后期的应力应变关系"的规律成立，耦合变形分析就变得简单，完全忽略湿化和蠕变过程也不影响最终的变形分析结果。

土石坝往往是填筑完成后再挡水，总变形为应力和湿化两者作用下的变形之和是合适的，应力加湿化耦合作用的变形分析是简单的。如果要研究土石坝填筑完成后的变形过程，进行相应的蠕变变形分析也是相当简单的。

3. 湿化研究的意义

土石坝的湿化变形是其变形的重要组成部分，以往在土石坝设计分析中常常忽视土石坝湿化变形对土石坝安全的影响，尤其是对于黏土心墙堆石坝，砾石土心墙料的湿化变形试验及成果规律的复杂性实质上是土石坝研究的难题。

（1）笔者从开发砂芯试验技术入手，改造大型三轴仪外体变测试方法，分析外体变测量出现偏差的原因并进行修正，针对砾石土湿化变形离散性大、存在应力饱和问题，进行了筚路蓝缕的探讨，在此基础上，对砾石土进行了系统试验，形成了完善的砾石土湿化试验技术，并取得了典型砾石土的湿化变形成果，给出了砾石土湿化模型。

（2）堆石料和砾石土作为高土石坝的两种典型填料，湿化特性存在明显差异，砾石土的湿化变形将伴随非饱和土的渗流过程产生，这些差异性将导致土石坝变形在空间和时间上的不一致，给土石坝的安全性带来不利影响。砾石土的湿化变形与其初始含水率密切相关，大坝填筑过程中，砾石土的初始含水率如何控制是值得深入研究的问题。在最优含水率条件下易于压实是其控制条件之一，含水率偏小，湿化变形大，含水率偏大，将产生较大的超孔压。黏土心墙堆石坝是目前研究得最不充分的坝型。

（3）非饱和砾石土在外应力作用下超孔压的产生及固结、与水压力耦合作用下的渗透和湿化、完整的力学机理和分析方法是值得深入探讨的课题。

参 考 文 献

程展林, 左永振, 丁红顺, 等, 2010a. 堆石料湿化特性试验研究[J]. 岩土工程学报, 32(2): 243-247.

程展林, 左永振, 丁红顺, 2010b. 砾石土大型三轴试验砂芯加速排水方法及试样成孔制样器: CN101655424A[P]. 2010-02-24.

程展林, 左永振, 丁红顺, 等, 2010c. 岩土三轴试验外体变高精度测量装置: CN201429442Y[P]. 2010-03-24.

李广信, 1990. 堆石料的湿化试验和数学模型[J]. 岩土工程学报, 12(5): 58-64.

朱俊高, 龚选, 周建方, 等, 2014. 不同剪切速率下掺砾料大三轴试验[J]. 河海大学学报(自然科学版), 42(1): 29-34.

左永振, 2008. 粗粒料的蠕变和湿化试验研究[D]. 武汉: 长江水利委员会长江科学院.

左永振, 赵娜, 周跃峰, 2020a. 砾石土心墙料的强度与变形特性试验研究[J]. 岩土工程学报, 42(S1): 100-104.

左永振, 程展林, 潘家军, 等, 2020b. 砾石土心墙料的大三轴湿化变形试验与规律分析[J]. 岩土工程学报, 42(S2): 37-42.

左永振, 程展林, 潘家军, 等, 2023. 砾石土料的湿化变形试验技术难点与解决方法[J]. 岩土力学, 44(7): 2170-2176.

第8章 土石坝之一：混凝土面板堆石坝

8.1　概　　述

目前，关于土石坝的研究成果不少，本书并不打算全面介绍有关土石坝的研究成果，只想介绍笔者对土石坝的一些认知，期望对同行有点帮助。

典型的土石坝有混凝土面板堆石坝、混凝土心墙堆石坝、黏土心墙堆石坝，其差别在于防渗系统的构成不同（常陆军，2018），由此还衍生出一些综合坝型，如混凝土心墙与混凝土面板的结合坝等。从建坝技术上讲，只要搞清楚了三种典型坝型，综合坝型的有关问题自然也就清楚了。

土石坝研究的主要任务是"土石坝安全性评价"，数值分析方法在土石坝安全性评价方面发挥了重要作用，普遍期望对土石坝的安全性评价是客观可靠的，事实上，数值分析方法给出合理的结果仍然是困难的。土石坝应力变形分析结果与实际监测成果比较时，不难看到两者之间的差异是明显的，其差异不仅表现在某个量值的大小，更多地表现在应力和变形演化过程间的差异，以及应力场和变形场形态间的差异。

随着研究的不断深入，土石坝的变形与引起变形的作用之间的关系不断明晰，应力和水作用下的各种变形的耦合关系不断明了，数值分析成果越来越合理可靠。

对力学特性十分复杂的土石坝填料粗粒料力学行为的持续探索，让笔者越发感到散粒体力学特性与经典力学的差别。为开展粗粒料的组构和本构试验，进行了长期的试验设备研发工作。为开展粗粒料组构试验，研发了 CT 三轴仪；为开展本构试验，实现复杂应力试验，研发了大型真三轴仪。经系统试验，粗粒料两条力学规律成为构建粗粒料本构模型的力学基础：其一，粗粒料或称颗粒集合体服从宏观最小能比原理，最小能比系数为与应力无关的常数，最小能比系数可以被理解为颗粒集合体的综合组构量；其二，粗粒料的变形模量与中主应力无关（程展林和潘家军，2021）。由此构建了 K-K-G 本构模型（潘家军 等，2017，2014）。为合理确定土石坝填料模型参数，笔者探讨了粗粒料缩尺理论，提出了缩尺方法旁压模量当量密度法（潘家军和孙向军，2023；程展林 等，2016）。同时，对粗粒料及黏土心墙料的蠕变特性和湿化特性进行了深入研究，并提出了相应的分析模型。

对于变形机制相对简单的混凝土面板堆石坝，常规的安全性论证关注的内容包括坝坡稳定、面板应力破坏、周边缝及竖缝的结构破坏、填料及分区结合部位的渗透稳定。笔者在工程实践中观察到，堆石坝体与岸坡相互作用时堆石可能使坝体产生横向拉剪裂缝。目前，对堆石坝体横向拉剪裂缝的研究尚不多见，也很少引起坝工界关注，其产生机理、影响因素、诱发条件、分析方法、处理措施等问题有待研究。事实上，当坝体产生横向拉剪裂缝时，横向拉剪裂缝处的面板应力及竖缝开度可能出现突变现象，堆石坝的渗透稳定问题将变得非常复杂和未知。

对于面板及缝结构破坏的解决思路目前大多集中于减少堆石坝体的工后变形。当填料确定之后，大型无人振动碾让填料密度达到极致，可优化的空间有限。笔者认为，改善面板及缝结构安全性的措施应从面板及缝结构的设计入手，当面板运行条件确定之后，保证面板安全属于单纯的结构设计问题。要保证置于坝体表面的混凝土面板的安全，其措施和方法应该是具备的。据笔者初步探索，采用一次性拉面板施工工艺和新型止水缝是可以达到保证面板安全的目的的。一次性拉面板将给堆石坝体提供足够的变形时间，减少工后变形，也使面板顺坡向更加平顺，避免面板脱空，改善面板应力；设置可压缩性竖缝也将改善面板应力状态，缝的止水要做特别设计，保证较大张开、剪切和法向错动时的安全，目前铜止水最大的缺陷是容易产生剪切破坏，笔者认为这一缺陷是可以改善的。

本章将以水布垭面板坝的监测成果讨论混凝土面板堆石坝的应力变形规律，并初次提出坝体后期变形主要为库水位周期性升降产生的水循环荷载引起的残余变形，而非堆石体的蠕变。

8.2　混凝土面板堆石坝监测分析

8.2.1　混凝土面板堆石坝及监测方法

为了让读者更清楚、更准确地了解混凝土面板堆石坝的应力变形特征，首先介绍典型混凝土面板堆石坝水布垭面板坝的实际监测成果。水布垭面板坝位于清江中游河段湖北巴东境内，总库容为 45.8 亿 m^3，水电装机总容量为 1 600 MW。挡水建筑物为混凝土面板堆石坝，大坝坝顶高程为 409 m，正常蓄水位为 400 m，坝轴线长 660 m，最大坝高为 233 m，为世界最高的混凝土面板堆石坝。水布垭面板坝下游实景照片如图 8.2.1 所示，三维网格外形图如图 8.2.2 所示。

图 8.2.1　水布垭面板坝下游实景照片

图 8.2.2　水布垭面板坝三维网格外形图

坝体填料主要为七个填筑区，从上游至下游分别为盖重区（IB）、粉细砂铺盖区（IA）、垫层区（IIA）、过渡区（IIIA）、主堆石区（IIIB）、次堆石区（IIIC）和下游堆石区（IIID）。大坝材料分区图见图 8.2.3。

图 8.2.3　大坝材料分区图（单位：m）

该工程 2002 年 10 月实现截流，大坝从 2003 年 2 月开始填筑施工，2006 年 10 月大坝填筑至 405 m 高程，导流洞下闸蓄水，2007 年 10 月蓄水至水位 390 m。大坝填筑的进度如图 8.2.4 所示。

水布垭面板坝为坝高最大的混凝土面板堆石坝，同时为混凝土面板堆石坝发展史上高度增长最大的混凝土面板堆石坝，工程安全备受关注，监测工作备受重视，采用了可能的监测方法。实践表明，部分监测方法效果并不理想，且对于监测成果需要进一步去伪存真。

1. 坝体变形监测

坝体内部变形采用引张线式位移计和水管式沉降仪进行监测。仪器按不同高程，从下至上随坝体填筑进程埋设，在相同点位上同时埋设水平及垂直位移计。水平及垂直位移计集中布设在 3 个重要监测断面上，共布设 11 条测线和 72 个测点。其中，最大坝高断面（桩号 0+212）测点布置见图 8.2.5。坝体变形分析只针对该断面。

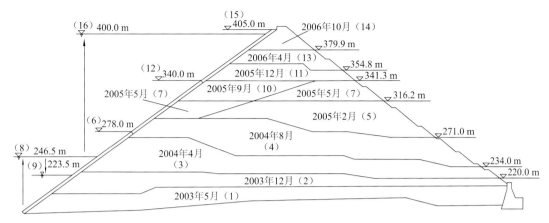

图 8.2.4 大坝填筑进度图

图中时间为填筑结束的时间，括号中数字为建设顺序号

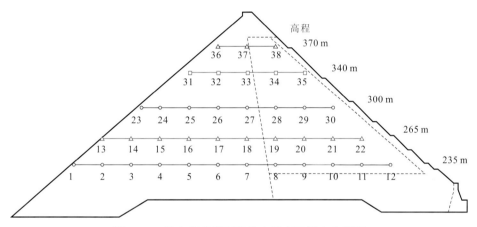

图 8.2.5 最大坝高断面坝体内部变形测点布置图

2. 混凝土面板监测

面板的监测内容比较多，包括面板挠度、面板与垫层间脱空、周边缝、板间缝、面板应力和温度。其中，面板挠度的监测方式有两种：一是对表面位移测点进行监测，因不能监测水荷载作用后的挠度，实际意义不大；二是采用光纤陀螺仪，监测成果质量不佳。面板与垫层间脱空也只是施工过程中的局部现象，规律性不强。周边缝采用三向测缝计观测，共布设了 13 个测点。板间缝采用单向测缝计观测，共计布设 46 个测点。面板应力的监测包括混凝土应力和钢筋应力的监测。混凝土应力通过应变计和无应力计观测，共布设 4 个断面，除面板底部的测点采用三向应变计（4 组）监测外，其他部位均采用两向应变计（30 组）进行监测。钢筋应力采用钢筋计观测。另外，为取得面板混凝土的温度特性和自生体积变形，布设 14 支无应力计。测点布设位置与混凝土应力监测位置相同，大多数测点布设在顺坡向和水平向的面板表层钢筋上，共计布设 74 支钢筋计。R2 面板板块的应力监测布置如图 8.2.6 所示。在 R2 面板板块不同高程（12 处）布置了应力应变

传感器，在同一位置同时布置了顺坡向和水平向钢筋计与混凝土应变计，钢筋计置于面板上表面，混凝土应变计置于面板厚度方向的中部。

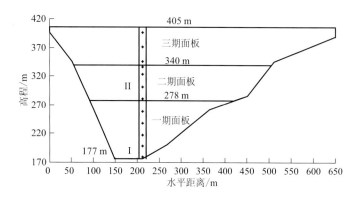

图 8.2.6　R2 面板板块的应力监测布置图

8.2.2　坝体变形

1. 坝体沉降过程

混凝土面板堆石坝的变形机制相对简单，坝体由力学性质相近的堆石料填筑而成，其变形监测成果对于认识堆石料的力学特性是最直接的资料，但可惜的是，坝体水平位移监测成果可信度差，依据监测成果分析堆石料的力学性质变得不完整。但仅从沉降监测成果仍然可以获得许多重要信息。坝体变形分析只针对最大坝高断面（桩号 0+212）。

图 8.2.7 为最大坝高断面中部同一高程（高程 300 m）8 个测点的沉降过程线，图 8.2.8 为部分测点前期沉降过程线。

坝体沉降过程的监测成果表明，坝体的沉降过程与荷载过程关系清晰，不同位置观测点的沉降过程反映了加载过程和测点位置的关系。各测点的沉降过程均显现出一个明显的规律，在自重荷载及水荷载作用时及之后的约 3.5 个月时段内坝体沉降持续增长，之后沉降增长速率明显骤减。两个时段沉降速率的差异性应该与作用机制有关，前期反映的是荷载作用下堆石体的弹塑性变形和蠕变，但如果把后期长时间的持续变形也看成是蠕变值得商榷。

同时，也应该注意到，正是由于堆石体具有蠕变特性（程展林和丁红顺，2004），高程 300 m 处测点的沉降不仅包括上部坝体自重荷载引起的沉降，还包括测点埋设后测点下部坝体在其自重作用下的后续蠕变沉降。在进行堆石坝反分析时，要充分注意坝体沉降过程具有的滞后现象。

沉降过程线的突变现象，经分析主要是由于每次进行内部沉降观测时，未进行观测房的沉降观测，当持续较长时间进行观测房的沉降观测并修正大坝内部沉降时，自然会出现突变现象，简单地讲，沉降过程线的突变现象由观测工作不规范所致。

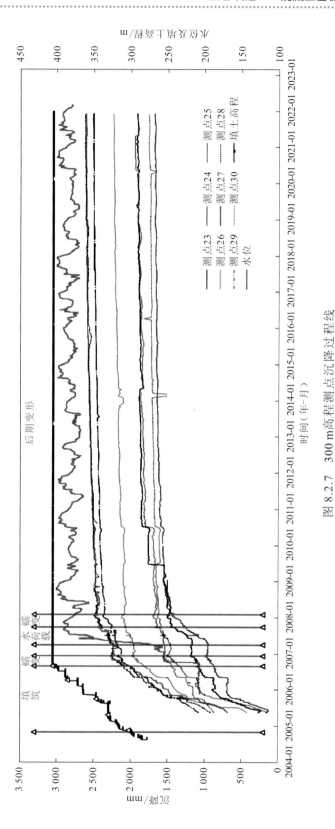

图 8.2.7　300 m高程测点沉降过程线

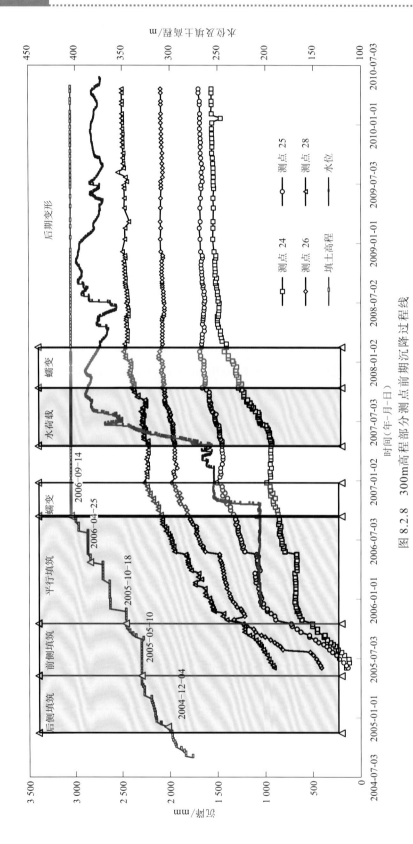

图 8.2.8　300m高程部分测点前期沉降过程线

　　为了更清晰地了解堆石坝的变形机理，将图 8.2.7 两个时段的沉降过程进行显化处理。前一时段显示出了坝体沉降与自重荷载和水荷载的关系及其随时间的变化规律，荷载作用后的约 3.5 个月坝体沉降持续增长，之后沉降增长速率明显骤减。为了理解这种变形现象可参考图 6.3.2。比较三轴蠕变试验成果与堆石坝沉降过程发现，三轴蠕变试验加载完成后的 6～7 h 的轴向应变应该计入瞬时变形部分，之后增长速率较小的轴向应变部分应该与堆石坝蠕变沉降相对应。参考图 6.3.3，蠕变 3.5 个月之后，蠕变增量极小。可以说，两者之间具有相似的规律。对于三轴蠕变试验而言，因后期蠕变增量过小，单纯依靠试验无法准确反映堆石坝后期真实蠕变增量。

　　堆石体的变形主要来源于颗粒的位置调整，当堆石体受到荷载作用时，变形有滞后现象，这种变形随时间的变化就是蠕变，本书第 6 章给出的堆石料蠕变模型，对于揭示堆石料蠕变特性是有意义的，但要正确地给出堆石坝变形的滞后时间可能是困难的。由此可见，堆石坝持续变形时间为 3.5 个月可以作为工程经验指导堆石坝设计，在堆石坝数值分析中，也可以将堆石体的蠕变变形视为堆石体弹塑性变形的一部分而只进行总变形分析。

　　为了突出显示后期变形的特征，以 2008 年 2 月 16 日为起始时间，建立主要测点后期沉降与时间的关系，如图 8.2.9 所示。与图 6.3.3 不同，图 8.2.9 的横坐标为普通坐标。由于 2008 年初至 2010 年中，对测量基准点进行了调整，沉降过程线出现陡增现象，另外，在一些时段，部分测点的沉降出现异常。为了消除测量误差的影响，选择有效监测数据，采用双曲线模型对各测点的后期沉降进行了拟合分析。图 8.2.9 给出了部分测点后期沉降的实测和拟合结果，其中测点 24 代表上游测点，测点 27 代表中间测点，测点 29 代表下游测点。由图 8.2.9 可以得到如下规律。

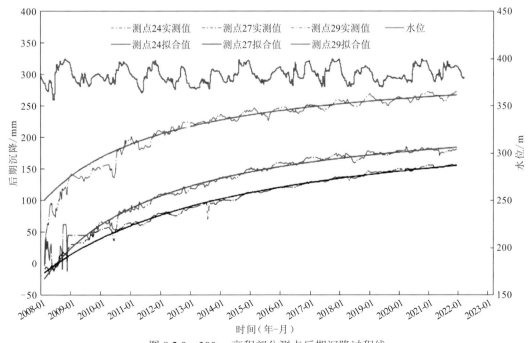

图 8.2.9　300 m 高程部分测点后期沉降过程线

（1）14 年间堆石坝后期沉降持续增长，且增量明显，相对于两百多米的坝高，其应变增量是极小的，小到无法采用试验方法研究其特性，但引起的混凝土面板的应力增量还是比较显著的。

（2）后期沉降与库水位同频波动。

（3）长时间累积的后期沉降与时间的关系符合双曲线关系，沉降变形逐渐趋于平缓，14 年大约完成 80%，这种变形还将持续很长时间。

（4）图中双曲线可以认为是水循环荷载下堆石坝累积的不可恢复的永久变形，而在水循环荷载作用下，实测的变形曲线围绕这条双曲线上下波动，该部分波动量可以认为是水循环荷载引起的堆石坝可恢复的弹性变形。

（5）基于变形的波动过程与水循环荷载的相关性，可以认为水循环荷载是引起堆石坝长期变形的重要因素，本节将其称为水循环荷载引起的残余变形。

（6）3 个典型测点相比，无论是水循环荷载引起的坝体弹性变形还是残余变形，均为测点 24 最大，测点 27 次之，测点 29 最小。

（7）水循环荷载与变形的波动过程有一个时间差，说明水循环荷载引起的坝体后期沉降过程具有明显的滞后现象，且滞后时间为 2～3 个月。

变形监测成果改变了人们对堆石坝变形力学意义的理解。其一，根据弹塑性理论，屈服面内任何加卸载只引起弹性变形，因此，当初次蓄水达到正常蓄水位之后，正常运行期库水位以年为周期的变动可视为静荷载的变化，库水位变动产生的水荷载的变化只会引起堆石体较小的弹性变形。但堆石坝监测成果表明，正常运行期以年为变动周期的水荷载也会引起残余（塑性）变形，残余变形的累加过程将持续几十年。

其二，以往普遍认为堆石坝正常运行期的变形为堆石体的蠕变，蠕变持续时间不会太长，堆石坝的变形很快稳定。但堆石坝监测成果表明，堆石坝的后期变形并不取决于堆石体的蠕变，堆石体的蠕变只会引起堆石坝变形的滞后性，但滞后时间不长，大约不足 4 个月，这对设计决定浇筑混凝土面板的时间具有工程意义。数值分析中将蠕变纳入弹塑性变形中可能也是一种简化算法，值得强调的是，没有必要在每一次荷载增量中均计算蠕变。

2. 坝体总沉降

图 8.2.10 为不同高程各测点的沉降（2010 年 4 月 22 日）。从图 8.2.10 可以看出如下规律。

（1）坝体最大沉降发生在坝体中部，时至 2010 年 4 月 22 日，桩号 0+212 断面坝体沉降最大值为 2 501 mm。根据图 8.2.9，时至 2021 年 12 月 21 日，坝体最大沉降量为 2 676 mm。在此时段内，沉降过程相对平缓，但近 12 年间，最大沉降量仍然增长了 175 mm。实际监测成果很好地回答了堆石坝的沉降稳定问题。

（2）次堆石区的沉降量明显大于主堆石区，这是因为坝轴线下游坝体次堆石区的堆石性能次于主堆石区的堆石性能。从循环水荷载引起的坝体残余变形上游大于下游来看，上游坝体采用相对好一点的填料还是非常合适的。

（3）堆石坝沉降变形的连续性是非常好的。

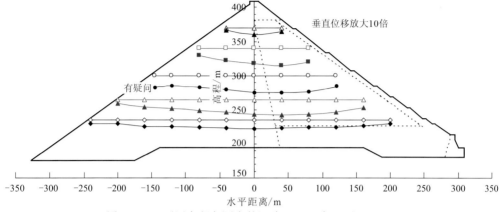

图 8.2.10　不同高程各测点的沉降（2010 年 4 月 22 日）

"有疑问"是因为上游部分沉降曲线规律应为凹陷形

3. 填土荷载引起的沉降

图 8.2.11 为填土荷载引起的两个不同高程的沉降，具体是 2004 年 11 月 15 日～2006 年 10 月 12 日的沉降增量，265 m 高程处上游主堆石区由填土荷载引起的沉降量为 1 275 mm，下游次堆石区的沉降量为 1 583 mm。235 m 高程处由填土荷载引起的最大沉降量为 648 mm。从该成果至少可以看出以下规律。

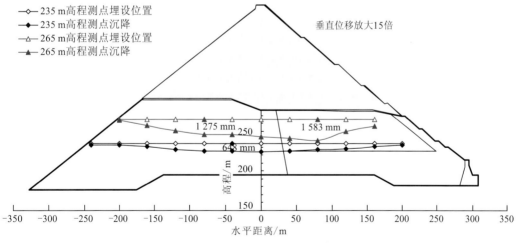

图 8.2.11　填土荷载引起的两个不同高程的沉降

（1）坝体次堆石区的压缩性明显大于主堆石区。

（2）基岩以上可以分为两个土层，从高程 194 m 至 235 m，为土层①，层厚 41 m；从高程 235 m 至 265 m，为土层②，层厚 30 m。在相同的荷载作用下，两土层的压缩量分别为 648 mm 和 627 mm。由此可以看出堆石体压缩模量的非线性特性。土层①居下部，土层①的应力始终大于土层②，相应地土层①的压缩模量也应大于土层②，故虽然土层①的厚度远大于土层②，但在相同的荷载作用下，两土层的压缩量差不多。

（3）上游面的两个测点及高程 235 m 最下游测点，因正上方无填土，其沉降量几乎为 0。再分析高程 265 m 上游侧 4 个测点及下游侧 3 个测点发现，其沉降量几乎线性增加，与上部近乎呈三角形分布的填土荷载明显相关，由此可以了解堆石体的应力扩散作用及其大小。

4. 水荷载引起的沉降

图 8.2.12 为库水位由 258 m 高程上升到 390 m 高程时，水荷载引起的不同高程的沉降，具体是 2007 年 4 月 18 日～10 月 14 日的沉降增量，可以看出以下规律。

（1）水荷载引起的坝体沉降总体上是上游大于下游，随与上游坝面距离的增大而减小，由此可见，上游坝体采用相对好一点的填料是非常合适的。

（2）水荷载引起的坝体沉降随高程增大有所减小。下部坝体因水荷载大，压缩变形明显较大，而上部坝体，如高程 340 m、370 m 处的沉降基本上是由下部坝体被压缩引起的。

（3）将坝体的总沉降分解为填土荷载引起的沉降和水荷载引起的沉降，有利于理解堆石坝的变形机理，也有利于理解反分析中多解问题求解的合理性。

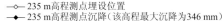

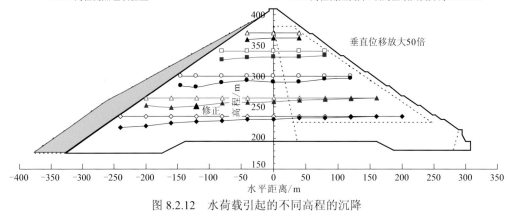

图 8.2.12 水荷载引起的不同高程的沉降

5. 填土荷载引起的水平位移

图 8.2.13 为不同高程各测点由填土荷载引起的水平位移，时间止于 2006 年 10 月 12 日。图 8.2.14 为填土荷载引起的两个不同高程的水平位移，具体时间是 2004 年 11 月 15 日～2006 年 10 月 12 日。由图 8.2.13、图 8.2.14 可以看出。

（1）填土荷载引起的坝体水平位移大部分偏向上游，甚至下游坝体的水平位移也偏向上游，少部分下游坝体的水平位移偏向下游，但量值极小。这种成果有悖常规，出现这种现象的原因可能是引张线弯曲引起的假象。要用长度几百米的引张线的长度变化测

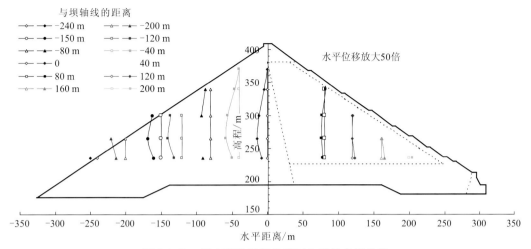

图 8.2.13　填土荷载引起的不同位置的水平位移

空心符号表示测点变形前位置，实心符号表示测点变形后位置

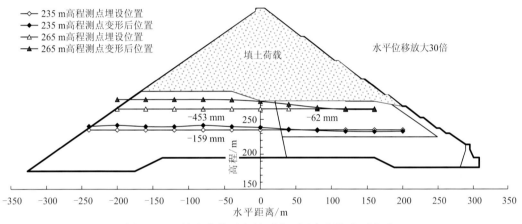

图 8.2.14　填土荷载引起的两个不同高程的水平位移

定前方测点的水平位移，其难度是非常大的，当坝体发生较大沉降时，将引张线张拉成直线或保持形态一定的曲线，是很难办到的。

（2）测点的水平位移普遍偏向上游，坝体填筑引起的两个高程的测点的水平位移也具有相似的规律。这一现象告诉我们，引张线水平位移测试方法的缺陷不是偶然出现的，而是根本性的缺陷。

由此想到，国内外修建了如此多的高土石坝，但还没有一种可靠的水平位移监测方法，这也是坝工界的难题。有人尝试了光纤技术（何斌 等，2023；朱鸿鹄 等，2008），但光纤技术通过曲率积分求位移也是不可靠的。另外，混凝土面板堆石坝防渗系统在坝体上表面，不影响全断面监测系统的布置，对于防渗系统在坝体中部的混凝土和黏土心墙堆石坝，引张线、沉降仪水管和光纤都不能穿过防渗墙，这使上游坝体成为监测盲区。对于一个地上工程，找不到其内部位移的监测方法，只能说明本行业投入不足，诚然，土石坝内部位移监测有其自身特点，研发相应的监测方法只能是为其量身定制，只能依靠行业内创新。

6. 水荷载引起的水平位移

图 8.2.15 为水荷载引起的各测点的水平位移,时间是 2007 年 4 月 18 日~10 月 14 日,库水位由 258 m 高程上升至 390 m 高程,可以看出:

(1)坝体水荷载引起的水平位移明显优于填土荷载引起的水平位移,这个问题也容易理解,水荷载引起的沉降较小,引张线进一步弯曲产生的影响也小。但遗憾的是,不少测点失效,有些测点误差明显偏大,如水平位置-160 m 处的 3 个测点,下部测点水平位移接近 0,显然与上、中部测点的水平位移不协调,也与同一高程的前后测点的水平位移不协调。

(2)水荷载引起的水平位移的方向与水荷载的作用方向一致,水荷载引起的水平位移上游坝体大于下游坝体,这些是符合一般规律的。但测点之间的水平位移大小规律性不强,表明引张线水平位移测试方法的可靠性不能满足高土石坝变形分析的基本要求。

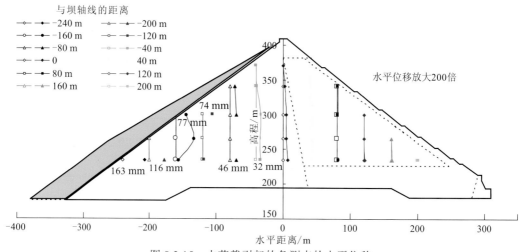

图 8.2.15　水荷载引起的各测点的水平位移
空心符号表示测点变形前位置,实心符号表示测点变形后位置

7. 水荷载引起的上游坝坡位移

初次蓄水期间上游坝坡测点的沉降过程线如图 8.2.16 所示。图 8.2.17 为水荷载引起的上游坝坡位移,时间为 2007 年 4 月 18 日~10 月 14 日,库水位由 258 m 高程上升到 390 m 高程,其中沉降、水平位移为监测值,切向位移、法向位移由监测值分解计算得到。由增加的水荷载引起的各高程的水平位移图可以看出:在水荷载作用下,上游坝坡的变形是连续的。上部坝体的沉降主要表现为堆石体的局部压缩,水平位移表现为平动,下部坝体的沉降也主要表现为堆石体的局部压缩。

在水荷载作用下,340 m 高程处上游坝坡顺坡向位移最大,为 135.5 mm。高程 235~340 m,堆石体上游坝坡顺坡向位移增量为 91.0 mm(顺坡向下)。同时,依据混凝土面板的应变监测值进行积分计算,235~340 m 高程混凝土面板顺坡向压缩量为 54.0 mm,由此表明混凝土面板与垫层间有相对错动位移发生。

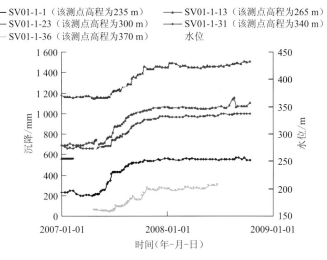

图 8.2.16　上游坝坡测点的沉降过程线

SV01-1-1 等为上游坝坡测点编号

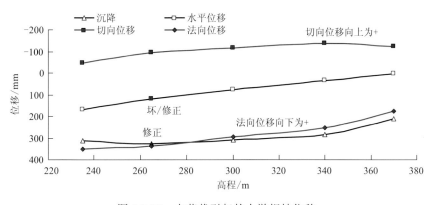

图 8.2.17　水荷载引起的上游坝坡位移

8.2.3　面板应力

1. 面板应力过程

为了分析混凝土面板的应力变化规律，选取 R2 面板板块上两个典型测点 I、II 的顺坡向和坝轴向应力过程进行详细分析，I、II 点高程分别为 179 m 和 302 m，具体位置如图 8.2.6 所示。

1）I 点应力过程

图 8.2.18、图 8.2.19 为 I 点处表层钢筋计顺坡向和坝轴向的应力及温度过程，图中 A、B、C、D、E、F 为时间节点。要很好地理解面板应力，需要结合图 8.2.4 给出的大坝填筑进度一起分析。

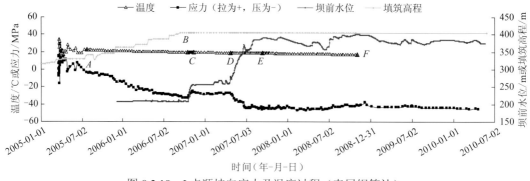

图 8.2.18　I 点顺坡向应力及温度过程（表层钢筋计）

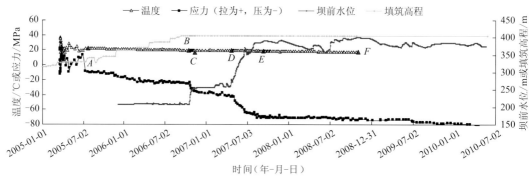

图 8.2.19　I 点坝轴向应力及温度过程（表层钢筋计）

2005 年 7 月 22 日～2006 年 10 月 16 日（A—B 时段），I 点顺坡向压应力由 3.76 MPa 增加到 32.77 MPa，坝轴向压应力由 10.04 MPa 增加到 25.27 MPa，这主要是由于面板下部受到盖重区压力作用，同时坝体填筑使得坝体发生沉降，垫层料与面板之间的摩擦作用产生顺坡向应力，V 形河谷的挤压作用产生坝轴向应力，反映了坝体填筑对面板应力的影响。

2006 年 10 月 16 日～11 月 18 日（B—C 时段），I 点顺坡向压应力由 32.77 MPa 减小到 27.61 MPa，这主要是由于下部蓄水，盖重区土体容重由湿容重变为浮容重，I 点压应力略微减小。

2007 年 4 月 25 日～9 月 15 日（D—E 时段），I 点顺坡向压应力由 27.86 MPa 增加到 45.18 MPa，坝轴向压应力由 43.54 MPa 增加到 70.50 MPa，反映了库水压力对面板应力的影响。

2007 年 9 月 15 日～2008 年 11 月 5 日（E—F 时段），I 点顺坡向压应力由 45.18 MPa 减小到 42.15 MPa，坝轴向压应力由 70.50 MPa 增加到 74.55 MPa，在该时段内只有水位变化，水位先降低后升高，面板应力主要受坝体后期变形的影响。

I 点因长期置于盖重区下，温度变化小，其监测成果稳定，具有典型性，面板应力充分反映了堆石坝体与混凝土面板的相互作用机制，可作为数值分析合理性验证的依据。

2）II 点应力过程

II 点位于坝高中部，混凝土面板施工后近一年多暴露于空气中，之后被库水淹没，其应力过程将反映出温度及荷载的影响，具有典型性。图 8.2.20 为 II 点处表层钢筋计顺坡向应力及温度过程。

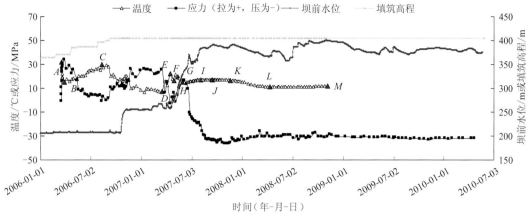

图 8.2.20　II 点顺坡向应力及温度过程（表层钢筋计）

2006 年 3 月 17 日～2007 年 3 月 18 日（A—D 时段），该时段处于库水淹没前的应力过程，因面板上无荷载作用，面板应力似乎与坝体填筑无关。面板应力只与温度变化相关，温度降低，应力向受拉方向变化，温度升高，应力向受压方向变化。

2007 年 3 月 18 日～5 月 31 日（D—H 时段），该时段处于库水淹没过程中，面板温度受水温影响较大，面板应力主要为温度应力。

2007 年 5 月 31 日～8 月 1 日（H—I 时段），库水位上升较快，测点 II 的应力由拉应力变为压应力，可见由水荷载引起的压应力较为明显。

2007 年 8 月 1 日～2008 年 11 月 5 日（I—M 时段），测点 II 被库水淹没之后，温度、应力相对稳定，时间点 I、J、K，温度较高，面板压应力较大，水位降低再升高，但水位变化不大，因此压应力变化较小。

2. 水荷载引起的面板应力

图 8.2.21 为水荷载引起的 R2 面板板块一、二期面板应力，时间是 2007 年 4 月 18 日～10 月 14 日，水库水位由 258 m 高程上升至 390 m 高程。钢筋计置于面板上表面，混凝土应变计置于面板厚度方向的中部，为了分析对比钢筋计和混凝土应变计的监测成果，将混凝土应变计的应变值乘以 3 号钢的弹性模量（$E=2.1 \times 10^5$ MPa），得到混凝土中钢筋的应力。

水荷载引起的一、二期面板顺坡向和坝轴向的应力均为压应力，由于三期面板未被库水淹没，应力主要为温度应力，规律欠佳，未被统计分析。

在顺坡向，表层钢筋计与中部混凝土应变计的成果略有差别，面板在顺坡向是弯压构件，以受压为主。在坝轴向，表层钢筋计与中部混凝土应变计的结果基本一致，面板在坝轴向也主要受压。

钢筋计与混凝土应变计的成果具有可比性，表明成果是基本上可靠的。

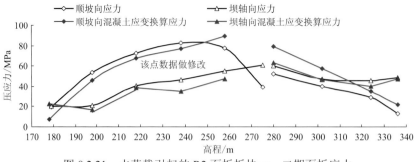

图 8.2.21　水荷载引起的 R2 面板板块一、二期面板应力

8.2.4　面板缝位移

1. 板间缝位移

在二、三期面板共布置单向测缝计 46 支，以监测板间缝（竖缝）位移，除少数（11 支）失效外，其他测缝计都工作正常，板间缝可以反映坝体轴向变形趋势。监测成果表明，板间缝大部分为压缝，在左岸陡坡附近及面板板块 R21、R22 间为拉缝，拉缝最大位移位于 I 处，压缝位移往往很小，最大值发生在 II 处，板间缝的工作状态及拉缝、压缝的具体位置如图 8.2.22 所示。

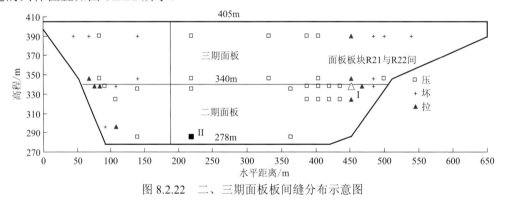

图 8.2.22　二、三期面板板间缝分布示意图

图 8.2.22 中 I、II 两个典型监测点的开合度位移过程线如图 8.2.23、图 8.2.24 所示。

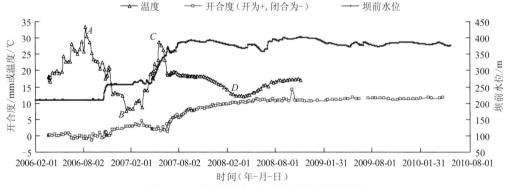

图 8.2.23　典型拉缝 I 点开合度位移过程线

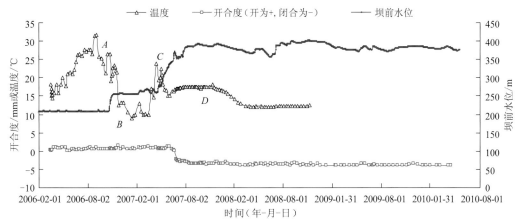

图 8.2.24　典型压缝 II 点开合度位移过程线

图 8.2.23 反映了拉缝的开合度变化规律。在 A—B 时段、B—C 时段，库水位离观测点 I 较远，缝的变化主要反映温度的作用，温度降低时板间缝张开，温度升高时开缝闭合。C—D 时段，库水逐渐淹没监测点 I，温度降低，板间缝逐渐张开，综合分析，其张开变化主要是水荷载作用的结果。

图 8.2.24 反映了压缝的开合度变化规律。在 A—B 时段、B—C 时段，虽然温度随季节变化，但板间缝的开合度似乎并没有变化，与监测点 I 温度引起板间缝明显开合有所不同，只能说明，监测点 II 两侧面板已经受到较大的压应力作用，温度变化引起的变形得到了补偿。在 C—D 时段，水荷载引起板间缝少量压缩，这实际上是测缝计固定点间的压缩。

2. 周边缝位移

共布置 13 支三向测缝计以监测周边缝位移，测点位置如图 8.2.25 所示，位移坐标系如图 8.2.26 所示。截至 2010 年 4 月，13 支测缝计有 5 支测缝计被损坏；可测的 8 支测缝计中，6 支测缝计 x 向位移为张开，称为拉缝。数据相对完整的 5 个测点的位移过程线见图 8.2.27～图 8.2.31。

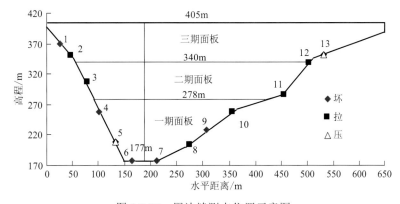

图 8.2.25　周边缝测点位置示意图

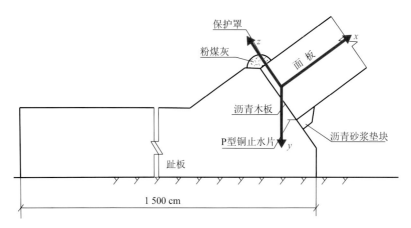

图 8.2.26 周边缝位移坐标系示意图

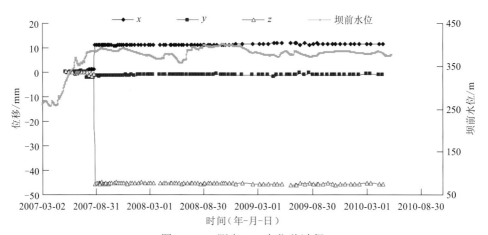

图 8.2.27 测点 2 三向位移过程

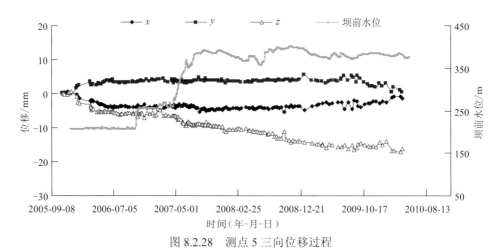

图 8.2.28 测点 5 三向位移过程

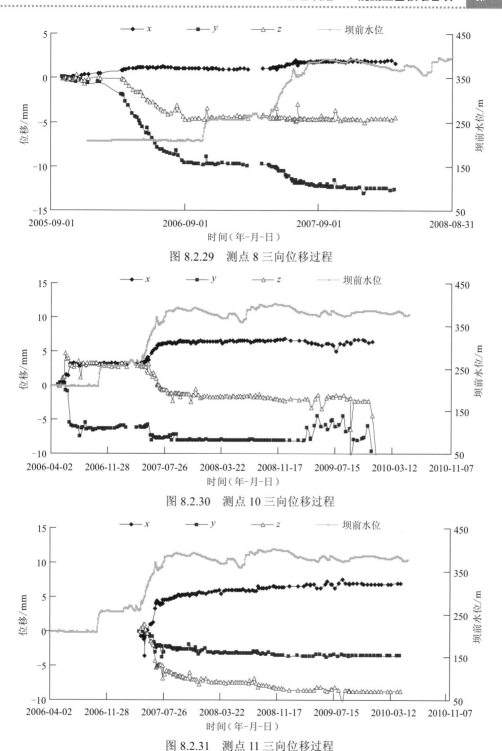

图 8.2.29　测点 8 三向位移过程

图 8.2.30　测点 10 三向位移过程

图 8.2.31　测点 11 三向位移过程

x 向变形，除测点 5 外，其余均为张开；z 向变形，面板相对向下沉降；y 向变形，左岸测点为正，右岸测点为负，其实面板均为相对向下错动。这些变形趋势都是符合一般规律的。

水荷载是引起周边缝位移的主要动力，这一规律在 5 个测点的位移过程线中展现得十分明显，一期面板上的三个测点 5、8、10 在蓄水前就产生了位移，主要反映的是盖重区的自重荷载作用。

从可监测的测点成果看，周边缝位移均小于允许位移 50 mm。

大部分测点的位移都是渐变的，只有测点 2 的位移是突变的。突变时间在库水刚淹没测点 2 之后。这种变形方式应该也是可能的。实测的周边缝位移以沉降变形最大，开合度次之，剪切变形最小，这与国内大多数混凝土面板堆石坝的实测结果是一致的，表明大坝周边缝的变形规律是正常的。

8.3　混凝土面板堆石坝数值分析

1. 邓肯模型的偏差

混凝土面板堆石坝相对于混凝土心墙堆石坝、黏土心墙堆石坝而言变形机制是比较简单的，其应力变形过程其实是单一的堆石坝体与混凝土面板的相互作用过程。数值分析的目的在于仿真其应力变形过程，论证其安全性。目前，数值分析结果与混凝土面板堆石坝的实际状况总是存在不小的偏差，人们往往将其归结于堆石体的本构模型不合理。诚然，本构模型不合理是引起数值分析偏差的原因之一，其实引起数值分析偏差的原因不单单是本构模型不合理。将混凝土面板堆石坝设计蓝图抽象为数值分析模型时，两者存在的偏差可能是不可估量的，将主堆石区（或次堆石区）填料视为力学性质相同的同一种填料，本身就存在着实验室研究对象是否具有代表性的问题，这种代表性包含了众多因素，甚至是无法量化的。在工程实施中，依据实测数据得到的填料级配和密度有多大的偏差其实是一个未知数，填料颗粒尺寸与试坑尺寸之间往往是不适配的，工程检测得到的填料级配和密度的分布往往离散性极大，平均级配和密度是否具有代表性，其实也是无法论证的。于是，无可奈何地认为只能采用平均级配和密度。

即便拥有了代表性试样，掌握了合理的级配和密度，室内力学试验也将面临缩尺难题，在很长一段时间，人们往往不愿提及缩尺问题，其根本原因在于缩尺问题无法解决。室内试验只能根据经验确定堆石料的试验级配和密度。由于现场碾压机具能量足够大，一般推理认为试验密度也应该足够大，于是得到的模型参数表征的材料刚度极大，数值分析得到的堆石坝的变形（主要为沉降）远小于实测值，于是形成一个概念："高坝变形算不大，矮坝变形算不小"。造成这种现象的主要原因是高坝的试验密度选择偏大，矮坝的试验密度选择偏小。笔者经过多年努力，提出了堆石料缩尺的旁压模量当量密度法，其可以作为解决堆石料缩尺问题的初级方法，在工程实践中参考应用。

从土石坝数值分析的正分析来看，的确存在数值分析模型的代表性、本构模型的合理性、模型参数的可靠性等一系列问题，但是，仍然不能忽视数值分析工作的意义。笔者认同对堆石坝数值分析准确性的基本要求——"准确的定性，粗略的定量"，也许有人认为这种要求过低，但事实是做到"准确的定量"是不切合实际的。针对土石坝，要做到"准确的定性"有时也是相当困难的。例如，混凝土面板堆石坝中的面板是受压还是受拉，什么部位受压，什么部位受拉；混凝土心墙堆石坝中的心墙应力为什么计算值总是远大于监测值，心墙的安全到底有没有保障；黏土心墙堆石坝中心墙水力劈裂发生的可能性到底有多大，是不是一个伪命题；等等。对这些有关安全性的基本问题都回答不清，足见土石坝数值分析工作的难度，有必要提高土石坝数值分析的能力，以保证土石坝的安全性。

检验数值分析成果的合理性只能通过堆石坝监测成果，但监测成果只是具体监测点应力或位移的表象，要认识堆石坝应力变形的内在力学规律必须依靠数值分析。数值分析能否揭示堆石坝应力变形内在力学规律，最终归结于本构模型能否反映土的主要力学特性。实际工程的反分析也提供了一个经验的累积过程，由此要求本构模型的力学概念清晰、参数物理意义明确、不同土体间参数具有可比性，唯有这样，一个工程的反分析成果才能对同类工程具有指导意义。

非线性弹性邓肯模型（Duncan et al.，1980；Duncan and Chang，1970）在土石坝数值分析中应用最为普遍，是一种具有实用性的模型，但遗憾的是邓肯模型是建立在弹性理论基础上的模型，不能反映堆石料的剪胀性。采用该模型不应侧重于数值分析得到的堆石坝沉降与实测是否一致（堆石坝监测只能得到合理的沉降值），而应侧重于得到的变形场是否真实。如果邓肯模型不能反映堆石料的剪胀性，即使通过调整参数做到沉降比较吻合，水平位移也会相差较大，进而可能导致面板应力计算值相差甚远。

为了说明邓肯模型的偏差，特通过三轴试验成果分析邓肯模型在三轴加载过程中参数泊松比的变化情况。

E-μ 模型（E 为变形模量，μ 为泊松比）（Duncan and Chang，1970）和 E-B 模型（B 为体积模量）（Duncan et al.，1980）均为非线性弹性邓肯模型，其主要差别在于三轴试验体变曲线的函数选择不同。E-μ 模型假定三轴试验中的 ε_3-ε_1 关系曲线（ε_1 为轴向应变，ε_3 为侧向应变）为双曲线，推得切线泊松比：

$$\mu_t = \frac{G - F \cdot \lg\left(\dfrac{\sigma_3}{p_a}\right)}{\left[1 - \dfrac{D(\sigma_1 - \sigma_3)}{E_i \cdot (1 - R_f \cdot S)}\right]^2} \tag{8.3.1}$$

E-B 模型假定三轴试验剪切过程中的 ε_v-ε_1 关系曲线（ε_v 为体变）为双曲线，当围压 σ_3 为常数时，体积模量 B 为

$$B = K_b p_a \left(\frac{\sigma_3}{p_a}\right)^m \tag{8.3.2}$$

相应的切线泊松比为

$$\mu_t = 0.5 - \frac{E_t}{6 \cdot B_t} = 0.5 - \frac{K}{6 \cdot K_b}\left(\frac{\sigma_3}{p_a}\right)^{n-m}(1 - R_f \cdot S)^2 \tag{8.3.3}$$

式中：G、F、D 为切线泊松比的试验常数；σ_1 为轴压；σ_3 为围压；p_a 为标准大气压；E_i 为初始切线模量；R_f 为破坏比；S 为应力水平；K_b、m 为切线体积模量试验常数；E_t 为切线弹性模量；B_t 为切线体积模量；K、n 为切线弹性模量试验常数。

显然，E-μ 模型得到的切线泊松比 μ_t 是一个小于 0.5 的数。图 8.3.1 为通过一组堆石料三轴试验成果先求得 E-μ 模型、E-B 模型参数，再反算得到的切线泊松比随应力状态的变化曲线，可以看出两个模型给出的切线泊松比的差别是非常大的。初看起来切线泊松比差别大是由于对三轴试验体变曲线的假定不同，实质上是因为邓肯模型不能反映剪胀性。

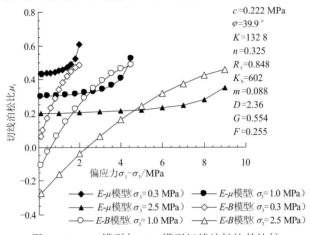

图 8.3.1　E-μ 模型与 E-B 模型切线泊松比的比较

c 为黏聚力；φ 为内摩擦角

2. 计算模型

混凝土面板堆石坝由堆石支撑体和面板防渗体构成，面板防渗体由拼接的混凝土面板置于堆石体和趾板上形成，面板与面板、面板与趾板、面板与垫层之间为非连续接触，堆石体材料与施工分区的边界复杂并相互切割，混凝土面板堆石坝应力变形是典型的三维非连续变形问题。有限元分析通常的方法是在非连续边界间设置界面元，实质是通过界面元将非连续问题转化为连续问题求解，剖分有限元网格时要求面板与堆石体单元相互对应。但由于面板厚度方向的尺度远小于其他两维尺度，对混凝土面板堆石坝剖分有限元网格十分困难，按面板厚度的尺度剖分，整个堆石坝的单元数非常多，计算代价令人难以接受，按堆石体尺度剖分，面板单元形状奇异，难以满足数值分析离散化的基本要求。为此，笔者率先采用子模型法进行混凝土面板堆石坝数值分析，具体分析过程是：

（1）先按堆石体尺度进行混凝土面板堆石坝有限元网格剖分，不顾及面板的应力计算精度，进行混凝土面板堆石坝全过程仿真；

（2）将面板和垫层独立为子模型，将主堆石体表面的位移作为已知位移边界条件；

（3）将子模型按面板厚度的尺度剖分有限元网格，考虑面板与垫层堆石体、面板与面板、面板与趾板的接触，计算子模型的应力与变形。

这种算法的突出优点是可以采用传统的无厚度的 Goodman 单元（Goodman et al.，

1968）模拟非连续边界的相互作用，利用已有的接触面研究成果，解决面板计算精度不足的问题。

通用有限元软件流行之后，在分析功能、前后处理方面有了极大的提升，从此走上了通用有限元软件二次开发的路子，原先分散开发的功能相对落后的数值分析软件逐渐被淘汰。现在看来，比较遗憾的是，通用有限元软件均来自外国，我国各行各业长期从事数值分析，却没有一个拥有独立知识产权的数值分析软件。笔者最先接触的通用有限元软件是 MSC.Marc 软件，MSC.Marc 软件具有先进的接触分析功能，一方面，保留了传统的界面摩擦单元来模拟结构两点之间的接触，其接触约束是通过拉格朗日（Lagrange）乘子或罚函数法施加的，也可用非线性弹簧来模拟非线性接触，通过罚函数法施加接触约束；另一方面，该软件提供了基于直接约束的接触迭代算法，可自动分析变形体之间及变形体与刚体之间的接触，接触方式为接触体间的接触，抛开了其他软件采用的定义接触单元或接触点对的方式。在进行接触分析时，只需定义可能发生接触的区域为接触体即可，其可以对接触体剖分不同疏密程度的网格。由此可见，MSC.Marc 软件很好地解决了混凝土面板堆石坝计算网格剖分难题。

典型混凝土面板堆石坝三维有限元网格如图 8.3.2 所示，单元、节点近 10 万个。

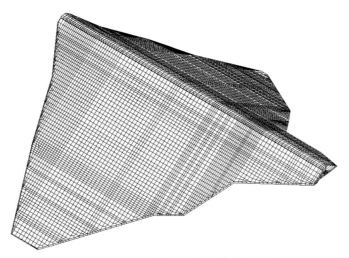

图 8.3.2　混凝土面板堆石坝三维有限元网格

3. 本构模型及参数

混凝土面板堆石坝数值分析的重要环节在于材料及接触面模型的选择及参数的确定。材料包括堆石料和混凝土，其中，混凝土一般视为线弹性材料，关键在于堆石料的本构模型及参数。对于接触面，一般采用无厚度的 Goodman 单元进行模拟。

对于堆石料，其本构模型种类繁多，虽说是各具特色，却无优势明显的模型出现，几乎是依据个人喜好或熟悉程度选用。不可否认的是，非线性弹性邓肯模型在土石坝数值分析中应用最为普遍，究其原因，大概是该模型简单实用。笔者在坚持简单实用原则的前提下，经过长期对堆石料的试验、总结、归纳，提出了能够很好地反映堆石料非线性、弹塑性、剪胀性的本构模型，为了便于推广应用，此后将该模型称为 K-K-G 本构模型（潘家军 等，2017，2014）。水布垭面板坝某阶段使用的两模型的参数如表 8.3.1 所示。

表 8.3.1 堆石料 **K-K-G** 本构模型和 *E-B* 模型参数

名称	ρ_d /（g/cm³）	φ_0 /（°）	$\Delta\varphi$ /（°）	K	K_{ur}	n	*E-B* 模型			K-K-G 本构模型				
							K_b	m	R_f	K_f	R_f	α	β	μ
主堆石料	2.15	52.0	8.5	1 100	2 200	0.35	600	0.10	0.82	5.5	0.82	1.0	2.2	0.25
次堆石料	2.15	50.0	8.4	850	1 700	0.25	400	0.05	0.80	4.5	0.80	1.0	2.1	0.30

注：ρ_d 为干密度；φ_0 为当小主应力与标准大气压之比为 1 时的剪切角；$\Delta\varphi$ 为当小主应力增加 10 倍时剪切角的减小量；K_{ur} 为卸荷模量常数；K_f 为最小能比系数；α、β 为试验参数；μ 为土的弹性泊松比。

混凝土采用线弹性模型模拟，密度为 2.40 g/cm³，弹性模量为 25 500 MPa，泊松比为 0.167。

接触面采用无厚度的 Goodman 单元进行模拟。两个切线方向的劲度为

$$K_{yz} = K_1 \cdot \gamma_w \cdot \left(\frac{\sigma_y}{p_a}\right)^n \cdot \left(1 - \frac{R_f \cdot \tau_{yz}}{c + \sigma_y \cdot \tan\delta}\right)^2 \tag{8.3.4}$$

$$K_{yx} = K_1 \cdot \gamma_w \cdot \left(\frac{\sigma_y}{p_a}\right)^n \cdot \left(1 - \frac{R_f \cdot \tau_{yx}}{c + \sigma_y \cdot \tan\delta}\right)^2 \tag{8.3.5}$$

式中：K_{yz}、K_{yx} 分别为两个方向的单位长度剪切劲度模量；γ_w、δ 分别为水容重、接触材料间的摩擦角；K_1 为初始剪切劲度量纲为一的系数；σ_y 为接触面法向应力；τ_{yx}、τ_{yz} 为接触面上两个方向的剪应力。

面板与垫层的接触参数为 $K_1 = 4\,800$，$n = 0.56$，$R_f = 0.74$，$\delta = 36.6°$，$c = 0.0$；面板与面板、面板与趾板的接触参数为 $K_1 = 4\,800$，$n = 0.56$，$R_f = 0.74$，$\delta = 30.0°$，$c = 0.0$。

接触面的法向劲度，当受压时取较大值，为 10^5 MPa/m，当受拉时取较小值，为 0.1 MPa/m。

4. 本构模型对成果的影响

分别采用 K-K-G 本构模型和 *E-B* 模型，同时对水布垭面板坝进行仿真。采用的本构模型不同，堆石坝的应力变形存在明显差异。表 8.3.2 为不同模型计算结果的特征值。同时，给出完建期主断面的变形及应力水平，如图 8.3.3～图 8.3.5 所示。

表 8.3.2 坝体变形与应力最大值统计表

期次	指标	属性	K-K-G 本构模型	*E-B* 模型
完建期	沿上下游水平位移/cm	向上游	42.364	48.152
		向下游	81.782	72.143
	沉降/cm	铅直向下	225.82	180.28
	沉降占坝高百分比/%	—	0.969	0.774

续表

期次	指标	属性	K-K-G 本构模型	E-B 模型
完建期	大主应力/MPa	压	3.49	3.46
	小主应力/MPa	压	1.35	1.42
蓄水期	沿上下游水平位移/cm	向上游	22.828	28.1
		向下游	86.429	92.7
	沉降/cm	铅直向下	226.65	182.2
	沉降占坝高百分比/%	—	0.973	0.782
	大主应力/MPa	压	3.59	3.63
	小主应力/MPa	压	1.39	1.58

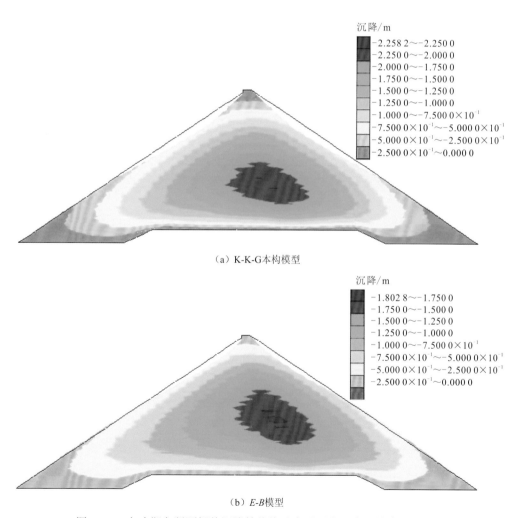

（a）K-K-G本构模型

（b）E-B模型

图 8.3.3　完建期主断面坝体沉降等值线及变形形态（变形放大 20 倍）

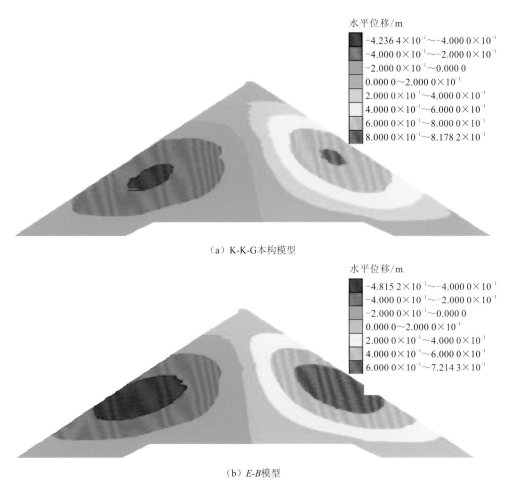

水平位移/m

■ $-4.2364\times10^{-1}\sim-4.0000\times10^{-1}$
■ $-4.0000\times10^{-1}\sim-2.0000\times10^{-1}$
■ $-2.0000\times10^{-1}\sim0.0000$
□ $0.0000\sim2.0000\times10^{-1}$
□ $2.0000\times10^{-1}\sim4.0000\times10^{-1}$
□ $4.0000\times10^{-1}\sim6.0000\times10^{-1}$
■ $6.0000\times10^{-1}\sim8.0000\times10^{-1}$
■ $8.0000\times10^{-1}\sim8.1782\times10^{-1}$

（a）K-K-G本构模型

水平位移/m

■ $-4.8152\times10^{-1}\sim-4.0000\times10^{-1}$
■ $-4.0000\times10^{-1}\sim-2.0000\times10^{-1}$
■ $-2.0000\times10^{-1}\sim0.0000$
□ $0.0000\sim2.0000\times10^{-1}$
□ $2.0000\times10^{-1}\sim4.0000\times10^{-1}$
□ $4.0000\times10^{-1}\sim6.0000\times10^{-1}$
■ $6.0000\times10^{-1}\sim7.2143\times10^{-1}$

（b）E-B模型

图 8.3.4　完建期主断面坝体水平位移等值线

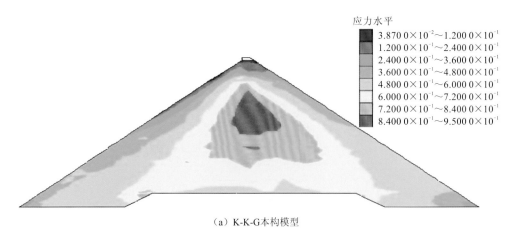

应力水平

■ $3.8700\times10^{-2}\sim1.2000\times10^{-1}$
■ $1.2000\times10^{-1}\sim2.4000\times10^{-1}$
■ $2.4000\times10^{-1}\sim3.6000\times10^{-1}$
□ $3.6000\times10^{-1}\sim4.8000\times10^{-1}$
□ $4.8000\times10^{-1}\sim6.0000\times10^{-1}$
□ $6.0000\times10^{-1}\sim7.2000\times10^{-1}$
■ $7.2000\times10^{-1}\sim8.4000\times10^{-1}$
■ $8.4000\times10^{-1}\sim9.5000\times10^{-1}$

（a）K-K-G本构模型

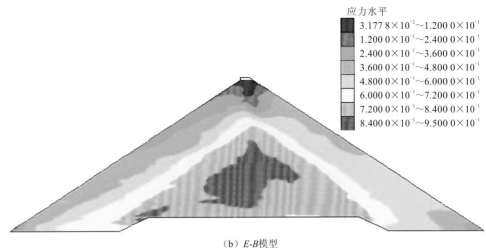

应力水平

$3.1778\times10^{-2}\sim1.2000\times10^{-1}$
$1.2000\times10^{-1}\sim2.4000\times10^{-1}$
$2.4000\times10^{-1}\sim3.6000\times10^{-1}$
$3.6000\times10^{-1}\sim4.8000\times10^{-1}$
$4.8000\times10^{-1}\sim6.0000\times10^{-1}$
$6.0000\times10^{-1}\sim7.2000\times10^{-1}$
$7.2000\times10^{-1}\sim8.4000\times10^{-1}$
$8.4000\times10^{-1}\sim9.5000\times10^{-1}$

（b）*E-B*模型

图 8.3.5　完建期主断面坝体应力水平等值线

（1）两本构模型得到的坝体变形相差明显，而应力及其分布相差较小。

（2）两模型计算得到的坝体沉降分布规律比较接近，但沉降量 K-K-G 本构模型明显大于 *E-B* 模型，最大沉降量分别为 2.258 2 m 和 1.802 8 m。

（3）坝体水平位移最大值 K-K-G 本构模型略小于 *E-B* 模型，但分布规律存在明显差别，*E-B* 模型水平位移最大值位于上下游边坡的中部表面，而 K-K-G 本构模型水平位移最大值位于上下游坝体的中部，这与是否考虑剪胀性密切相关。

（4）坝体应力水平分布规律也存在差别，对于 K-K-G 本构模型，高应力水平区域仅出现在坝体中上部，而对于 *E-B* 模型，坝体中下部大面积区域应力水平均比较高。

由此看来，基于试验确定的相同模型参数，由于本构模型选择不同，得到的数值成果存在明显差异，这从侧面反映了本构模型对数值分析的重要性。坝工界同行不遗余力地研发粗粒料的本构模型，但由于土石坝填料粗粒料的力学性质过于复杂，仍然没有一个本构模型广被认同。值得注意的是，由于本构模型选择不同，确定模型参数的试验不同，坝体的变形场可能存在较大差异，最终面板的应力可能相差甚远，是受拉还是受压都可能存在矛盾。

5. K-K-G 本构模型验证

1）坝体变形

为了验证 K-K-G 本构模型，进行数值分析计算值与监测成果间的比较。但遗憾的是，堆石坝水平位移监测值可信度低，使依据监测成果进行的堆石体力学特性分析难以全面完整，只能比较坝体沉降。其实判断一个本构模型是否合理，位移场是否相近更能说明问题。图 8.3.6 为蓄水期坝体主断面（桩号 0+212）位移等值线。坝体沉降发生在坝体中部次堆石区中，最大值为 2.266 5 m。上、下游向水平位移最大值分别为 22.828 cm 和 86.429 cm，值得关注的是，水平位移最大值的位置并不在坡面，而是在上、下游坝体中，这应该是堆石体剪胀剪缩性的一个突出反映。

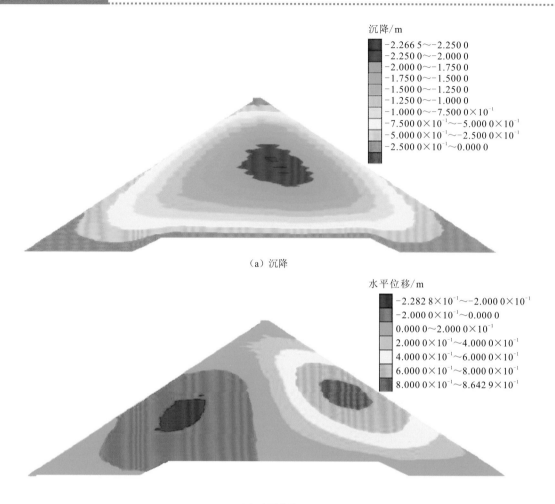

沉降/m

- -2.266 5～-2.250 0
- -2.250 0～-2.000 0
- -2.000 0～-1.750 0
- -1.750 0～-1.500 0
- -1.500 0～-1.250 0
- -1.250 0～-1.000 0
- -1.000 0～-7.500 0×10⁻¹
- -7.500 0×10⁻¹～-5.000 0×10⁻¹
- -5.000 0×10⁻¹～-2.500 0×10⁻¹
- -2.500 0×10⁻¹～0.000 0

（a）沉降

水平位移/m

- -2.282 8×10⁻¹～-2.000 0×10⁻¹
- -2.000 0×10⁻¹～0.000 0
- 0.000 0～2.000 0×10⁻¹
- 2.000 0×10⁻¹～4.000 0×10⁻¹
- 4.000 0×10⁻¹～6.000 0×10⁻¹
- 6.000 0×10⁻¹～8.000 0×10⁻¹
- 8.000 0×10⁻¹～8.642 9×10⁻¹

（b）水平位移

图 8.3.6　蓄水期坝体主断面位移等值线

　　图 8.3.7 为坝体主断面不同高程沉降计算值与 2008 年 10 月首次蓄水后监测值的比较，由此可见，K-K-G 本构模型的计算值与监测值在主断面的两个方向上的分布规律有很好的一致性，但沉降计算值偏小，沉降最大值的计算值和监测值分别为 2 266.5 mm 和 2 472 mm。如果计入后期沉降，监测沉降至 2021 年 12 月 21 日达到最大值，为 2 676 mm。由此表明，表 8.3.1 给出的 K-K-G 本构模型参数偏"刚"。模型参数取值问题长期受试验缩尺问题困扰，根据《土工试验方法标准》（GB/T 50123—2019）确定试验级配之后，往往通过击实试验，选择一定的压实度确定试验密度，依据三轴试验确定模型参数。用于水布垭面板坝应力变形分析的模型的参数变化较大，不仅水布垭面板坝论证过程中参数大小变化较大，而且不同阶段采用的参数也不一样，变化次数也较多，不同文件给出的参数可能不一样。其实，模型参数取值经历了来源于试验又不完全依据试验的人为经验调整过程，维持时间较长的参数是主堆石料 $K=1\,400$，$n=0.29$，次堆石料 $K=848$，$n=0.22$。参考本书第 4 章缩尺方法的研究成果，水布垭面板坝堆石体的模型参数应该更"柔"

一些。由此可见，若采用 K-K-G 本构模型，模型参数严格按照本书提出的旁压模量当量密度法的缩尺通过试验确定，数值分析方法是可以合理给出堆石坝应力变形的。

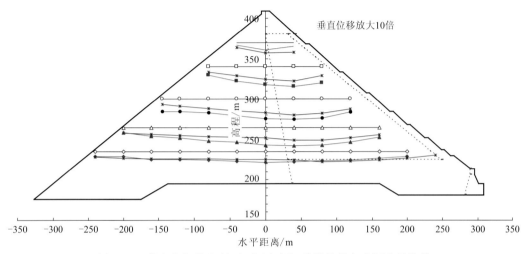

—◇— 235 m高程测点埋设位置　　　　　　　　　　—●— 300 m高程测点沉降（该高程最大沉降为2 472 mm）
—◆— 235 m高程测点沉降（该高程最大沉降为1 295 mm）　—□— 340 m高程测点埋设位置
—△— 265 m高程测点埋设位置　　　　　　　　　　—■— 340 m高程测点沉降（该高程最大沉降为2 429 mm）
—▲— 265 m高程测点沉降（该高程最大沉降为2 251 mm）　—— 370 m高程测点埋设位置
—○— 300 m高程测点埋设位置　　　　　　　　　　—— 370 m高程测点沉降（该高程最大沉降为927 mm）
—*— 计算值

图 8.3.7　蓄水期坝体主断面不同高程沉降计算值与监测值的比较

2）面板应力变形

蓄水期混凝土面板位移等值线如图 8.3.8 所示。蓄水期混凝土面板的最大挠度为 62.236 cm，位于河床中部 1/4 坝高附近。因水平位移监测成果的局限性，无法得到混凝土面板总变形，只能比较监测成果图 8.2.17，水荷载引起的上游坝坡法向位移为 35.2 cm，如果计入盖重区压力作用下的面板挠度变形，蓄水期混凝土面板的最大挠度计算值为 62.236 cm 是可信的。

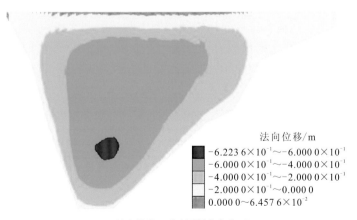

法向位移/m

$-6.223\ 6\times10^{-1} \sim -6.000\ 0\times10^{-1}$
$-6.000\ 0\times10^{-1} \sim -4.000\ 0\times10^{-1}$
$-4.000\ 0\times10^{-1} \sim -2.000\ 0\times10^{-1}$
$-2.000\ 0\times10^{-1} \sim 0.000\ 0$
$0.000\ 0 \sim 6.457\ 6\times10^{-2}$

（a）法向位移（垂直面板向上为正）

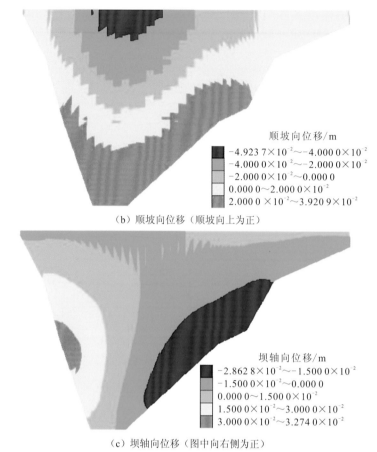

（b）顺坡向位移（顺坡向上为正）

顺坡向位移/m

- $-4.923\,7\times10^{-2}\sim-4.000\,0\times10^{-2}$
- $-4.000\,0\times10^{-2}\sim-2.000\,0\times10^{-2}$
- $-2.000\,0\times10^{-2}\sim0.000\,0$
- $0.000\,0\sim2.000\,0\times10^{-2}$
- $2.000\,0\times10^{-2}\sim3.920\,9\times10^{-2}$

坝轴向位移/m

- $-2.862\,8\times10^{-2}\sim-1.500\,0\times10^{-2}$
- $-1.500\,0\times10^{-2}\sim0.000\,0$
- $0.000\,0\sim1.500\,0\times10^{-2}$
- $1.500\,0\times10^{-2}\sim3.000\,0\times10^{-2}$
- $3.000\,0\times10^{-2}\sim3.274\,0\times10^{-2}$

（c）坝轴向位移（图中向右侧为正）

图 8.3.8　蓄水期混凝土面板位移等值线

在顺坡向上，整个面板表现为压缩状态，压缩量约为 69.2 mm。结合 8.2.2 小节第 7 部分，对实际监测成果进行分析，依据混凝土面板的应变监测值进行积分计算，235～340 m 高程混凝土面板顺坡向压缩量为 54.0 mm。由此可见，顺坡向的变形计算成果也是可信的。在坝轴向，面板中下部呈现由两侧向中间压缩的变形趋势。

图 8.3.9 为蓄水期混凝土面板应力等值线计算成果。蓄水期混凝土面板坝轴向应力主要为压应力，最大压应力位于河床中部 1/4 坝高附近，最大值达 19.787 MPa。混凝土面板顺坡向也基本上受压，最大压应力达 15.578 MPa，位于河床中部附近的面板中下部，没有出现拉应力。分析图 8.2.18～图 8.2.20 面板应力监测成果发现，面板应力主要与温度、水荷载、盖重区压力相关，对于非盖重区，面板应力主要与水荷载相关，温度应力呈周期性变动，数值分析中也没有模拟温度作用。比较图 8.2.21 水荷载引起的河床中部 R2 面板板块一、二期面板应力发现，其钢筋顺坡向最大压应力为 82.34 MPa，坝轴向最大压应力为 61.07 MPa。由此可见，面板应力数值分析成果是基本可信的。

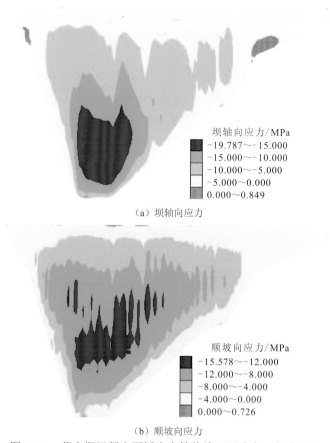

（a）坝轴向应力

（b）顺坡向应力

图 8.3.9　蓄水期混凝土面板应力等值线（压为负，拉为正）

8.4　混凝土面板堆石坝展望

1. 混凝土面板堆石坝结构

相对于其他土石坝，混凝土面板堆石坝是一种力学机制相对简单的坝型。宏观来看，混凝土面板堆石坝可分为两部分，一部分是由混凝土面板、趾板、结合缝组成的防渗体，另一部分是垫层、过渡层、主次堆石体构成的支撑体。两者分工明确，又相互作用成为统一体。

对于支撑体，稳定是最基本的要求。稳定包括三个方面：一是材料的性能稳定，对于堆石体，其由级配良好的堆石料经较大能量碾压形成，在工程生命周期内，应保持材料的性能稳定，如有劣化也只是表面部分；二是在任何外力（水荷载、地震荷载）作用下，始终保持结构的力学特性稳定，只要坡比合理，力学特性稳定也是可以保证的，比较担心的是地震荷载下的稳定性，紫坪铺土石坝等在强震下的行为充分展示了其动力稳定性；三是渗透稳定性，要求是只要垫层、过渡层、堆石体级配合理，即使防渗体完全失效，也应该保证渗透稳定，研究表明渗透稳定性是有保障的。满足三个方面的稳定要求，混凝土面板堆石坝的安全性就有了基本保障。对于堆石体，工程中往往会忽略一个问题，笔者认为其对堆石坝的安全而言应该是十分重要的，即堆石体与河谷岸坡相互作用时引起的横向拉剪裂缝会不会贯通，若此处面板破坏，在渗透力作用下，裂缝附近的颗粒会不会流失，这些都是值得深入研究的问题。实践表明，裂缝的存在很容易引起附近面板的破坏，这种裂缝引起堆石坝破坏的风险是存在的。图 8.4.1 为某堆石坝裂缝照片，该裂缝应该是拉剪裂缝，产生裂缝的原因缺乏细致的分析，如果该裂缝的产生只与河谷地形有关，问题相对简单，如果存在普遍性，是由坝轴向不均匀变形引起的，该裂隙将成为土石坝的安全隐患。

图 8.4.1　某堆石坝裂缝照片

对于防渗体，基本要求是静力作用下混凝土面板不破坏，库水作用下混凝土面板不渗漏。但工程实践表明，混凝土面板被压坏和止水结构破坏是常见的现象，这也成为混凝土面板堆石坝的痛点，成为 300 m 级土石坝不敢选择混凝土面板堆石坝的关键。当堆石坝填料确定之后，可进一步优化级配、提高密度、减小堆石坝变形，客观地讲，只要保证施工质量，防止漏碾少碾，减小堆石坝变形的余度并不大。由于堆石体的变形及变形形态是一种客观的存在，不管数值分析是否准确，可能只有改善防渗体自身，才能保证防渗体与支撑体相互作用时防渗体不破坏。

2. 数值分析方法

全过程参加某一典型工程的论证、设计、施工、运行，提高对堆石坝的认知是只进行科研无法比拟的。混凝土面板堆石坝数值分析的要求应该还是"准确的定性，粗略的定量"，这是数值仿真的精细程度决定的；数值分析的作用是进行堆石坝的安全论证，尤其是进行不同工程措施对提高工程安全性的论证；数值分析方法的改进仍然在于本构模型及模型参数确定方法的创新，所谓的"高坝变形算不大，矮坝变形算不小"只是对土石坝数值分析方法的一种误解，其关键在于模型参数试验缩尺方法的合理性。

3. 混凝土面板堆石坝完善方向

笔者认为，混凝土面板堆石坝可以通过一次性施工面板和改善缝结构来减小面板的破坏风险。

对于高混凝土面板堆石坝，目前均采用分期施工混凝土面板的工艺。之所以分期施工，其出发点是：首先，如果一次性施工面板，面板顺坡向长度过长，从坝顶采用溜槽输送混凝土时，混凝土可能离析；其次，从国外到国内，从过去到现在，面板施工都是采用溜槽输送混凝土；最后，随着坝体填筑，分期施工面板可能节省工期。但同时要看到，分期施工混凝土面板有很多弊端：一，先期施工的面板长期暴露于空气中，受到的温度应力的影响较大；二，后期坝体填筑可能造成先期施工的面板脱空，且其与后期施工面板的连接也不平顺，影响面板的应力分布；三，分期施工面板，先期施工的面板将承受更大的工后变形，经数值分析发现，其面板应力最大值将增大 20%～30%，该增大幅度理论上并不显著，但当面板应力接近抗压强度时，再增大较小应力，就可能导致面板破坏。因此，是采用分期施工面板还是一次性施工面板，应该比较利弊综合决策，而不是固有模式。

如果采用一次性施工面板，当然要重新进行施工组织设计。考虑到分期施工面板对坝体填筑的影响，一次性施工面板可能增加工期；对于混凝土离析问题，有必要进行施工工艺改进。由于是坝体填筑完成后一次性施工面板，对垫层表面可做平顺光洁处理，这样可以在面板与坝体相互作用时减小结合面的摩阻力。为防止混凝土离析，可在垫层表面铺设临时轨道，由斗车从坝顶运送混凝土至指定位置，可在坝顶安装绞车作为斗车沿坡面上下运动的动力。为减少铺设临时轨道次数，可采用斗车与溜槽相结合的方式输送混凝土至浇筑点。这种斗车输送混凝土工艺可以保证混凝土不离析，费用也是可以接受的。

缝结构是混凝土面板堆石坝普遍关心的问题。现在大多面板缝止水为并行三层结构。三层止水并不是共同分担水头，而是为了提高保证率，一旦第一层止水失效，由下一层止水承担水头。这样的设计其实是有负面作用的，如果三层止水单独作用时都不能承担高水头，那么超过三层的多层止水也是徒劳的，远不如设计一层安全、可靠的止水实在，如此施工也比较简单，施工越简单，施工质量越容易得到保证。

当两侧混凝土板发生相对位移时，如何保证缝结构不破坏，是一个难题。笔者经过仔细观察发现，是水压力与缝位移共同作用导致了缝结构的破坏。以铜止水为例，原以为在缝发生沉降、张拉、剪切时，混凝土板间自由的铜片具有足够的长度来承受缝位移，其实不然，在较大的水压力作用下，铜止水中间的自由部分将紧紧地贴在混凝土板或垫层表面，完全处于非自由状态，如果缝两侧混凝土板再发生相对位移，Ω 形结构的铜止水将在某一位置发生局部应变，也往往因应变过大而破坏。这与土工织物的伸缩节一样，本以为土工织物可以随土体变形被抽出，但其实在土压力作用下，土中土工织物不可能发生相对移动。这也是一般建筑物中铜止水有效，而面板中铜止水容易失效的原因。

只要掌握了缝结构破坏的原因，新的铜止水就不难设计。其基本理念是"让铜止水中间自由部分真正自由"，笔者也找到了简易方法，面板新的铜止水结构正在研究中。

参 考 文 献

常陆军, 2018. 混凝土面板堆石坝坝体设计及位移模拟[J]. 水利科学与寒区工程, 1(8): 43-46.

程展林, 丁红顺, 2004. 粗粒料蠕变特性试验研究[J]. 岩土工程学报, 26(4) : 473-476.

程展林, 潘家军, 2021. 土石坝工程领域的若干创新与发展[J]. 长江科学院院报, 38(5): 1-10.

程展林, 潘家军, 左永振, 等, 2016. 坝基覆盖层工程特性试验新方法研究与应用[J]. 岩土工程学报, 38(S2): 18-23.

何斌, 徐剑飞, 何宁, 等, 2023. 分布式光纤传感技术在高面板堆石坝内部变形监测中的应用[J]. 岩土工程学报, 45(3): 627-633.

潘家军, 程展林, 饶锡保, 等, 2014. 一种粗粒土非线性剪胀模型的扩展及其验证[J]. 岩石力学与工程学报, 33(S2): 4321-4325.

潘家军, 王观琪, 程展林, 等, 2017. 基于非线性剪胀模型的面板堆石坝应力变形分析[J]. 岩土工程学报, 39(S1): 17-21.

潘家军, 孙向军, 2023. 粗颗粒土缩尺方法及缩尺效应研究进展[J]. 长江科学院院报, 40(11): 1-8.

朱鸿鹄, 殷建华, 张林, 等, 2008. 大坝模型试验的光纤传感变形监测[J]. 岩石力学与工程学报, 27(6): 1188-1194.

DUNCAN J M, CHANG C Y, 1970. Non-linear analysis of stress and strain in soils[J]. Journal of the soil mechanics and foundations division, 96(5): 1629-1653.

DUNCAN J M, BYRNE P, WONG K, et al., 1980. Stress-strain and bulk modulus parameters for finite element analysis of stress and movements in soils masses[R]. Berkeley: University of California.

GOODMAN R E, TAYLOR R L, BREKKE T L, 1968. A model for the mechanics of jointed rock[J]. Journal of the soil mechanics and foundations division, 94(3): 637-659.

9

第 9 章　土石坝之二：混凝土心墙堆石坝

9.1　概　　述

混凝土心墙堆石坝为典型的土石坝，其防渗系统为位于坝体中部的混凝土防渗墙。混凝土心墙堆石坝因心墙混凝土不同又细分为常规混凝土心墙堆石坝、塑性混凝土心墙堆石坝、沥青混凝土心墙堆石坝，其工作特性有相似之处。该坝型往往与坝基覆盖层中的防渗墙相接共同形成防渗系统。混凝土心墙堆石坝与另外两种土石坝相比具有明显的优点：与混凝土面板堆石坝比较，混凝土防渗墙比混凝土面板结构简单，不存在温度应力，更适合温度剧烈变化的地区；与黏土心墙堆石坝比较，其质量更加容易控制，施工方便，变形机理简单（杨波，2024；周清 等，2023）。然而，客观事实是高土石坝很难选择混凝土心墙堆石坝，主要原因是数值分析往往得出混凝土防渗墙应力过高，难以满足安全性要求的结果。

但实际工程防渗墙的应力监测成果表明，墙体应力并不像数值分析得到的那么大。笔者研究发现，是数值分析出现了问题。

目前用于土石坝应力变形分析的数值分析方法多为小应变有限元法（徐晗 等，2017，2015，2013；潘家军 等，2011），在分析混凝土防渗墙与土体相互作用时，在墙体两侧接触面设置 Goodman 单元（Goodman et al.，1968）以模拟墙土大变形错动，计算结果是合理的；然而，在模拟防渗墙端部与土体接触时就容易出现错误结果，小应变有限元法是不能模拟防渗墙端部土体中刺入破坏这种大变形工况的。对于变截面混凝土防渗墙及在上下防渗墙中设置廊道的情况，都可能出现计算结果不合理的现象。

混凝土心墙堆石坝应力变形分析中，混凝土防渗墙的应力计算值非常大成为一个普遍现象。为克服混凝土防渗墙的所谓高应力，工程设计时往往采用双防渗墙或塑性混凝土或高强度混凝土，也正是由于这个"缺点"，限制了常规与塑性混凝土心墙堆石坝的应用，从而致力于研究沥青混凝土心墙堆石坝，因担心沥青混凝土心墙堆石坝会产生水力劈裂，高坝中沥青混凝土心墙堆石坝的应用也受到限制。

由于有限元计算方法的问题，在坝工界似乎形成了一种固定的概念，即混凝土心墙堆石坝的防渗墙应力特别大。这不仅限制了该坝型的应用，而且限制了该坝型优化措施的研究。

客观地讲，小应变有限元法是不适合分析混凝土防渗墙应力的，其原因在于防渗墙端部与土体接触容易产生刺入破坏，与防渗墙端部或突出部分接触的土体单元将产生大变形。为此，笔者提出了防渗墙端部接触算法，当然，几何非线性算法也许也是可行的。经物理模型试验与防渗墙端部接触算法成果的比较发现，防渗墙端部接触算法是合理可靠的，由此也证明了混凝土防渗墙应力偏大是由有限元法不适应造成的。

混凝土心墙堆石坝的关键问题是提高数值分析准确性问题。混凝土心墙端部与坝体接触算法存在问题，导致对混凝土心墙堆石坝的认识出现偏差，其实，混凝土心墙的应力状态远优于数值分析成果，其安全性是容易得到保证的，如果辅以必要的工程措施，建设高混凝土心墙堆石坝是完全可能的。当混凝土心墙端部与坝体接触算法的问题解决之后，混凝土心墙堆石坝的应力变形机理相对简单，其应力变形数值模拟也相对简单。

这里需要强调的是，目前，最高土石坝的坝型为黏土心墙堆石坝，黏土心墙堆石坝也是应力变形机理最为复杂的坝型，之所以在建的高土石坝多选用黏土心墙堆石坝，重要的原因似乎是黏土心墙堆石坝最早达到 300 m 坝高纪录。笔者始终认为，300 m 级的黏土心墙堆石坝的风险是极大的，河谷形态、大坝填料特性、施工质量及运行历程都影响大坝的安全性。在黏土心墙堆石坝安全性评价能力不足的现实条件下，建设 300 m 级的黏土心墙堆石坝具有较大风险。如果河谷形态不佳，在 300 m 级黏土心墙堆石坝中产生贯穿性横向拉剪裂缝不是不可能的，当下仍然不清楚诱发横向拉剪裂缝的主要因素及其相关关系，更为重要的是土石坝安全性评价中忽略了产生横向拉剪裂缝的可能性。

近年来，我国正处于高土石坝建设高潮，得到完善的土石坝理论任重而道远。同时，最重要的是，对高土石坝建设要有一份敬畏之心，努力做好安全评价，增加必要的工程措施，避免土石坝失事风险。

本章将以三峡工程二期上游围堰的监测成果讨论混凝土心墙堆石坝的应力变形特征。

9.2 三峡工程二期上游围堰

9.2.1 工程概况

三峡工程二期上游围堰的设计和施工是三峡工程的重大关键技术项目，上游围堰堰顶全长 1 440 m，最大高度为 82.5 m，运用期为 5 年，实际上它是一座特殊的混凝土心墙堆石坝工程。

堰址河床地质情况复杂，有厚达 10 m 的砂砾石层和最大厚度达 18 m 的新淤积粉细砂层；基岩是闪云斜长花岗岩，两侧滩地基岩风化层最大厚度达 40 m 左右，在风化层表面及内部残存一定数量未风化的球状块体，直径为 1～3 m，形成架空的块球体夹砂层，透水性很强；河床基岩面起伏较大，专山珠基岩深槽槽深 7 m，侧边坡很陡，坡度超过70°。加之围堰施工水深达 60 m，防渗土料缺乏，施工工期短，施工强度大等不利条件，二期上游围堰成为三峡工程中多方关注和担心的焦点之一。

围堰结构形式最终选定为风化砂和石碴填筑的堰体内混凝土防渗墙方案，图 9.2.1为上游围堰河槽部位典型断面。在河槽部位，采取双排防渗墙结构，堰顶高程为 88.5 m。其中，堰体高程 69.0 m 以下水下部分的施工顺序为：首先于枯水期平抛天然砂石料垫底至高程 40.0 m，进占法施工截流体及石碴戗堤，两戗堤之间抛填风化砂，形成防渗墙施工平台。水上部分堰体分两步填筑，上游防渗墙施工完成后，修筑临时挡水子堤（断面的一部分），子堤顶高程为 83.5 m，主要由风化砂和石碴混合料填筑；待下游防渗墙施工完成后，填筑风化砂和石碴混合料至设计断面。

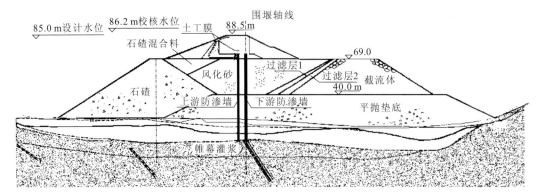

图 9.2.1　三峡工程二期上游围堰河槽部位典型断面图

围堰采用两道厚度为 1.0 m 的塑性混凝土防渗墙上接土工合成材料的防渗方案，墙底部嵌入弱风化岩石内 1.0 m 接帷幕灌浆，墙顶高程为 73.1 m。土工合成材料以折线形式伸入临时挡水子堤后斜铺至高程 86.2 m。

上游围堰于 1996 年 4 月开工，1996 年 9 月 20 日开始防渗墙施工，1997 年 11 月 8 日大江截流，1998 年 6 月 22 日围堰第一道防渗墙建成，1998 年 6 月 25 日开始基坑限制性抽水，1998 年 7 月 2 日，长江出现了第一次洪峰，1998 年 8 月 5 日防渗墙竣工，1998 年 8 月 16 日长江出现第六次洪峰，1998 年 9 月 12 日基坑形成集水坑，1998 年 12 月围堰填筑竣工，1999 年 3 月完工，2001 年 11 月开始围堰拆除，2002 年 5 月二期围堰破堰进水。围堰建成后，运行情况良好，经受住了 1998 年、1999 年大汛的考验，标志着二期围堰的工程质量优异，圆满地完成了使命。

由于工程的复杂性和重要性，各个时期投入的人力物力及所取得的资料的完整性和研究深度在中国土石坝建设史上将是独一无二的。二期围堰从建设、运行到拆除，实质上是完整的原型土石坝工程试验过程。尤其是在拆除过程中发现的一些工程现象和取得的第一手资料十分宝贵。如果能够将建设前的研究成果、建设中的检测成果、运行期的监测成果和拆除过程中获得的资料进行比较、验证与分析，无疑对于认识土石坝工作机理、土力学理论的发展是有意义的。

9.2.2　研究历程

三峡坝区基岩为闪云斜长花岗岩，风化层厚达 40 m，其中全强风化层最厚达 30 m，风化层一经开挖即成为散状风化砂砾，俗称风化砂。风化砂为二期围堰主要填料。

风化砂为一种特殊的土石坝填料，对其物理力学性状的研究经历过漫长的时间过程，其特殊性表现在：一，围堰填料用量较大，涉及的料源广泛，全强风化层均用作填料，材料特性变化较大；二，风化砂作为一种全强风化料，级配不稳定；三，60 m 水深中抛投的风化砂相对松散且无法控制，物理力学性状难以确定。

风化砂填料物理力学性状的研究可以追溯到 1958 年，并于 1960 年前后在石板溪现场进行了水深为 6 m 的大规模人工水中抛填试验，所得的干密度为 1.45 t/m³。在围堰论证的很长时期内，风化砂堰体中成墙技术的可行性成了问题。同时，1.45 t/m³ 的抛填干密度本身受到质疑，6 m 水深下的试验成果能否代表 60 m 水深下的情况？但国内外均无 60 m 水深的抛填经验，也无法进行 60 m 水深中的抛填模拟试验。风化砂的抛填密度长期影响围堰的设计和科研，并不得不去研究风化砂堰体水下加密技术及塑性混凝土或水泥土防渗墙材料。

"七五"攻关期间，始终将风化砂水下抛填施工自然形成的密度作为关键问题，至"七五"攻关后期，长江科学院创造性地采用离心模型试验技术进行了水下抛填密度研究。选择 100 g 的加速度，通过 0.6 m 水深中的抛填离心模型试验，得到不同级配的风化砂抛填干密度为 1.65～1.85 t/m³，远高于石板溪试验值。经风化砂压实试验论证，离心模型试验成果应该更接近于真实的抛填密度。由此奠定了风化砂堰体力学特性试验的基础，从而，围堰的设计工作才得以继续顺利进行。在此基础上，提出了围堰的初步设计方案。

"七五"攻关后，二期围堰进入技术设计阶段。围堰的一些关键技术问题列入了"八五"科技攻关计划。在填料工程性质方面，对风化砂水下抛填密度进行了系统试验，并与一期围堰堰体的密度检测成果进行了比较，增强了水下抛填密度试验方法及成果合理性的信心，在此基础上，对围堰填料的力学参数进行了补充试验等。

在二期围堰施工阶段，结合工作进展中出现的新情况及时进行了补充试验研究，包括平抛垫底砂砾料的工程特性、风化砂堰体的振冲加密技术等。

2001 年 11 月初～2002 年 11 月中旬，结合二期围堰的拆除，开展了系统试验研究工作。对抛填风化砂堰体、成槽浇筑混凝土防渗墙、防渗墙与土工膜接头等的实际状态进行了调查实录。土石坝一般是不具备拆除试验条件的，因而调查实录成果对于认识土石坝工作机理大有裨益，为以往研究中的一些假定提供了佐证。

9.3　围堰材料及结构

9.3.1　风化砂堰体

1. 三峡风化砂物理性质

风化砂天然结构紧密，天然干密度为 1.62～2.00 t/m³，平均值为 1.82 t/m³，天然含水率为 5%～11%，平均值为 8.6%。

风化砂颗粒易破碎，不同的粒径分析方法会有不同的结果，单纯的浸泡对级配的变化影响不大。现以橡皮锤滚搓下的干筛成果为准，不同时期、不同料场的典型级配曲线如图 9.3.1 所示。其实，三峡风化砂研究的时间跨度为四十多年，用于试验的试样级配变化极大，曾经做过统计，但规律性不强。对于料场空间上材料特性变化较大的全强风化料，经开挖、搬运、抛填等工艺筑坝后，选用什么样的风化砂试样进行试验能够代表实际工程填料？这是其他土石坝工程很少遇到的问题。

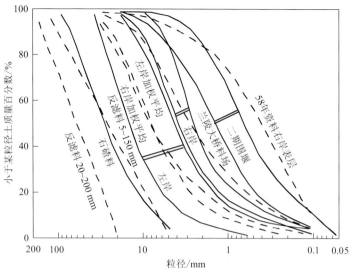

图 9.3.1　围堰填料的级配曲线

　　在三峡工程围堰论证期间，始终将大于 5 mm 的颗粒含量作为指标表征其级配，并定义为 P_5。经统计，P_5 平均值左岸料场为 59%，右岸料场为 27%，不均匀系数为 7～8。工程初期对左岸临时船闸和右岸导流明渠开挖料进行测试发现，P_5 平均值左岸为 47%，右岸为 34%，不均匀系数为 7～10。一般来说，将 $P_5=30\%\sim60\%$ 作为代表性的级配，级配变幅还是非常大的。

　　风化砂的压实试验采用大型击实、振动压实等多种方法，结果表明，风化砂均易于压实。最大击实干密度可达 2.14 t/m³，一般为 1.9～2.0 t/m³。在压实功能 250～1 380 kJ/m³ 范围内，干密度几乎随压实功能增大直线增长。风化砂的最优含水率约为 10%，接近天然状态。

　　为弄清风化砂填筑体的密度状态，对填筑体进行过现场检测。一期围堰干填风化砂的现场实测干密度为 1.62～2.23 t/m³，平均值为 1.87 t/m³。

2. 风化砂堰体密度

　　基于水下堰体密度指标的重要性，对风化砂抛填密度进行了系统研究，同时，开创了水下抛填密度试验新方法。

　　图 9.3.2 为风化砂水下抛填密度离心模型试验成果，试验中未考虑水上 30 m 填土的作用，仅模拟 60 m 水深的抛填过程。"七五"攻关期间，得到的水下抛填风化砂堰体干密度为 1.65～1.85 t/m³，平均值为 1.75 t/m³。

　　"八五"攻关期间，长江科学院联合中国水利水电科学研究院，在各自的离心机上又进行了 13 组离心模型试验。不同离心机的试验成果基本相同。对于 $P_5=36\%$ 的风化砂，干密度为 1.73～1.83 t/m³，平均值为 1.78 t/m³；对于 $P_5=61\%$ 的风化砂，干密度平均值为 1.82 t/m³。

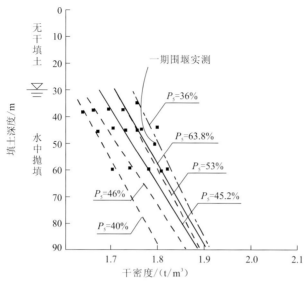

图9.3.2　风化砂干密度ρ_d与填土深度的关系

条件：没有水上30 m填土，60 m深水中抛填

与此同时，对正在施工的一期围堰进行了钻孔取样，检测了风化砂水下抛填密度。检测的干密度为 1.66～1.97 t/m³，平均值为 1.81 t/m³。考虑到上部受压实机具及车辆的反复碾压等因素的影响，对深度 12.45 m 处的检测成果 1.77 t/m³ 进行分析，根据上覆自重应力等效原则，其相当于水下抛填风化砂深度约 20 m 处的干密度为 1.77 t/m³。由图 9.3.2 可以看出，离心模型试验成果与水下抛填施工堰体的风化砂密度具有可比性。

二期围堰设计论证时，将风化砂堰体分为三个区：水下 60 m 的抛填体，简化为两个区，即水面至水下 30 m 为一区，取ρ_d=1.70 t/m³，水下 30～60 m 为二区，取ρ_d=1.80 t/m³；水上干填部分为三区，取ρ_d=1.85 t/m³。按此干密度进行力学试验，确定各种力学参数。

2002 年 1 月，在围堰拆除过程中，在深槽段下游防渗墙下游侧 0.25～26.06 m、高程 55.5～70.3 m 范围内，对风化砂密度进行了 67 点灌砂法原位试验。密度分布如图 9.3.3 所示。

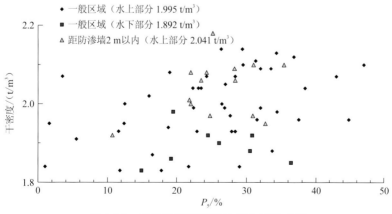

图9.3.3　风化砂密度灌砂法原位试验成果

66 m 高程以上为干填堰体，简称水上部分，距防渗墙 2 m 以外区域，简称一般区域，干密度为 1.84～2.14 t/m³，平均值为 1.995 t/m³。与堰体建成初期的原位密度检测结果平均值 1.936 t/m³ 相比，风化砂堰体干密度增加约 3.0%，反映出围堰运行 4 年多后，堰体密度稳定。距防渗墙 2 m 以内区域，干密度为 1.92～2.18 t/m³，平均值为 2.041 t/m³，反映出防渗墙施工对堰体的加密作用明显。

66 m 高程以下为抛填堰体，简称水下部分，一般区域堰体干密度实测值为 1.83～1.98 t/m³，平均值为 1.892 t/m³。与科研阶段采用离心模型试验确定的水下抛填风化砂干密度 1.65～1.85 t/m³ 相比，密度值略大，考虑到试验中未考虑水上 30 m 填土作用，说明采用离心模型试验方法确定的风化砂水下抛填密度具有科学性和可行性。

二期围堰在用料方面不仅料源间材质差异大，而且同一料源不同深度间材质差异也大；在施工工艺上，水上为常规填筑，水下为抛填，同一材料填筑方式不同造成堰体工程特性的差异性是土石坝工程中少有的。经多方试验论证，提出了力学特性试验的级配和密度控制指标，以及试样代表性选择标准，这种做法在国内外均无先例，在技术上具有创新性。

3. 风化砂力学特性

风化砂典型三轴试验应力应变关系曲线如图 9.3.4 所示。风化砂的抗剪强度基本符合莫尔-库仑强度准则的线性关系，强度指标有效内摩擦角 $\varphi' = 31.5° \sim 37.7°$，平均值为 34.5°，有效黏聚力 c' 为 12.5～55 kPa。

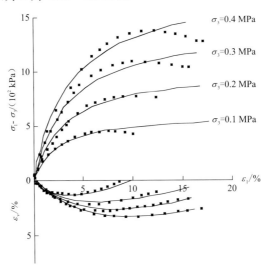

图 9.3.4　风化砂（$\rho_d = 1.79$ t/m³）三轴试验应力应变关系曲线

σ_1-σ_3 为偏应力；σ_3 为围压；ε_v 为体变；ε_1 为轴向应变

风化砂应力应变关系及本构模型研究始终是风化砂力学特性研究的重点。围堰工程论证的常用模型为非线性弹性邓肯模型，不同参与单位引入了多种模型，南水模型（沈珠江，1994）相对比较成熟。模型参数经反复试验，不断变化，表 9.3.1 给出了风化砂模型参数早期建议值，仅供参考。

表 9.3.1   风化砂模型参数建议值（1994 年提供）

编号	$\rho_d/(g/cm^3)$	c/kPa	$\varphi/(°)$	R_f	K	n	G	F	K_b	m	D
水下抛填 （40 m 高程以上）	1.70	0.0	31.5～37.0	0.69～0.73	155～220	0.33～0.48	0.4	0.1	40～75	0.29～0.48	4.00
水下抛填 （40 m 高程以下）	1.80	0.0	32.0～37.8	0.74～0.80	280～320	0.25～0.46	0.4	0.18	78～125	0.17～0.42	3.76
水上碾压	1.85	0.0	32.0～38.0	0.86～0.92	500～660	0.21～0.45	0.4	0.18	110～160	0.11～0.40	3.58

注：c 为黏聚力；φ 为内摩擦角；R_f 为破坏比；K、n 为切线弹性模量试验常数；G、F、D 为切线泊松比的试验常数；K_b、m 为切线体积模量试验常数。

开展风化砂本构模型研究的时期较早，很多工作处于起步阶段，现在看来这些研究比较浅显，但也正是这些基础性工作为认识粗粒土的本构关系奠定了基础。例如，讨论初始切线模量与围压的关系，切线模量与应力水平的关系，邓肯模型双曲线假定的合理性，E-μ 模型（E 为变形模量，μ 为泊松比）与 E-B 模型（B 为体积模量）孰优孰劣，如何反映剪胀性，卸荷与再加荷模量，弹塑性理论下屈服函数、塑性势函数，单重和多重屈服面等。不少成果对于现在的研究仍然是有指导意义的。

（1）模型参数 K、n 与起始干密度的关系。基于风化砂坝体密度相对离散及水下抛填风化砂密度指标的重要性，多次依据同一种风化砂试样研究了模型参数与起始干密度的关系，图 9.3.5 为其中一组试验的成果。由此可见，风化砂填料的变形模量与其干密度的关系十分密切。变形模量随其干密度增大而增大的趋势明显。

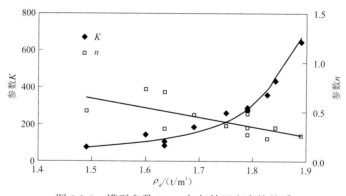

图 9.3.5   模型参数 K、n 与起始干密度的关系

（2）平面应变状态下的应力变形。复杂应力状态下的应力变形特性始终是被关注的关键问题，在开发大型真三轴仪存在技术困难时，首先研发大型平面应变仪来研究围堰填料平面应变状态下的应力应变关系。围堰工程论证期间，长江科学院率先系统开展了围堰填料大型平面应变试验，结论是平面应变状态下的强度指标比轴对称状态下的强度指标要高，按常规三轴试验提出的设计参数偏于安全。

平面应变试验与三轴试验应力应变关系曲线的物理意义不同。但在一些论文中，将平面应变试验应力应变关系曲线是否符合双曲线用于判定邓肯模型的合理性，这显然是不合适的。三轴试验 $\sigma_1-\sigma_3$-ε_1 曲线的切线斜率为切线模量 E_t，定义平面应变条件下的三个主应力方向为 a、b、c，其中 b 方向为完全侧限方向，a 方向为大主应力方向，c 方向为小主应力方向，σ_a 为大主应力，σ_c 为小主应力，ε_a 为大主应变，则平面应变试验 $\sigma_a - \sigma_c$-ε_a 曲线的切线斜率为 $E_t/(1-\mu_t^2)$（μ_t 为切线泊松比），两者并不相同。直接由平面应变试验资料确定非线性弹性模型参数也比较困难。因此，建议采用另一种做法，即利用平面应变试验资料分析平面应变的工程问题，可能会得到更合理的成果。

具体做法如下：令平面应变条件下土的变形参数为 E_p 和 μ_p，且有

$$\begin{cases} E_p = \dfrac{\mathrm{d}(\sigma_a - \sigma_c)}{\mathrm{d}\varepsilon_a} \\ \mu_p = -\dfrac{\mathrm{d}(\varepsilon_v - \varepsilon_a)}{\mathrm{d}\varepsilon_a} \end{cases} \tag{9.3.1}$$

相应的平面问题的刚度矩阵应为

$$\boldsymbol{D} = \frac{E_p}{1-\mu_p^2} \begin{bmatrix} 1 & \mu_p & 0 \\ \mu_p & 1 & 0 \\ 0 & 0 & \dfrac{1-\mu_p}{2} \end{bmatrix} \tag{9.3.2}$$

可以看到，$\boldsymbol{D}$ 的形式与平面应力问题的刚度矩阵相同，不同的是这种方法中隐含了侧向应力与其他两个方向应力、应变间的内在关系。

（3）剪胀性本构模型研究。图 9.3.4 表明，风化砂具有明显的剪胀性。三峡工程围堰论证期间，如何改进邓肯模型以反映粗粒料的体变过程是笔者孜孜以求的课题。经过二十多年的探索，最终建立了第 5 章所介绍的 K-K-G 本构模型。现在看来，当时提出的三参量与应力状态的关系式是存在缺陷的，但提出的剪胀性模量矩阵仍然是有意义的。

假定土料为各向同性材料，应变分为弹性应变和剪胀性应变两部分，且弹性应变服从广义胡克定律，则剪胀性材料应力应变关系可以表示为

$$\begin{cases} \mathrm{d}\varepsilon_v = \mathrm{d}\varepsilon_v^p + \mathrm{d}\varepsilon_v^q \\ \mathrm{d}\varepsilon_v^p = \mathrm{d}p/K_1 \\ \mathrm{d}\varepsilon_v^q = \mathrm{d}q/K_2 \\ \mathrm{d}\varepsilon_s = \mathrm{d}q/G' \end{cases} \tag{9.3.3}$$

式中：K_1、K_2、G' 分别为体变模量、剪胀模量、剪切模量；ε_s 为广义剪应变；p 为球应力；q 为广义剪应力。

在数值分析中，剪胀性本构模型的应力应变关系可采用式（9.3.4）表示：

$$\mathrm{d}\boldsymbol{\sigma} = \boldsymbol{D}_{pq} \cdot \mathrm{d}\boldsymbol{\varepsilon} \tag{9.3.4}$$

式中：$\boldsymbol{\sigma}$ 为应力向量；$\boldsymbol{\varepsilon}$ 为应变向量。

根据剪胀性引起的应变是球应变的特性，推导得到剪胀性模量矩阵 $\boldsymbol{D}_{pq}$，为

$$\boldsymbol{D}_{pq} = \boldsymbol{D}_e - \frac{\boldsymbol{D}_e \boldsymbol{C} \dfrac{\partial q}{\partial \boldsymbol{\sigma}}^{\mathrm{T}} \boldsymbol{D}_e}{K_2 + \dfrac{\partial q}{\partial \boldsymbol{\sigma}}^{\mathrm{T}} \boldsymbol{D}_e \boldsymbol{C}} \tag{9.3.5}$$

式中：D_e 为弹性矩阵，由参量 K_1、G' 构成；$C = \dfrac{1}{3}[1\ 1\ 1\ 0\ 0\ 0]^T$；$\dfrac{\partial q}{\partial \sigma}$ 为应力 q 对各应力分量的偏导数向量。

（4）卸荷模量的讨论。在应力应变分析中，加荷与卸荷条件下的模量应取不同的值。在土石坝界，卸荷模量数 K_{ur} 可按 K 的 1.2～3.0 倍取值，即 $K_{ur} = (1.2\sim3.0)K$，这似乎已成为约定俗成的经验。为此，对风化砂在加卸荷条件下的变形特性进行了试验研究。

不同围压下的初始切线模量和卸荷模量典型成果列于表 9.3.2。

表 9.3.2　不同围压下的初始切线模量和卸荷模量

模量	围压 σ_3				模量数
	0.1 MPa	0.2 MPa	0.3 MPa	0.4 MPa	
初始切线模量 E_i/MPa	26.21	30.41	44.79	45.24	$E_i = K p_a (\sigma_3 / p_a)^n$（$K = 262$，$n = 0.330$）
卸荷模量 E_{ur}/MPa	96.68	125.96	148.0	164.97	$E_{ur} = K_{ur} p_a (\sigma_3 / p_a)^n$（$K_{ur} = 967$，$n = 0.384$）

注：p_a 为标准大气压。

在卸荷再加荷条件下，风化砂三轴试验的 $\sigma_1 - \sigma_3$-ε_1 曲线接近直线，且滞回圈很小。卸荷模量指数为 0.384，与初始切线模量指数 0.330 接近，模量数之比 $K_{ur}/K = 3.7$，比经验值 1.2～3.0 要大。

其实，对于不同密度的风化砂，模量数之比也不是一个常数。卸荷模量数取值对数值分析结果的影响明显。当上游水头下降 16 m 时，防渗墙回弹量为 5.8 cm，若模量数之比取 1.2，则相应的回弹量为 11.3 cm。

9.3.2　防渗墙

1. 防渗墙材料

鉴于二期围堰变形大，确定防渗墙墙体采用塑性混凝土材料，初期设定的技术参数为：抗压强度 $R_{28} = 4.0\sim5.0$ MPa，抗折强度 $T_{28} \geqslant 1.50$ MPa，初始切线模量 $E_i = 700\sim1\ 000$ MPa，渗透系数 $k < 10^{-7}$ cm/s，允许渗透比降 $J > 80$。随着研究的深入，更倾向于采用刚度与强度的比值来度量其塑性，并定义初始切线模量与抗压强度之比为模强比，要求模强比小于 250。

要求模强比小于 250 是一个难题，当时国内外应用的塑性混凝土尚不能达到这一要求。为此，开展了塑性混凝土配合比平行研究。其一，将石屑粉作为骨料，称之为塑性混凝土；其二，将三峡风化砂作为骨料，称之为柔性材料；为了介绍方便，统称为柔性墙体材料。在二期上游围堰防渗墙施工中，防渗墙分为左右岸预进占段、左右岸漫滩段和深槽段。墙深小于 40 m 的部位采用柔性材料，墙深大于 40 m 部位采用塑性混凝土。

柔性墙体材料的力学特性与常规混凝土有较大的差别，突出的特点是硬化速率慢，

28 天龄期的力学指标不足以反映其力学特性。

单轴压缩试验常用于测定柔性墙体材料的抗压强度和初始切线模量。表 9.3.3 为 10 组典型柔性材料试样（施工槽口取样 5 组、施工配合比室内配制 5 组）的测试结果。以 28 天龄期指标为比较基准，随龄期的增长，柔性材料的抗压强度和初始切线模量有较大的增长，但模强比始终小于 250。

表 9.3.3 柔性材料不同龄期的测试结果

项目	龄期 d				
	28 天	60 天	90 天	180 天	360 天
强度比 R_d/R_{28}	1.0	1.52	1.71	2.04	2.64
模量比 E_d/E_{28}	1.0	1.28	1.52	1.81	2.15
模强比 E_i/R_{28}	249	208	218	217	208

选取两组柔性材料和一组塑性混凝土试件进行三轴压缩试验，其力学特性具有相似规律。其中一组柔性材料五个龄期的三轴压缩试验曲线如图 9.3.6 所示。峰值强度前，应力应变关系线性特征明显，切线模量与围压的关系不明显，且随龄期增长，材料的摩擦特征减弱；峰值强度后，出现应变软化现象，随围压增大，软化特征减弱，随龄期增长，柔性减弱；强度随龄期、围压的增大而增大，龄期越长，摩擦作用相对越弱。试验成果表明，柔性材料更具混凝土属性，而非土的属性。本构模型选用理想弹塑性模型即可。

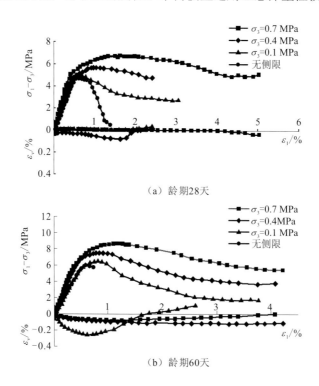

（a）龄期28天

（b）龄期60天

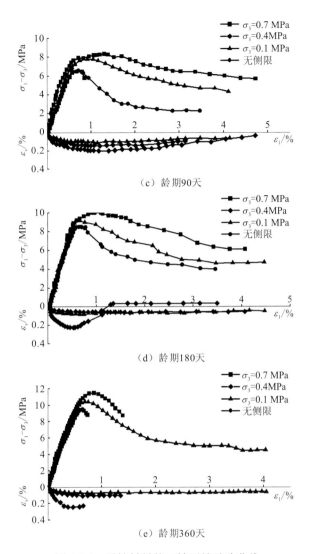

（c）龄期90天

（d）龄期180天

（e）龄期360天

图 9.3.6　柔性材料的三轴压缩试验曲线

$\sigma_1-\sigma_3$ 为偏应力；ε_1 为轴向应变；ε_v 为体变

　　相应的模强比演变如图 9.3.7 所示。模强比随龄期增长有减小的趋势，表明强度增加的幅度大于初始切线模量增长的幅度。

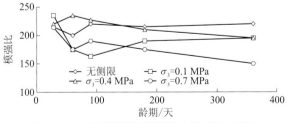

图 9.3.7　不同围压下模强比与龄期的关系

三组三轴试验的强度指标如图 9.3.8 所示。随着龄期的增长，柔性材料和塑性混凝土的 c 增加，φ 变化规律不明显。

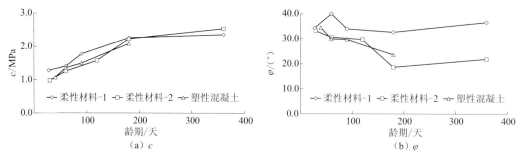

图 9.3.8　柔性材料与塑性混凝土强度指标

柔性材料渗透试验成果如图 9.3.9 所示，随着龄期的增长，渗透系数逐渐减小，破坏比降均大于 300。

在二期围堰拆除过程中，采用钻孔取芯技术获取柔性材料墙体试样，进行室内测试，成果如下。

抗压强度和初始切线模量测试结果如图 9.3.10 所示，反映出了实际施工条件下不同槽段间及同一槽段内墙体材料力学参数的分布状态，其抗压强度和初始切线模量存在一定的离散性。不同槽段柔性材料的模强比平均值为 186～247，反映出了柔性材料抗压强度和初始切线模量之间的内在关系。

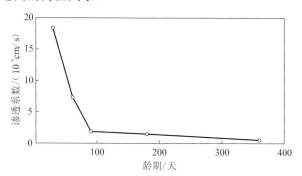

图 9.3.9　柔性材料渗透系数与龄期的关系

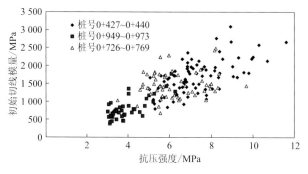

图 9.3.10　柔性材料的抗压强度与初始切线模量

经统计，柔性材料的抗压强度随深度无明显的变化规律，表明柔性材料与水上或水下成型环境关系不大。

综合分析围堰拆除时实际墙体试样的试验结果发现，柔性材料防渗墙运行 4 年多后，其抗压强度和初始切线模量均有一定程度的增长，但模强比基本不变；渗透系数有明显的降低，即抗渗性能有所增强。由此表明，柔性材料作为水泥基工程材料，在工程年限内，应该与常规水泥基混凝土一样具有良好的耐久性。

2. 泥皮现象

二期围堰防渗墙分槽段施工，一般槽段长度为 3～5 m，最小不小于 2.8 m，最长不超过 7 m。成槽分两期施工，槽段连接采用套接，一般采用钻凿法施工，深槽段采用铣削法施工。现在看来，这属于成熟的施工工艺，墙体的实际状态始终难以直接观察，围堰拆除施工为了解墙体的实际状态提供了机会。

2002 年，在二期围堰拆除过程中，对 5 个观测面进行了观测和调查。成槽施工防渗墙的泥皮现象极大地改变了人们对防渗墙与堰体相互作用机理的认识，泥皮现象归纳如下。

（1）防渗墙平整性较好，防渗墙上下游面普遍存在泥皮，泥皮厚度在 10～50 mm，一般为 20～30 mm。泥皮附着在防渗墙墙面上。防渗墙、泥皮和风化砂之间有清晰的分界线，未见泥浆浸入风化砂堰体内部，属薄膜型泥皮，见图 9.3.11。

图 9.3.11　防渗墙表面的泥皮形态

（2）防渗墙表面的泥皮呈可塑状态，直剪（固结慢剪）试验测得泥皮的凝聚力为 8.93 kPa，内摩擦角为 4.36°。

（3）防渗墙各槽段之间普遍存在套接缝，在墙体横断面上，套接缝形态完整，缝内存在泥皮，为泥浆絮凝物，泥皮外厚内薄，厚度为 2（内部）～12 mm（墙体表面）。套接缝中心处的泥皮厚度一般为 2～3 mm，见图 9.3.12。

（a）墙体纵向爆破后中部套接缝泥皮形态

（b）防渗墙芯样中的泥皮

图 9.3.12　防渗墙套接缝泥皮形态

（4）在左漫滩对柔性材料单墙套接缝进行了跨缝钻孔取芯和压水试验。从所取芯样来看，套接缝内泥皮已基本固化，在套接缝进行钻孔取芯，所取芯样完整。套接部分芯样的抗压强度与墙体芯样的抗压强度差别不明显。套接缝内固化后的泥皮具有相当好的塑性，室内测定的套接缝的渗透系数为 2.2×10^{-7} cm/s，与附近墙体材料的渗透系数（1.0×10^{-8} cm/s）相比，相差约一个数量级。

（5）对墙后风化砂进行颗分试验，防渗墙后风化砂的含泥量没有明显变化，表明泥浆在风化砂堰体中基本上不入渗。

（6）三峡二期围堰防渗墙施工护壁泥浆由湖南澧县生产的膨润土制成，湖南澧县泥皮和膨润土物质成分见表 9.3.4、表 9.3.5。比较检测结果发现：一，泥皮中粗颗粒含量较多，膨润土中细颗粒含量较多；二，泥皮中有膨润土中没有的矿物，如水云母、长石、角闪石等，而这些是三峡风化砂的矿物成分；三，泥皮的相对密度比膨润土大。由此可见，在施工过程中，泥浆中混入了一部分细颗粒风化砂。

表 **9.3.4**　泥皮物质成分和颗粒组成

编号	相对密度	X 射线衍射分析/%					颗粒分析/%		
		蒙脱石	石英	方解石	水云母	其他	>0.05 mm	0.005～0.05 mm	<0.005 mm
泥皮 1							53	28	19
泥皮 2	2.76	13～18	10～15	5～10	23～28	27～42	20	51	29
泥皮 3							30	59	11

表 **9.3.5**　膨润土物质成分和颗粒组成

编号	相对密度	X 射线衍射分析/%				颗粒分析/%		
		蒙脱石	石英	方解石	其他	>0.05 mm	0.005～0.05 mm	<0.005 mm
97	2.72	80.4	15.4	4.2	0	4	39	57

3. 泥皮对防渗墙性能的影响

现场拆除实录表明，防渗墙并不是一道完整连续的墙，而是由各槽段的混凝土板拼接形成的墙，槽段间存在套接缝，套接缝中充填固化的泥皮。防渗墙和风化砂堰体并不直接接触，它们之间也存在完整连续的泥皮。泥皮的存在显然会对防渗墙的性能产生影响。

（1）风化砂堰体和墙体之间存在泥皮，且泥皮的抗剪强度低，在堰体和墙体相互作用过程，泥皮的存在将导致堰体与墙体间的附加摩阻力降低。围堰拆除调查实录表明，堰体与墙体间的泥皮表面上有明显的擦痕，如图 9.3.13 所示，表明堰体与墙体沿泥皮发生过垂直向相对运动。在数值分析中，若不考虑泥皮的作用，将导致防渗墙竖向压应力

图 9.3.13　堰体与墙体间泥皮表面上的擦痕

的计算值偏大。比较二期围堰防渗墙应力实测值与各阶段数值分析成果发现，防渗墙应力的计算值明显偏大。当然，影响数值分析成果的因素较多，但不考虑泥皮的作用显然是不合适的。泥浆护壁成槽施工的防渗墙表面普遍存在泥皮现象，这对于类似工程的应力应变分析及防渗墙设计而言均有重要的参考价值。

（2）套接缝内固化的泥皮具有相当好的塑性，其渗透系数在 10^{-7} cm/s 量级。从结构功能看，防渗墙套接缝内的泥皮起到柔性止水缝的作用。充填泥皮的套接缝，可以协调各槽段混凝土板间的差异变形，使防渗墙的应力有所改善。

为研究套接缝内泥皮对墙体抗渗性能的影响，在现场进行了钻孔压水试验。方式一为骑缝钻孔压水，当水压力为 0.1～0.2 MPa 时，属正常渗透情况，单位透水量为 1.1～2.85 L/min，单位透水率为 0.96～4.9 Lu[①]，计算渗透系数 $k=8.4\times10^{-6}$～6×10^{-5} cm/s，当水压力为 0.3 MPa 时，套接缝破坏；方式二为墙体内钻孔压水，当水压力为 0.3 MPa 时，属正常渗透情况，单位透水量为 1.05 L/min，单位透水率为 0.61 Lu，计算渗透系数 $k=5.7\times10^{-6}$～7.6×10^{-6} cm/s，当水压力达 0.5 MPa 时，墙体开始破坏。

由此可见，套接缝的抗渗透性能低于墙体的抗渗透性能。套接缝是墙体中抗渗透的薄弱部位，因此，在进行防渗墙设计时，应将防渗墙的套接缝作为抗渗破坏的控制部位，此经验可为同类工程的抗渗设计提供参考。

9.3.3 土工膜

1. 防渗结构形式

土工膜作为一种新型的防渗材料，在工程中被广泛采用（徐晗 等，2022；陈云 等，2017），类似于三峡二期围堰采用的垂直防渗墙上接土工膜联合防渗结构形式在土石坝中也逐渐被接受。不可否认的是，土工膜出现撕裂现象时有发生，三峡二期围堰论证中有关土工膜的研究成果仍然具有参考价值。

二期上游围堰防渗结构形式如图 9.3.14 所示，为基于围堰建设条件反复论证的结果。采用垂直防渗墙上接土工膜联合防渗结构的主要原因在于：一是减小防渗墙的高度，有利于减小防渗墙应力；二是缓解施工工期紧张的不利条件，在防渗墙施工平台上修建土工膜防渗的子堤以临时度汛。客观上讲，采用土工膜防渗方案也是不得已的措施。

所用土工膜为两布一膜形式的复合土工膜，要求幅宽不小于 2 m，设计控制指标为：抗拉强度（经向和纬向）≥20 kN/m；主膜厚度≥0.5 mm；渗透系数 $k=10^{-12}$～10^{-11} cm/s；伸长率>30%。

防渗墙成墙后，清除防渗墙顶部 0.5 m 墙体，浇筑混凝土盖帽，将土工膜直接埋入塑性混凝土防渗墙内 30 cm。土工膜向上游平铺并预留伸缩节，至子堤轴线，呈"之"字形上行铺设，以适应堰体变形。

---

① Lu 指在 1 MPa 的压力下，每分钟内每米钻孔长度岩石的吸水量。

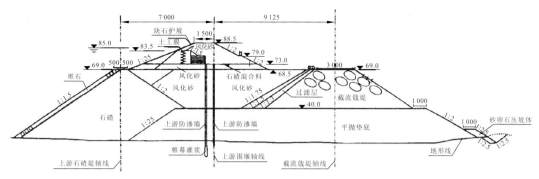

图 9.3.14 二期上游围堰防渗结构形式（尺寸单位为 cm，高程单位为 m）

土工膜能否适应堰体变形始终是备受关注的问题，为此，开展了土工膜与土体相互作用的数值分析，以及土工膜应力变形监测技术研究。客观地讲，数值分析是很难给出土工膜实际应力状态的，其原因其实也很简单，实际施工中，土工膜铺设状态具有极大的不确定性。数值分析方法是一个非常有用的工具，但不是万能的工具，其计算结果是一种"理想"条件下的结果，"理想"指的是数值分析所采用的计算模型，如果计算模型偏离实际状态，就会产生计算误差。当某种对象的存在状态无法采用数学方法表述清楚时，其计算结果就失去了表达现实存在的意义。

土工膜应力变形监测技术研究始于三峡工程的围堰工程。为此，研发了大应变应变片及粘贴胶水，并在二期围堰中应用。

2. 土工膜应变

为了监测防渗土工膜的变形规律，1998 年 5 月，在上游围堰桩号 0+500 断面平铺段布设 10 支应变片（编号 ST01～ST10），"之"字形上行段布设 4 支应变片（编号 ST11～ST14）；在桩号 0+930 断面"之"字形上行段布设 4 支应变片（编号 ST15～ST18）。

但遗憾的是，土工膜应变的监测总体是失败的。土工膜应变典型监测成果如图 9.3.15 所示。监测成果大体有三种状态：一是能测到应变值，应变值长期变化很小；二是应变值突然增大，增量超过 10%，很快应变片失效；三是应变值突然增大至某值，之后长期变化很小，偶有应变值突然减小至某值现象，之后长期变化不大。布设在平铺段的 10 支应变片 3 个月内全部失效，布设在两断面"之"字形上行段的 8 支应变片有 7 支坚持到围堰拆除，成果的关联性不强。

3. 土工膜工作状态

2002 年，在围堰拆除过程中，对土工膜的工作状态进行了调查。

土工膜完整性总体较好，土工膜之间局部有搭接不牢现象。土工布之间的黄色粘贴胶水基本失效，土工布之间基本没有胶结强度，中间土工膜黏结完好。拆除时取样 10 组进行检测，并与施工期的检测结果进行对照，发现土工膜的主要性能指标抗拉伸强度

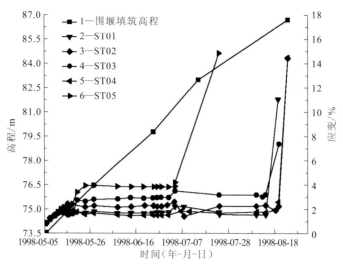

图 9.3.15　土工膜应变典型监测成果

除局部小于 20 kN/m 外，一般大于设计值，表明经过 4 年多的运行期，风化砂中土工膜的老化程度较轻，性能良好。但在土工膜与防渗墙的连接部位，土工膜局部有一定程度的老化现象，土工膜龟裂部位基本丧失抗渗能力，这是否与混凝土或沥青有关值得研究。

土工膜在与防渗墙连接处有不同程度的损坏。在桩号 0+463～0+465.5 附近，观察到了土工膜的拉破现象，长度为 30～50 cm，其下（桩号 0+465.25）有一长方形沉陷坑，长 0.63～1.16 m，宽 0.19～0.21 m；双墙上游防渗墙桩号 0+460 处，有长约 1.0 m 的土工膜与墙体脱落，脱落原因是防渗墙上游侧堰体相对于防渗墙沉陷 30 cm 左右，土工膜拉裂。调查结果说明土工膜搭接存在破坏现象，并不表明二期围堰只存在以上两处破坏。

调查中发现，上游防渗墙与上游堰体之间明显张开，张开宽度为 5～15 cm，似乎是由于防渗墙在水荷载作用下向下游移动，而上游堰体并没有一同向下游移动。脱开缝深度无法测试，只是采用竹竿向下插，可插两米多深，表明防渗墙上部一定范围内无土压力，或者土压力很小。脱开缝见图 9.3.16。

事实上，在 1998 年和 1999 年汛期，当上游水位超过 73 m 时，两墙间水位出现突升现象，甚至听到了流水声，说明在防渗墙顶部与土工膜连接部位出现了漏水现象。由此表明，图 9.3.14 的防渗结构形式是失败的。伸缩节、"之"字形铺设方式都不能保证土中的土工膜能自由伸展，当作用一定压力后，土工膜不可能与周边土体发生相对错动。当土工膜经过的某一部位发生较大的局部变形时，土工膜被拉断的可能性是非常大的。可以想象，如果围堰运行期间，围堰前的长江水位长时间大量值地超过 73 m 高程，将可能给三峡工程建设带来极大伤害。

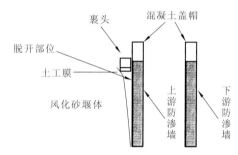

（a）脱开部位现场照片　　　　　　　　（b）脱开部位示意图

图 9.3.16　二期围堰拆除时的防渗墙、土工膜、槽口板

4. 土工膜铺设方式

除三峡二期围堰存在防渗土工膜拉断和撕裂现象外，后续一些工程也出现了类似情况。如何铺设土工膜才能保证土工膜安全是一个不可回避的问题。为此，开展了一系列离心模型试验研究。

土工膜与防渗墙顶部连接之后，采用直接向上游或下游平铺的方式，由于堰体沉降大于墙体，在堰体与墙体连接部位会产生局部错动，土工膜小范围强烈受拉，有很大可能被拉断。

如果防渗墙受到水荷载的作用，出现类似于三峡二期围堰防渗墙与堰体脱开的现象，且土工膜采用向上游平铺方式时，在堰体与墙体连接部位的土工膜将受到拉力作用，土工膜拉断成为必然。

除连接部位之外，由于土工膜具有较大的伸长率，且正常运行的粗粒土堰体也很少出现应变局部化现象，土工膜是可以与堰体同步变形的，堰体中的土工膜一般不会出现拉断现象。

连接部位的土工膜铺设方式决定了土工膜的安全性，对铺设方式进行了试验探讨。依据离心模型试验，归纳出土工膜铺设方式的确定准则，即"保证围堰变形过程中土工膜始终受压"。具体方式如图 9.3.17 所示，土工膜置于防渗墙中部，上行铺设足够距离后，再向下游或斜向下游上行铺设。经试验，土工膜始终处于小应变或无应变状态。

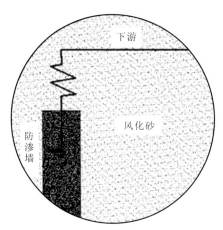

图 9.3.17　连接部位的土工膜铺设方式

"保证围堰变形过程中土工膜始终受压"的土工膜铺设方式为长江科学院的专利技术。后续多个工程采用这种铺设方式，未见渗水现象，表明防渗墙连接土工膜的联合防渗结构完整。

9.4　防　渗　墙

9.4.1　防渗墙应力与变形

1. 监测成果分析

防渗墙应力与变形始终是混凝土心墙堆石坝的核心问题，为了了解混凝土心墙堆石坝中防渗墙的力学响应，重点介绍二期上游围堰典型断面（图 9.2.1）上游防渗墙的应力和位移监测成果。

1998 年 6 月 22 日上游围堰第一道防渗墙建成，1998 年 6 月 25 日开始基坑限制性抽水，1998 年 7 月 2 日，长江出现了第一次洪峰，1998 年 8 月 16 日长江出现第六次洪峰，1998 年 9 月 12 日基坑形成集水坑，1998 年 12 月围堰填筑竣工，1999 年 3 月完工，2001年 11 月开始围堰拆除。

从防渗墙受荷过程来看，1998 年 6 月 22 日～9 月 12 日防渗墙受荷过程最为复杂，受到了长江 1998 年洪水、临时挡水子堤填筑、基坑降水的共同作用；1998 年 9 月 12 日～12 月主要增加了临时挡水子堤以外的水上堰体填筑作用；1998 年 12 月以后的受荷变化主要是上游水位的变化。

防渗墙水平位移和应变的典型监测成果如图 9.4.1～图 9.4.3 所示。水平位移统计成果如表 9.4.1 所示。

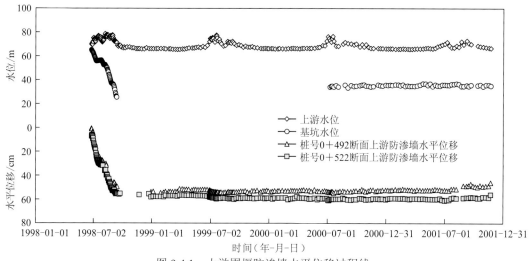

图 9.4.1　上游围堰防渗墙水平位移过程线

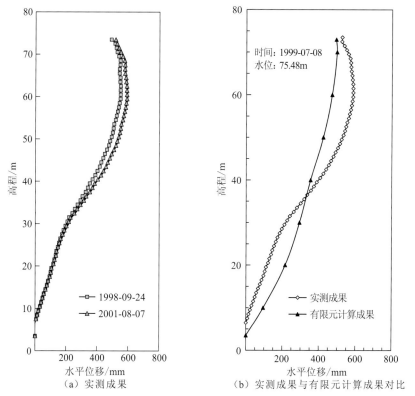

（a）实测成果　　　　　　　　（b）实测成果与有限元计算成果对比

图 9.4.2　桩号 0+522 断面上游防渗墙不同高程的水平位移

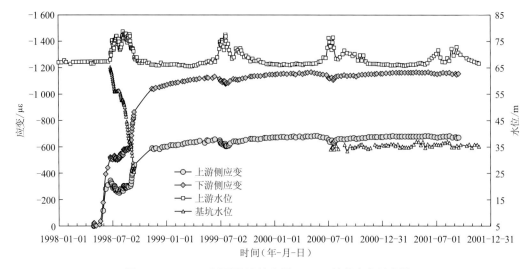

图 9.4.3　0+522 断面防渗墙高程 35.2 m 处的应变过程线

表 9.4.1　上游围堰防渗墙水平位移观测成果统计表

时段	时间（年-月-日）	变形增量/mm	变形速率/（mm/d）	上游水位/m	基坑水位/m
	1998-06-23～1998-07-01	39.4	4.92	68.8～72.1	65.2～63.0
	1998-07-01～1998-07-11	146.1	14.61	71.7～75.2	63.0～56.0
1	1998-07-11～1998-07-21	70.4	7.04	74.8～77.0	56.0 左右
	1998-07-21～1998-08-25	184.5	5.27	71.6～77.8	56.0～39.2
	1998-08-25～1998-09-15	64.4	3.07	71.1～77.6	39.2～25.0
2	1998-09-15～1998-12-29	27.8	0.26	70.0～66.0	25.0～22.0
3	1998-12-29～1999-06-15	-9.0	-0.05	66.0 左右	22.0
4	1999-06-15～1999-09-21	21.5	0.22	67.3～77.5	22.0
5	1999-09-21～2001-10-31	10.5		65.8～76.8	22.0

　　典型断面 1998 年 5 月 26 日取得监测初值，至 2001 年 10 月 31 日，防渗墙在整个建设运行期向下游的最大水平变形为 612.32 mm，发生在高程 61.5 m 左右。至 1998 年 6 月 23 日，基坑抽水前，水平位移为 46.73 mm，之后累计水平位移为 565.59 mm。抽水前的水平位移主要是由上游高度近 10 m 的度汛子堰引起的。

　　防渗墙变形可分为以下五个主要阶段。

　　（1）1998 年 6 月 23 日～9 月 15 日。该阶段为基坑抽水期，也是长江主汛期。该阶段由于堰体内外水头差增加、下游防渗墙施工、子堰填筑及堰顶加高，防渗墙变形显著。防渗墙向基坑方向的累计变形增加 504.8 mm，占总累计变形增加量的 91%。整个过程紧张有序。

6月23日～7月1日，上游水位为68～72.1 m，基坑水位由65.2 m下降到63.0 m，水头差由4.6 m上升到8.7 m，每米水头引起墙体变形9.6 mm。

7月1～11日，为长江主汛期，同时基坑抽水也在进行，上游水位为71.7～75.2 m，基坑水位由63.0 m降至56.0 m，水头差上升至19.2 m，平均变形速率为14.61 mm/d。其中，7月9～10日的变形速率最大，达27.761 mm/d，鉴于此，从7月11日零点开始停止基坑抽水。

7月11～21日，为长江主汛期及停止抽水期，基坑水位未进一步下降，上游水位保持在74.8～77.0 m高水位，水头差在19～21 m，墙体变形速率为7.04 mm/d。基坑停止抽水后，防渗墙的变形减缓，7月18～21日，变形速率减缓至1.70 mm/d，故恢复基坑抽水。

7月21日～8月25日，江水位保持在75 m左右，基坑水位下降至39.2 m，8月6日下游防渗墙完工。墙体变形速率为5.27 mm/d。

8月25日～9月15日，江水位逐渐回落，9月12日基坑抽水完成，变形增量为64.4 mm，平均变形速率为3.07 mm/d。

（2）1998年9月15日～12月29日。基坑抽水结束，江水位回落并趋稳，防渗墙继续向下游少量变形，防渗墙累计变形增量为27.8 mm，反映出了堰体的蠕变特征。

（3）1998年12月29日～1999年6月15日。基坑水位稳定，处于枯水期，防渗墙变形表现出回弹现象，但回弹变形量极小。

（4）1999年6月15日～9月21日。该阶段为长江汛期，基坑水位稳定，随着上游水位的升高，防渗墙向下游变形，水位增加10.2 m，变形量仅增加21.5 mm。

（5）1999年9月21日～2001年10月31日。围堰经历两个汛期，防渗墙变形量仅增加10.5 mm。

防渗墙的水平位移综合体现了围堰变形特性，建立同一时刻防渗墙最大水平位移与水头差的关系，如图9.4.4所示，由此可见，最大水平位移与水头差正相关，产生防渗墙水平位移的主要原因是水头差。同时，防渗墙水平位移取决于堰体变形的特性，也很好地反映出了粗粒料堰体变形的非线性、弹塑性和蠕变特性。之所以对围堰施工运行及变形过程做详细介绍，是希望从中体会到实际工程的复杂性，抽象出的数学模型只能仿真实际工程的主体特征，不得不忽略一些细节对其变形的影响。

防渗墙水平位移沿高程的分布曲线如图9.4.2所示。防渗墙水平位移曲线连续平滑，在高程约30 m和60 m处出现两个反弯点。30 m处反弯点可能与平抛垫底的砂砾石料和其上的风化砂力学特性不一致有关。在围堰论证期间，进行过大量的数值分析，也考虑过砂砾石料与风化砂力学指标的差异性，但水平位移分布形态仍然与实际情况存在明显差异。防渗墙作为一个弯压构件，实际表现出的弯的作用明显大于数值分析结果。在数值分析中，更多地强化了嵌岩段的弯曲应力。之所以出现如此情况，不难分析出是由于采用的本构模型不能很好地反映砂砾石料的体变特性。防渗墙下部水平位移偏大，嵌岩段的弯曲应力自然偏大。

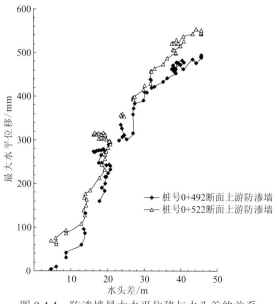

图 9.4.4　防渗墙最大水平位移与水头差的关系

　　桩号 0+522 断面防渗墙高程 35.2 m 处的应变过程线如图 9.4.3 所示。1998 年 6 月 23 日～9 月 15 日，应变过程较为复杂，之后防渗墙压应变总体随时间延长逐渐增大。防渗墙的应变过程线明确地反映出了墙体与堰体的相互作用机理，上、下游侧的应变平均值反映了两者沉降不一致引起的接触面摩擦作用，上、下游侧的应变差反映了不同高程水平位移引起的防渗墙弯曲作用。1999 年汛期和 2000 年汛期，对应江水位升高，防渗墙压应变相应减小，这种变化反映出了堰体与墙体间的摩擦作用，当江水位升高时，部分上游堰体湿容重变为浮容重，墙体承受的摩擦力降低，压应变减小。

　　防渗墙上、下游侧应变差反映的是墙体弯曲作用，大小与水平位移有关。1998 年 11 月之后，高程 35.2 m 处上、下游侧应变差基本不变，约为 480 με，即使是在 1999 年汛期和 2000 年汛期，上、下游侧应变大小有变化，但应变差基本不变，与同时间墙体水平位移不变的监测结果具有很好的因果关系。

2. 防渗墙的应变分析

　　1999 年 7 月 8 日早上，长江科学院三峡工程科研负责人、时任院副总工程师的杨淳从三峡工程工地打电话给长江科学院土工研究所，要求当天派土工专家去三峡工程，就三峡二期围堰安全问题做出评价。当天上午，长江科学院土工研究所在武汉组织相关人员进行了讨论。当时正值 1999 年主汛期，江水位为 75.5 m，只要江水位超过 73 m，围堰就会严重漏水；防渗墙最大水平位移为 585.84 mm，超过论证阶段依据数值分析提出的变形量，且防渗墙的水平位移形态与数值分析结果差异性较大。加之其他监测数据如防渗墙应变、堰体内水位、土工膜应变等的部分监测设备失效，规律性不强，如何评价二期围堰的安全性、如果认为不安全如何增加工程措施，成为比较棘手的难题。讨论会上笔者提出，结合防渗墙应变及水平位移监测成果，分析提出防渗墙应变分布，对比塑性混凝土室内试验给出的允许应变，判定防渗墙的安全性；关于渗流，土工膜与防渗墙连接部位的破坏应该是明确的，关键是渗漏会不会产生渗透破坏。为此，笔者中午乘车赶往三峡工程，会同长江科学院有关监测人员，收集监测资料，经整整一夜，写出了如图 9.4.5 所示的 13 页手写报告。7 月 9 日上午，参加中国长江三峡工程开发总公司召开的有关论证会，参加会议的有中国长江三峡工程开发总公司领导及参建各方技术人员近百人，会议由郑守仁总工程师主持，会议首先由笔者程展林汇报，之后进行讨论。会议认为笔者的分析方法合理，结论明确，完全同意笔者意见，监测的防渗墙最大压应变为 1 285 με，之后经复核最大压应变为 1 703 με，根据长江科学院 1997 年 6 月科研报告，当膨润土掺量为 40～100 kg/m³ 时，塑性混凝土极限应变为 4 722～6 348 με，考虑施工不均匀性，允许应变为 2 000 με，防渗墙是安全的。关于渗流问题，不再赘述。

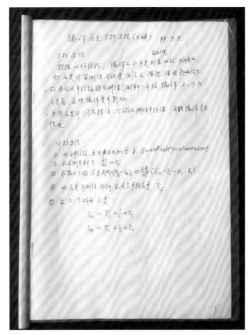

图 9.4.5　二期围堰安全性论证报告

对于厚度为 h 的防渗墙，已知不同高程序列点的水平位移为 $S_1, S_2, \cdots, S_n$，假定点 i 到点 $i+1$（高差为 ΔH_i）的墙体应变相同且剪应变很小，根据差分法，不难推导出墙体上、下游侧表面的应变差，分析方法如下。

（1）采用五次多项式拟合墙体的水平位移 S，可分段拟合：

$$S = aH^5 + bH^4 + cH^3 + dH^2 + eH + f \tag{9.4.1}$$

式中：H 为防渗墙高程变量；a、b、c、d、e、f 为拟合系数。

（2）对水平位移求导，确定防渗墙不同高度的斜率 K_i：

$$K_i = \frac{\partial S}{\partial H} = 5aH^4 + 4bH^3 + 3cH^2 + 2dH + e \tag{9.4.2}$$

（3）墙体上游侧（L 侧）与下游侧（R 侧）的应变差为

$$\Delta \varepsilon_i = \varepsilon_{\mathrm{L}i} - \varepsilon_{\mathrm{R}i} = \frac{2h}{\Delta H_i^2}(S_{i+1} - S_i - \Delta H_i \cdot K_i) \qquad (9.4.3)$$

式中：S_i 为 i 点水平位移；$\varepsilon_{\mathrm{L}i}$ 为 i 点上游侧应变；$\varepsilon_{\mathrm{R}i}$ 为 i 点下游侧应变。

（4）由应变计测值，求防渗墙不同高程的应变平均值 $\overline{\varepsilon_i}$。当应变计沿墙体上、下游侧布置时，取同高程应变计测值的平均值，在一定程度上可以消除应变计的误差；若某高程仅有上游侧（或下游侧）应变计测值，可根据该应变计测值及式（9.4.3）确定的应变差计算应变平均值。对若干个高程的应变平均值采用多项式进行拟合，内插求不同高程的应变平均值 $\overline{\varepsilon_i}$。

（5）求防渗墙上游侧（L 侧）与下游侧（R 侧）的应变：

$$\begin{cases} \varepsilon_{\mathrm{L}i} = \overline{\varepsilon_i} - \Delta \varepsilon_i / 2 \\ \varepsilon_{\mathrm{R}i} = \overline{\varepsilon_i} + \Delta \varepsilon_i / 2 \end{cases} \qquad (9.4.4)$$

根据二期围堰深槽段桩号 0+492 断面 1999 年 7 月 8 日的测斜仪水平位移测值（图 9.4.6）及同一时间桩号 0+500 断面应变计测值平均值（图 9.4.7），由式（9.4.1）～式（9.4.4）分析出墙体应变沿高程的分布曲线，如图 9.4.8 所示。图 9.4.8 比较真实地给出了围堰深槽段墙体的应变形态，其中应变平均值客观地反映了墙体与墙侧土体间界面摩阻力的作用，墙体上、下游侧的应变差反映了墙体弯矩作用。

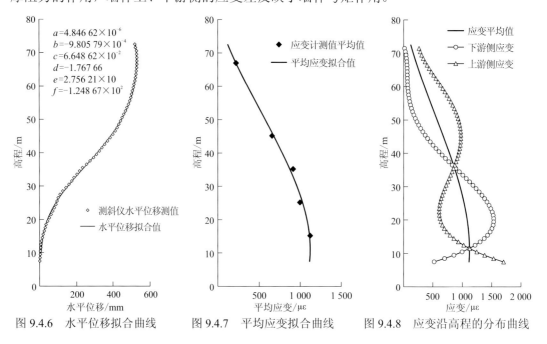

图 9.4.6 水平位移拟合曲线   图 9.4.7 平均应变拟合曲线   图 9.4.8 应变沿高程的分布曲线

值得说明的是，测斜仪水平位移测值和应变计测值来源于不同断面，不同高程应变差的计算值与实测值可能有一定的差异，但并不影响揭示的防渗墙应变的大小和分布规律。图 9.4.8 成为后续数值方法反分析的基本依据。

值得注意的是，防渗墙位于围堰中部，防渗墙顶部覆盖有 15 m 厚的风化砂堰体，但防渗墙顶部的应变值并不大。在所有的混凝土心墙堆石坝数值分析论证过程中，防渗墙的应力,尤其是顶部应力往往非常大,以至于防渗墙的应力超出强度不能满足安全要求。也许正是由于该原因,无缘修建高混凝土心墙堆石坝。笔者可以肯定地告诉大家,是数值分析方法有问题,并不是混凝土心墙堆石坝中的防渗墙应力真的特别大。这个问题笔者做过细致的探索,找到了问题所在,提出了改进方法,但坝工界"防渗墙的应力超出强度"的计算成果仍然普遍存在,对于高土石坝,混凝土心墙堆石坝坝型仍然不在考虑之列,遇到深厚覆盖层,不得不采用混凝土心墙时,也会对混凝土心墙的应力问题纠结不已。其实,混凝土心墙应力应变监测成果早就给出了答案。

9.4.2 防渗墙端部接触算法

1. 端部接触试验

在采用有限元法分析防渗墙应力变形时,往往墙体应力偏大,不难看出墙体顶部应力偏大更加明显,或者说,墙体顶部应力计算值偏大,导致了墙体应力计算值偏大。当这种现象具有普遍性时,对土石坝的发展必将产生不可估量的负面作用,高坝不敢选择混凝土心墙堆石坝,即使为了覆盖层防渗,不得不采用混凝土防渗墙,往往也采用高强度混凝土或双墙方案,当缺乏防渗土料时,可能选择沥青混凝土防渗墙防渗方案。防渗墙应力变形数值分析方法是坝工界的难题,值得深入研究。为此,开展防渗墙端部接触试验。

端部接触试验为物理模型试验,端部接触试验设备如图 9.4.9 所示。首先建立防渗墙与土体端部的接触关系,采用气馕在试样上表面施加预定的上覆压力,能方便地给

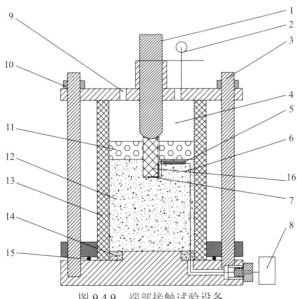

图 9.4.9 端部接触试验设备

1—加压杆;2—百分表;3—拉杆;4—上覆压力腔;5—变换器护套;6—电线;7—传感器;8—读数仪;

9—上覆压力进口;10—螺丝;11—过渡层;12—试样;13—外罩;14—砂垫层;15—O 形圈;16—模型墙

土体提供大小不同的无侧向变形条件下的应力状态；对防渗墙施加轴向荷载，并测量防渗墙竖向变形和端部应力；采用 CT 技术监测防渗墙在不同轴向荷载作用下墙周土的变形形态。

试验的目的在于对端部接触机理进行探讨，缩尺效应不予考虑。试验土料为某心墙堆石坝工程高塑性黏土，其设计干密度为 1.36 g/cm³，主要由黏粒与较细的粉粒组成，土料不含砂粒以上的粗粒，其黏粒含量在 40.7%～48.6%，平均黏粒含量为 44.3%。

分层击实制备试样，分层处采用细砂设置标志层，严格控制试样密实度。装样完成后静置 12 h 以上，以利于试样状态调整，保证每次试验样本的均一性。

典型试验成果如图 9.4.10 所示，为上覆压力分别为 100 kPa、200 kPa、300 kPa 时的墙端阻力-刺入位移曲线。图 9.4.11 为土体最终变形的 CT 图片，图 9.4.12、图 9.4.13 为试样剖开后的变形形态照片。

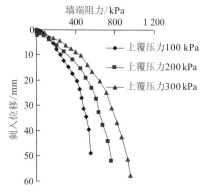

图 9.4.10　墙端阻力-刺入位移曲线

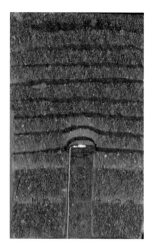

（a）正片　　　　　　　　　　　（b）旋转 180°

图 9.4.11　100 kPa 上覆压力下土体最终变形的 CT 图片

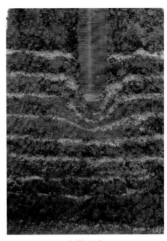

（a）上覆压力 100 kPa　　　　（b）上覆压力 200 kPa　　　　（c）上覆压力 300 kPa

图 9.4.12　不同上覆压力下土体最终变形形态

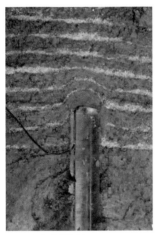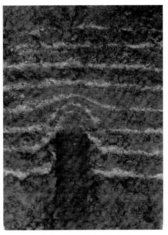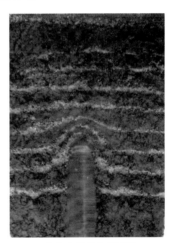

（a）上覆压力 100 kPa　　　　（b）上覆压力 200 kPa　　　　（c）上覆压力 300 kPa

图 9.4.13　不同上覆压力下旋转 180°时土体变形形态

（1）端部接触应力与位移呈非线性特性，当端部接触应力达到一定强度时，墙体表现出明显的"刺入破坏"特征。试验结果是墙体相对于周边土体下行，防渗墙上端相对于土体上行，由力学原理不难理解，两者的行为是相同的。因此，将试验得到的墙端周边土体的变形形态图片旋转 180°，以便于理解防渗墙上端上行形态。当墙体下行时，墙端下部土体主要表现为竖向压缩变形，侧下方土体有斜向下运动的趋势，总体来看，墙端刺入时对墙周土体的影响范围较小。

（2）试验施加的上覆压力等同于墙端处土体的起始竖向应力，记为 p'，当土体起始竖向应力一定时，墙端刺入阻力 q_p 随变形 s 的增大而增大，刺入阻力极限值 q_f 为土体能承受的最大应力。根据作用力与反作用力原理，防渗墙上端或称顶端的应力就应该等于 q_f。如果防渗墙上端应力的数值分析结果大于或远大于 q_f，表明数值分析方法存在问题。

（3）墙端刺入阻力最大值 q_{max} 与土体起始竖向应力 p' 呈正相关关系，试验表明两者

的关系可以表示为

$$q_{max} = c' + d' \cdot p'$$ （9.4.5）

式中：c'、d' 为拟合参数，分别为 355.64 kPa、1.72。

（4）墙端刺入阻力 q_p 与变形 s 可视为双曲线关系，由此可导出端部接触面劲度系数 K_n：

$$K_n = \left(1 - R_f' \frac{q_p}{c' + d' \cdot p'}\right)^2 k_1 \gamma_w \left(\frac{p'}{p_a}\right)^{n'}$$ （9.4.6）

式中：k_1、n'、R_f' 为土性参数，本次试验分别为 5 011、0.19、0.71；γ_w 为水的重度；p_a 为标准大气压。

2. 端部接触有限元法

有限元法为力学掀开了新的一页，持续的发展让它在求解力学问题时无所不能，也许正是由于其强大的能力，让人们忘记了在面对特殊问题时，有限元法本身的缺陷。当拥有通用程序时，似乎是只要输入计算参数，它必然会给出完美的结果。其实，采用有限元法分析防渗墙应力变形时，会出现墙体应力偏大现象，这不能完全归因于有限元法，如果在进行有限元计算时考虑几何非线性，也许不会出现墙体应力偏大的现象。

在有限元法发展期，当分析一个特殊对象时，总是会反复考证。在计算类似于防渗墙与土体相互作用问题时，在墙侧增加接触面单元，如 Goodman 单元，就是为了改进"小应变"实体单元不能模拟局部大变形而采取的措施。如果认为计算中考虑了材料非线性就可以分析所有非线性问题，这显然是错误的。墙体应力计算值偏大，应该是"小应变"有限元模拟上述"刺入破坏"的错误结果，正如常规有限元不能合理计算桩基的桩端阻力-刺入位移曲线一样，因此，如何改进防渗墙应力变形分析方法是混凝土心墙堆石坝数值分析的重要问题。最直接的方法是采用几何非线性算法，由此带来的困难是巨大的，这种方式也是令人难以接受的，毕竟这是局部大变形问题。

为此，笔者进行过两种尝试。其一，将墙端上部设置为垫层单元，计算结果自然得到了改善。该方法的主要问题是，针对每一个工程必须进行端部接触试验，确定有关参数；更为关键的是，端部接触试验是否存在缩尺效应值得进一步探讨。其二，在墙端周边土体中设置接触单元，接触强度参数为土体强度。数值分析中视土体为连续体，在连续体中设置接触单元，这只是数值分析离散化方式之一，即使接触面处不发生剪切破坏，也不影响土体的应力变形。与墙侧设置接触单元一样，该方法可以解决局部大变形数值分析问题。

为此，给出一个简单算例，如图 9.4.14～图 9.4.16 所示，为厚 25 m 覆盖层上高 50 m 的土石坝。分析比较土体中设置接触单元引起的坝体位移和墙体应力的变化发现，两者间的差别是巨大的。当不设置接触单元时，坝体最大沉降为 0.314 5 m，墙顶应力为 10.17 MPa，墙端应力为 15.68 MPa；设置接触单元后，坝体最大沉降为 0.491 3 m，墙顶应力为 1.172 MPa，墙端应力为 3.554 MPa。更为重要的是，设置接触单元后，在墙体横断面上，应力分布更加均匀，更加合理。当不设置接触单元时，防渗墙如同一根擎天柱

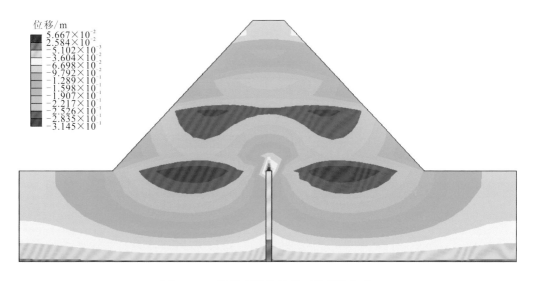

图 9.4.14　墙端不设接触单元的坝体位移

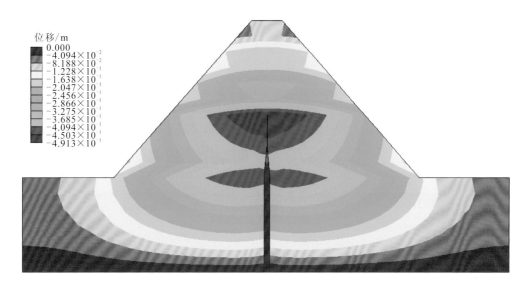

图 9.4.15　墙端设接触单元后的坝体位移

一样，顶着坝体不能沉降，墙体应力极大；当在墙顶周边土体中设置接触单元后，墙顶上部土体并不能承受太大的抗力，墙顶将刺入土中，墙顶周边土体相对自由沉降，计算表明，墙顶上部土体也只能承受 1.172 MPa 的抗力。

　　力学分析表明，在墙顶周边土体中设置接触单元的计算方法的结果符合混凝土心墙堆石坝的实际应力变形。因不同土石坝的结构形式差异大，接触单元的位置和设置方式应该也各有不同，不便做统一规定，实际操作时，可根据墙顶周边土体中的剪应力或剪应变等值线分析确定，也可以采用试算法，找到防渗墙应力最小时的接触单元设置方式，因为在实际工程中防渗墙应力最小化遵循能量最小原理。

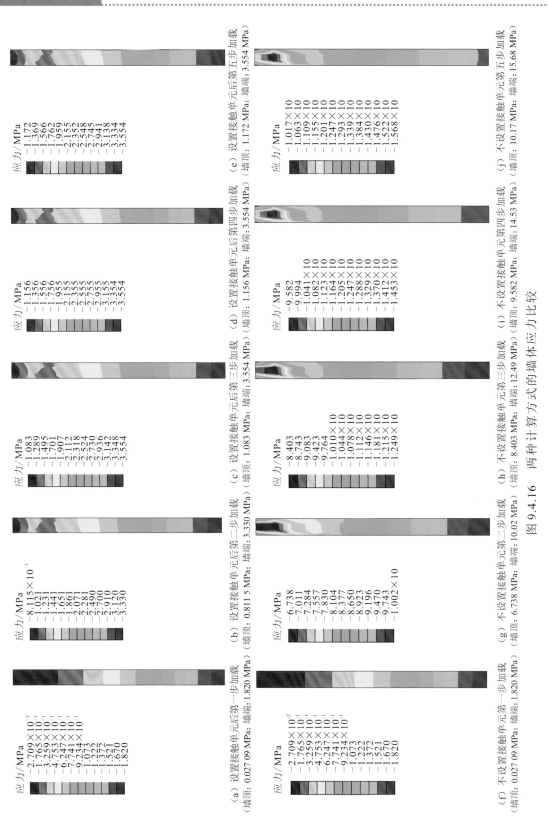

图 9.4.16　两种计算方式的墙体应力比较

9.4.3 防渗墙应力变形反分析

1. 防渗墙水平位移

三峡二期围堰防渗墙的水平位移和应变监测成果如图 9.4.2 和图 9.4.8 所示，其曲线形态可被冠以"优美"二字。工程建设前，国内率先进行土石坝数值分析的单位几乎都参加了研究，客观地讲，数值分析结果与工程实测值间还是存在较大的差距，防渗墙水平位移最好的计算结果如图 9.4.2 所示。为了找出数值分析方法的不足，探索防渗墙与土体相互作用的原理，解释围堰的实际性状，二期围堰拆除后，对围堰进行了系统的反分析。

反分析尽可能地模拟围堰材料分区、施工过程、上下游水位过程等实际情况，堰体填料采用双屈服面南水模型或 $E\text{-}\mu$ 模型模拟，以实测的防渗墙平均竖向应变和水平位移为目标函数反分析填料的模型参数。计算模型采用较密的有限元网格，将防渗墙厚度方向剖分为 5 层单元，期望它能反映墙体的弯曲作用，共剖分了 5 482 个二次等参元，采用基于多点约束的迭代算法来模拟防渗墙与堰体的相互作用，通过一系列的敏感性正分析，逐次逼近实测成果，采用复合形法进行参数调优。

防渗墙水平位移的反分析结果并不理想。实测的防渗墙水平位移曲线显示，在两处不同高程的反弯点，堰体填料的变形模量沿深度变化较大。不同断面的反弯点高程有所不同，桩号 0+492 断面约为 20 m 和 50 m，桩号 0+522 断面约为 30 m 和 60 m。

首先，分析防渗墙下部。高程 40 m 以下设计为平抛砂砾石料，与防渗墙下部水平位移小的因果关系是明确的。有限元法反分析结果表明，因水荷载与深度成正比，防渗墙下部很难出现反弯点，为了逼近实测曲线，只能提高砂砾石料的刚度参数，反分析得到的模型参数 K、n 远大于室内试验值。之后分析出现这种现象的原因，认为其应该与本构模型不能很好地反映砂砾石料剪胀性有关。防渗墙的水平位移取决于墙后砂砾石料的压缩性，即其体变特性。当填料具有剪胀性时，其体变增量 $\mathrm{d}\varepsilon_v = \mathrm{d}p / K_p + \mathrm{d}q / K_q$（$K_p$ 为体变模量，K_q 为剪胀模量，p 为平均主应力，q 为广义剪应力），如果忽略 $\mathrm{d}q$ 引起的剪胀负体变，只有增大 K_p 才能保证体变的一致性，自然反映 K_p 的模型参数偏大。

一种因素引起的响应强行让另一种因素承担，最终得到似是而非的结论的现象普遍存在。例如，在膨胀土边坡稳定性分析中，将安全系数定义为抗剪强度与剪应力之比本没有错，如果只考虑自重引起的剪应力而忽略膨胀引起的剪应力，剪应力将被大大低估，实际失稳的膨胀土边坡无法得到安全系数小于 1.0 的计算结果。为了让安全系数计算值小于 1.0，找理由降低抗剪强度，建立所谓的强度理论，显然是南辕北辙。又如，将湿化变形记为吸力降低引起的变形时，得到的变形模量为一负值，其实是理论的错误应用。这样的例子可以举出很多。

对于防渗墙上部的反弯点，数值分析也很难仿真。初看起来，高程 60 m 以上防渗墙水平位移减小，与高程 60 m 以上堰体为水上填筑、被碾压、密度大因果关系明确。但是，1998 年 9 月 12 日基坑形成集水坑时，防渗墙顶部高程以上只填筑了防汛子堤，防渗墙下游堰体高程 73 m 以上并未填筑施工。

高程 60～73 m 的堰体应力较小，变形模量也小，因而要想通过增大填料本构模型参数逼近实测曲线是非常困难的。防渗墙上部的反弯点可能与混凝土盖帽梁和裹头梁的存在有关，但平面应变数值分析难以反映混凝土梁的作用。

由此可见，反分析必须厘清作用因素，否则，结果偏离实际。

2. 泥皮的影响与参数

成槽施工混凝土防渗墙的各表面充满泥皮是三峡二期围堰拆除过程中的重大发现。泥皮的存在无疑影响防渗墙的应力状态。墙体与堰体接触面的参数无疑取决于泥皮的力学特性。以实测的防渗墙平均竖向应力为目标函数反分析泥皮的力学参数。

防渗墙混凝土弹形模量取 2 000 MPa，不同泥皮参数下的防渗墙平均竖向应力计算成果如图 9.4.17 所示。由此可见，防渗墙的平均竖向应力与接触面强度参数密切相关，当接触面强度参数摩擦角取 15° 时，防渗墙平均竖向应力计算值与实测值非常接近。泥皮的摩擦角试验值正是 15°。

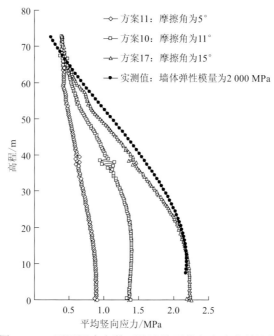

图 9.4.17　不同泥皮参数下防渗墙平均竖向应力的比较

从防渗墙应力安全方面看，泥皮的存在无疑可以改善防渗墙的应力状态。

3. 墙侧应力与墙堰脱开

在三峡二期围堰监测中，也试图监测了墙侧土压力，成槽施工后，埋设土压力盒，试验了多种埋设方法，也许是由于水下混凝土容易包裹土压力盒，墙侧土压力的监测成果并不理想。围堰拆除时，发现防渗墙与上游堰体存在脱开现象，为此，对墙侧应力进行了数值分析。图 9.4.18 为基坑抽水完成时的墙侧应力分布状态。防渗墙上游侧土压力的确很小，接近 0；而防渗墙下游侧土压力随深度增大而增大，近似等于防渗墙承受的水压力与上游侧土压力之和。数值分析成果较好地诠释了防渗墙与周边堰体的相互作用过程。

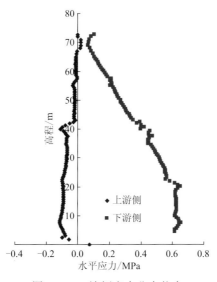

图 9.4.18　墙侧应力分布状态

参 考 文 献

陈云，胡志刚，吴正萍，等，2017. 复合土工膜在高土石坝中的应用及施工质量控制[J]. 长江科学院院报，34(2): 114-119.

潘家军，王观琪，江凌，等，2011. 基于 ABAQUS 的高混凝土面板堆石坝地震反应三维非线性分析[J]. 水力发电学报，30(6): 80-84.

沈珠江，1994. 南水双屈服面模型及其应用[C]//海峡两岸土力学及基础工程地工技术学术研讨会论文集. 北京: 中国土木工程学会: 152-159.

徐晗，饶锡保，潘家军，等，2013. 高土质心墙堆石坝新型坝体结构形式研究[J]. 长江科学院院报，30(1): 61-64.

徐晗，程展林，泰培，等，2015. 粗粒土的离心模型试验与数值模拟[J]. 岩土力学，36(5): 1322-1327.

徐晗，程展林，左永振，等，2017. 砾质土心墙料蠕变对坝体应力变形的影响[J]. 中国水利水电科学研究院学报，15(5): 360-364, 370.

徐晗，李波，潘家军，等，2022. 不同铺设及联接型式的复合土工膜围堰应力变形特性[J]. 长江科学院院报，39(4): 111-115.

杨波, 2024. 碾压式沥青混凝土心墙坝体型设计与评价[J]. 水利规划与设计(3): 138-141.

周清, 吴加伟, 周京富, 2023. 阳蓄电站下水库大坝沥青混凝土心墙施工配合比试验研究[J]. 水利建设与管理, 43(10): 71-76.

GOODMAN R E, TAYLOR R L, BREKKE T L, 1968. A model for the mechanics of jointed rock[J]. Journal of the soil mechanics and foundations division, 94(3): 637-659.